Johan Lourens / Ivo Brughmans / Andreas J. Harbig
Profitables Personalmanagement

Profitables Personalmanagement

Nachhaltige Wertschöpfung
durch effiziente Organisation

von
Johan Lourens
Ivo Brughmans
Andreas J. Harbig

Luchterhand
eine Marke von Wolters Kluwer Deutschland

Bibliografische Information der Deutschen Bibliothek
Die Deutsche Bibliothek verzeichnet diese Publikation in der Deutschen Nationalbibliografie; detaillierte bibliografische Daten sind im Internet über http://dnb.ddb.de abrufbar.

ISBN 978-3-472-07214-0

www.wolterskluwer.de
www.personalwirtschaft.de

Übersetzung: Maarn Translation, Maarn
Redaktion: Karsten Groß, PA Consulting Group, Frankfurt/M.

Lektorat: Richard Kastl, Freiburg
Herstellung: Michael Dullau, Köln

Umschlaggestaltung: Konzeption & Design, Köln
Cover-Illustration: Ute Helmbold
Satz: Satz- und Verlags-Gesellschaft mbH, Darmstadt
Druck und Binden: Drukkerij Wilco, NL-Amersfoort

Gedruckt auf säurefreiem, alterungsbeständigem und chlorfreiem Papier.

Vorwort

Mensch, Mitarbeiter, Personal – Organisationen sind mit zunehmender Geschwindigkeit und Intensität von Wandel betroffen. Management und Mitarbeiter müssen im Kontext des globalen Wettbewerbs kontinuierlich neue strategische Herausforderungen antizipieren. Dies verlangt auch moderne und zukunftsorientierte Personalarbeit.

Zum einen geht es um die Aufgabe, die Erwartungen von Aktionären an Unternehmensergebnisse durch die Balance von Kostensenkung, Kundenorientierung und Produktivitätssteigerung zu erfüllen. Dieses Buch zeigt effiziente Wege, die Mitarbeiter als kritische Größe für die Wertschöpfung im Unternehmen zu begreifen. Die HR-Funktion sollte ihren optimalen Wertbeitrag in Unternehmen und für organisatorischen Wandel definieren. Klar ist, dass Personalmanagement weit mehr ist als Mitarbeiterverwaltung. Effektives Asset Management ist eine zentrale Steuerungsaufgabe – nicht nur für die HR-Funktion, sondern auch für die Führungskräfte als Kunden von HR. Modernes HR Management zielt darauf ab, Leistung zu ermöglichen, Produktivität zu steigern, Engagement zu initiieren, Bindung zu erzeugen und Mobilisierung zu erreichen. Um einen nachhaltigen Wertbeitrag zu leisten, muss HR integraler Bestandteil des unternehmerischen Wertschöpfungsprozesses sein und nicht nur als Dienstleister auf Abruf verstanden werden.

Zugleich stellt sich HR-Managern die Aufgabe, das theoretische Modell des strategischen Business-Partners in die Realität zu überführen. Dies wird zwar allseits diskutiert, aber in der realen Wahrnehmung von Unternehmenslenkern ist es noch nicht vollständig angekommen. Wie können Personalmanager zum Business-Partner avancieren, wenn die Kunden HR oft nur als nachgelagerte, kostspielige und nicht kundenorientierte Dienstleistung betrachten? HR als gleichwertiger Business-Partner übersetzt die Unternehmensstrategie in eine Personalstrategie mit kundenorientierten und effizienten operativen Prozessen.

Dieses Buch zeigt strukturelle Veränderungen auf der Nachfrageseite der HR-Funktion – steigendes Angebot durch externe HR-Anbieter und kontinuierliche sinkende Preise für HR-Produkte und HR-Dienstleistungen schaffen Einkaufsalternativen. Die eigene HR-Funktion ist nicht länger der "vertraute Laden um die Ecke". Linienmanagement und Mitarbeiter betrachten HR mehr und mehr als "normale Betriebsfunktion". Organisationsformen wie Trennung von Front- und Backoffice, Prozessoptimierung, Standardisierung, Automatisierung, HR Self Service, Aus- und Verlagerung sind wirkungsvoll einzusetzen. Dieser effiziente Weg ermöglicht nachhaltige Wertschöpfung und Profitabilität – auch mit modernen Modellen und Methoden für diese zentrale wertstiftende Unternehmensfunktion.

Zu verdanken ist dieses Buch den holländischen Autoren der niederländischen Originalausgabe – in den Niederlanden und Belgien bereits erfolgreich publiziert. Nach positiver Einschätzung durch PA Consulting Group, ob und wie sich dieses Buch auf den deutschen Markt übertragen ließe, hat sich mit WoltersKluwer auch ein Verlag gefunden, der sich der Publikation und Vermarktung im deutschsprachigen Raum annimmt. Es folgten intensive und qualifizierte Übersetzungsarbeit sowie sorgfältige redaktionelle Bearbeitung und Anpassung für den deutschen Markt. Dieses Buch beschreibt die Möglichkeiten für ein zukunftsorientiertes und modernes Personalmanagement.

August 2008   *Ivo Brughmans*
                                                           Andreas J. Harbig
                                                           Johan Lourens

Geleitwort

Personalarbeit entlang der Unternehmensstrategie

 Erfolgreiche Unternehmen investieren nicht zwingend mehr Geld in ihre HR-Aktivitäten als andere Unternehmen. Kennzeichnend ist jedoch eine stärkere strategische Ausrichtung. Dabei wird HR in immer stärkerem Maße als Unternehmensfunktion verstanden, die den gleichen Anforderungen an Ergebnis- und Strategieorientierung unterliegt wie andere betriebliche Bereiche.

Dem zunehmenden Fokus auf Qualität und Effizienz muss der Einsatz neuer Organisationskonzepte Rechnung tragen. Wurden in der Vergangenheit Organisationsstrukturen des Industriezeitalters einfach fortgeschrieben und nicht den veränderten Realitäten angepasst, so eröffnen heute HR Shared Services und HR Outsourcing sowie der Einsatz innovativer IT-Konzepte neue Perspektiven für professionelle Personalarbeit. Sie schaffen die Basis für klare und transparente Steuerung der Personalprozesse, erzeugen Servicequalität und Flexibilität durch optimiertes Ressourcenmanagement und versetzen HR in die Lage, auf Veränderungen schnell und zuverlässig zu reagieren.

Der Personalbereich muss sich vor dem Hintergrund des demographischen Wandels, veränderter Werthaltungen in Wirtschaft und Gesellschaft, der Technologiedynamik sowie der Internationalisierung neuen Herausforderungen stellen. Im Mittelpunkt steht stets die Frage, wie Fähigkeiten und Wissen der Mitarbeiter besser und im Hinblick auf die unternehmerische Wertschöpfung zielgerichteter genutzt werden können. Dabei bestimmen nicht Aktivitäten, sondern Ergebnisse und messbarer Beitrag zur Erreichung der Unternehmensziele den Wert der Personalarbeit. So ist das Leistungsvermögen einer Organisation – die Fähigkeit, aus immateriellen Werten materielle Ergebnisse zu erzeugen – immer das Resultat von HR Investments.

Ausgangsgröße und zentrales Instrument der Personalarbeit muss ein neues Management- und Organisationsmodell als Schlüssel zu nachhaltigen strategischen Wettbewerbsvorteilen sein. In diesem Zusammenhang dient der Einsatz der Informationstechnologie nicht nur zur Kostensenkung, sondern auch zur Qualitätsverbesserung der HR-Prozesse durch Integration und Vernetzung entlang der gesamten Wertschöpfungskette im Unternehmen. Die Transformation des HR-Bereiches geht mit einem Prozess des kulturellen Wandels einher, der zum veränderten Selbstverständnis von Personal und Personalarbeit führen muss – vom Verwalter zum Gestalter und Impulsgeber.

Zentrale Aufgabe des Personalmanagements als Business-Partner ist die Ausrichtung der Inhalte und Prozesse an den strategischen Zielvorgaben, die taktische Umsetzung und die operative Unterstützung der Führungskräfte im Führungsprozess. Der Wertbeitrag von HR manifestiert sich darin, dass alle, die Leistungen der Personalfunktion in Anspruch nehmen – interne wie externe Kunden – auch davon profitieren. Eine Herausforderung, die Hochleistungsorganisationen bereits meistern, indem sie sich stärker als andere bei der Gestaltung und Umsetzung ihrer HR-Prozesse Kundenerfordernissen anpassen – nicht nur rhetorisch, sondern auch faktisch.

HR Shared Services stellen ebenso wie die Auslagerung von HR-Prozessen strategische Optionen dar, mit denen sich Unternehmen im Wettbewerb erfolgreich positionieren und Exzellenz zu niedrigen Kosten erreichen können.

Von diesem Anspruch geleitet, gilt es, die neue Rolle der Personalarbeit im Unternehmen strategisch wie auch organisatorisch zu verankern, damit die Vision, durch überlegene Personalarbeit nachhaltige Wettbewerbsvorteile zu gewinnen, Wirklichkeit werden kann. Hierzu leistet das vorliegende Buch einen überaus wertvollen Beitrag, indem es innovative Organisationskonzepte darstellt, Herausforderungen und kritische Erfolgsfaktoren definiert sowie konkrete Handlungsanleitungen zur Implementierung gibt und diese durch aktuelle Praxisbeispiele illustriert.

Prof. Dr. Karlheinz Schwuchow,
Center for International Management Studies, Hochschule Bremen

Inhaltsverzeichnis

Einführung

Wer eine Rundreise durch mittelständische und große Unternehmen in Europa macht, wird über die Vielfalt der HR-Landschaften überrascht sein. Er wird auf Unternehmen treffen, in denen die meisten HR-Aufgaben noch durch Mitarbeiter der Personalabteilung erledigt werden – aber auch auf Unternehmen, in denen Mitarbeiter und Führungskräfte unterstützt durch Informationstechnologie selbst im Personalmanagement agieren. Er sieht Unternehmen, in denen die HR-Abteilung vollständig bei dezentralen Einheiten untergebracht ist – jeweils mit eigener Organisation, Steuerung und Arbeitsweise. Aber die Reise führt ihn auch zu Unternehmen, die HR-Aufgaben in Shared Services bündeln und mehrere Unternehmensteile mit standardisierten Prozessen bedienen. Er wird sich darüber wundern, dass manche Unternehmen viele oder alle HR-Aufgaben selbst übernehmen, während andere sie teilweise oder größtenteils an externe Dienstleister auslagern, die bereits darüber nachdenken, diese Aufgaben künftig in Osteuropa oder Indien verrichten zu lassen.

Noch nie waren die Unterschiede bei Organisation und Einrichtung von Personalmanagement und HR-Funktion so groß. Diese Gestaltungsvielfalt ist Zeichen für eine Übergangsphase, in der sich Unternehmen derzeit auf die Frage besinnen, wie sie Personalmanagement und HR-Funktion gestalten sollen. Beobachtungen bei nationalen und internationalen Großkonzernen zeigen, dass sie einen umfassenden Transformationsprozess der HR-Funktion vollziehen. Ursache dafür sind drei eng miteinander zusammenhängende strukturelle Veränderungen:

- Zunächst gibt es strukturelle Veränderungen auf der Nachfrageseite der HR-Funktion – sowohl im Management als auch bei den Mitarbeitern des Unternehmens. Die HR-Funktion ist mit kritischeren Kunden konfrontiert, die selbst über zunehmende Kenntnisse im HR-Bereich verfügen und von der HR-Funktion das gleiche Serviceniveau erwarten, das sie auch von anderen Lieferanten kennen. Mit Begriffen wie Mehrwert, Kundenfreundlichkeit und Kosten trifft der HR-Kunde bewusste Entscheidungen und veranlasst damit die eigene HR-Funktion, stärker über eigene Arbeitsweise und Serviceniveaus nachzudenken. Das Management des Unternehmens achtet in diesem Rahmen zudem zunehmend auf das Verhältnis von Preis und Qualität der eigenen HR-Abteilung im Vergleich zu externen Lieferanten von HR-Dienstleistungen. Die Selbstverständlichkeit der eigenen HR-Funktion als *vertrauter Laden um die Ecke* ist passé.

- Eine zweite Kategorie struktureller Veränderungen betrifft die Entwicklungen bei Anbietern der HR-Dienstleistungen. Die zunehmende Bereitschaft, HR-Aufgaben auszulagern, motiviert Anbieter von HR-Diensten zur Innovation von Produkten und Dienstleistungen und zur Suche nach Mitteln für weitergehende Kostensenkung. Bessere Marktmöglichkeiten zur Auslagerung zwingen die interne HR-Funktion, intensiver über die Frage nachzudenken, welchen Mehrwert sie im Vergleich zu externen Lieferanten bietet und bieten will und welche Rolle sie in Unternehmen spielen möchte, die alle oder Teile der operativen HR-Aufgaben an Dritte auslagern.

- Eine dritte Kategorie der Veränderungen adressiert den neuen Blick auf Organisation und Gestaltung der HR-Funktion selbst. Mehr als andere unterstützende Funktionen war die HR-Funktion von persönlicher Gestaltung durch HR-Experten geprägt. Auffallend ist, dass sich derzeit ein *De-Personalisierungsprozess* der HR-Funktion vollzieht. Das Linienmanagement der Unternehmen betrachtet die HR-Funktion mehr und mehr als Betriebsfunktion und möchte dafür die Konzepte und Methoden anwenden, die sich auch in anderen unterstützenden Funktionen bewährt haben: Trennung von Front- und Back-office Aktivitäten, Redesign der Prozesse anhand von Effektivitäts- und Effizienzkriterien, Standardisierung und Bündelung von HR-Politik und HR-Prozessen, weitgehende Automatisierung, Self Service, Outsourcing und Offshoring (Auslagerung von Aufgaben in Niedriglohnländer). »Nutzen Sie diese Konzepte und implementieren Sie sie« lautet die Aufgabe für immer mehr HR-Manager.

Die Herausforderungen für HR-Manager in den kommenden Jahren sind recht konkret. Sie müssen für eine HR-Strategie und -Politik sorgen, die das Unternehmen bei seiner Zielerreichung unterstützt. Sie sollten Mitarbeitern und Führungskräften möglichst kundenfreundlich helfen, HR-Aufgaben selbständig durchzuführen, und für hohe Qualität der Dienstleistungen zu möglichst geringen Kosten sorgen. Entscheidend für den Erfolg sind ein Netzwerk aus Lieferanten und Partnern und optimale Steuerung.

Viele Unternehmen diskutieren derzeit die Frage, wie sich dies am besten verwirklichen lässt. Inzwischen liegen viele richtungweisende Beispiele möglicher Lösungsansätze aus der Praxis vor. So gelang es beispielsweise einem großen Finanzdienstleister, mit der Einführung von Shared Services, standardisierten HR-Prozessen und IT-Systemen gleichzeitig Qualität und Kundenfreundlichkeit der HR-Dienstleistungen zu erhöhen und Kosten seiner HR-Funktion um 44 % zu senken. Darüber hinaus entstand ein HR Business-Partner mit hohem Mehrwert für Führungskräfte und Mitarbeiter. Insgesamt folgen europäische Unternehmen zunehmend diesen vor allem aus den angelsächsischen Ländern kommenden Vorbildern. Setzt sich dieser Trend angesichts objektiv messbarer positiver Ergebnisse fort, wird die HR-Funktion in vielen Unternehmen bald völlig anders aussehen als heute.

Dass sich diese Entwicklung mit vielen Variationen und Gestaltungsformen fortsetzen wird, scheint sicher – alle HR-Funktionen werden sich in diese Richtung entwickeln. Die Beispiele dieser neuen Arbeitsweise sind in der Praxis zu erfolgreich, um sie zu ignorieren. Unsicher ist jedoch der Zeitbedarf für diese

Entwicklung. Die Praxis zeigt, dass für die meisten Fälle recht schnell ein positiver Business Case entsteht, wenn man die (qualitativen und quantitativen) Kosten und Erträge gegenüber stellt. Dies ist aber keine Garantie für positive Entscheidungen, die Transformation wirklich anzugehen. Oft stellt sich heraus, dass die Führungsebene der Unternehmen entweder nicht bereit ist, die erforderlichen Investitionen in HRM vorzunehmen, oder nicht in der Lage ist, die verschiedenen Geschäftsbereiche für ihren Investitionsbeitrag zu gewinnen.

Außerdem hat sich als schwierig herausgestellt, die meist selbständig und unabhängig voneinander operierenden HR-Manager in einem Unternehmen zu synchronisieren. Außer den Unterschieden in professioneller Hinsicht spielen dabei selbstverständlich auch machtpolitische Faktoren eine Rolle, wie die Weigerung, eigene Positionen, Prozesse, Arbeitsweisen und Systeme aufzugeben. Diskussionen über die künftige Gestaltung der HR-Funktion führen nicht selten zu erhitzten Gemütern. Die Entwicklung eines zukunftsorientierten Aktionsplans zur Gestaltung der HR-Funktion erfordert HR-Führungskompetenz. Hier sind HR-Manager notwendig, die den Wert neuer Arbeitsweisen für die eigene Organisation richtig einschätzen können, sich vorwagen und in ihrer Umgebung Zustimmung für die gewünschte Entwicklungsrichtung gewinnen. Es werden Führungspersönlichkeiten gebraucht, die Widerstände erkennen, sich jedoch nicht von ihnen abhalten lassen, und Führungspersönlichkeiten, die HR-Manager und Mitarbeiter für die neuen Chancen dieses Zukunftsmodells begeistern können.

Dieses Buch möchte sowohl für Konzernleitungen als auch für HR-Manager eine Hilfe bei der Realisierung dieses Wandels sein. Es entwirft ein Bild der neuen Entwicklungen für Organisation und Einrichtung von HR-Funktion und HR-Prozessen, aber auch der strategischen und emotionalen Prozesse im Rahmen einer solchen Implementierung. Von diesem Buch sollten keine Allheilrezepte erwartet werden. Vielmehr bietet es praktisches Input für nötige Diskussionen. Mit diesem Ziel vor Augen vermittelt das Buch zahlreiche Stufenpläne, Instrumente, Checklisten und praktische Tipps für die Realisierung der HR-Transformation.

Das Buch richtet sich in erster Linie an HR-Manager von mittelständischen und großen Unternehmen. Einige dieser Unternehmen arbeiten bereits an einer Umsetzung der genannten Entwicklung, in vielen anderen wird darüber nachgedacht und diskutiert. Die Mehrzahl der kleinen und mittelständischen Unternehmen befasst sich nur in geringem Maße mit diesem Thema, obwohl auch sie viele Vorteile aus der genannten Entwicklung ziehen könnten. Sie könnten beispielsweise ihre Kräfte bündeln, indem sie gemeinsam eine HR Service Provider-Organisation gründen oder gemeinsam Service Level Agreements mit einem externen Serviceanbieter abschließen und Einkaufsvorteile aushandeln. Durch die Nutzung der Dienste eines solchen Providers würden kleine und mittelständische Unternehmen HR-Infrastruktur und -Kenntnisse erschließen, die sie selbst aufgrund fehlender Größe und Finanzmittel niemals selbst aufbauen könnten. Daher bietet dieses Buch auch für HR-Manager kleinerer Unternehmen Anknüpfungspunkte für die Entwicklung ihrer HR-Funktion.

Im ersten Kapitel dieses Buchs gehen wir auf die Rolle des HR Business-Partners ein: Was beinhaltet diese Funktion und wie wird sie in Unternehmen gestaltet? Anhand von Erfahrungen und Entwicklungen bei Unternehmen und in anderen Unternehmensfunktionen wie IT und Finanzen zeigen wir eine Vision der künftigen HR-Funktion auf. Das zweite Kapitel widmet sich der Frage, wie die Informationstechnologie die Leistungen von HR-Funktion und HR-Prozessen verbessern kann und welche Herausforderungen sich in diesem Zusammenhang ergeben. Das dritte Kapitel beschreibt Organisation, Funktionsweise, Steuerung und Vorteile von HR Shared Services. Dabei steht die Frage »Wie nutze ich Skaleneffekte?« im Vordergrund. Outsourcing von Aufgaben der HR-Funktion ist das Thema des vierten Kapitels: Welche Aufgaben eignen sich dazu? Was sind die Vor- und Nachteile und wie organisiere ich einen HR Outsourcing-Prozess? Die Kapitel können jeweils als Teil des Ganzen, aber auch als eigenständige Darstellung gelesen werden. Jedes Kapitel beginnt mit einer Einleitung zu den wichtigsten Aspekten des Themas. Der mittlere Teil jedes Kapitels beschreibt die mit dem Thema zusammenhängenden Herausforderungen. Anschließend konzentriert sich jedes Kapitel auf die mit der Implementierung verbundenen Fragen.

Das Buch basiert auf Erfahrungen der Autoren von *PA* bei der Betreuung von (HR) Transformationsprozessen nationaler und internationaler Unternehmen. Darüber hinaus wurden die Ansichten von HR-Managern verarbeitet, die in diesem Zusammenhang befragt wurden. Wir möchten folgenden Personen für den Beitrag danken, den sie geleistet haben: Gérard Aben, Taco Berends, Cees Berkhof, Leon Bleize, Maja Casemier, Rob Clermonts, Michel Deboeck, Monique de Haan, Ger de Weert, Hans de Weijer, Leo Kool, Olav Muurmans, Kirsten Nijmeijer, Piet Ross, Jan Slot, Eric ten Hulsen, Pim van Dorp, Johan van der Hel, Marc Van Handenhove, Ed Vervoort, Gert Jan Smit und Thom Dijst. Selbstverständlich möchten wir auch den niederländischen, deutschen und englischen Kollegen bei *PA Consulting Group* danken, die sich trotz knapp bemessener Zeit die Mühe gemacht haben, unser Buch und unsere Ideen kritisch zu kommentieren.

1 HR als Business-Partner

1.1 Einleitung

»Wie werde ich ein HR Business-Partner?« – diese Frage wird bei vielen HR-Kongressen und in zahlreichen HR-Fachzeitschriften immer wieder gestellt und diskutiert. Die Assoziation mit dem Begriff *Business-Partner* in diesen Diskussionen ist durchgängig positiv und verweist auf einen engen Zusammenhang zwischen HR Management (HRM) und dem Business, auf hohen Mehrwert für das Unternehmen und eine gleichwertige Position des HR-Managers als Partner für das Linienmanagement. Vielen HR-Managern scheint es zu schmeicheln, wenn sie sich *Business-Partner* nennen dürfen. Aber was bedeutet diese Worthülse? Sind sie nicht per se Business-Partner? Oder empfinden sie sich nicht als solcher? Im alltäglichen Sprachgebrauch wirkt der Begriff des HR Business-Partners zwar modern, aber in vielen Fällen ist seine Bedeutung nicht wirklich klar. Sollte es tatsächlich nur ein modischer Begriff ohne viel Inhalt sein? Oder verbirgt sich hinter dem Begriff doch ein neuer Gedanke? Ein Gedanke, in dem die HR-Funktion einen anderen Beitrag im Unternehmen leistet und bei dem eine andere Arbeitsweise und eine andere Einstellung erwartet werden?

Aus Gesprächen und vor dem Hintergrund praktischer Erfahrung drängt sich der Eindruck auf, dass Letzteres der Fall ist. Aus verschiedenen Gründen, die in diesem Kapitel beschrieben werden, ändern sich an die HR-Funktion gestellte Erwartungen, verbunden mit neuen Herausforderungen: Einerseits geht es um fachliche Aspekte, andererseits um die Organisation und Gestaltung von HR-Prozessen und HR-Funktion. Soll HR die Rolle eines Business-Partners erfüllen, müssen diese beiden Herausforderungen adäquat adressiert werden.

Dieses Kapitel untersucht zunächst einige Entwicklungen, die zur Umgestaltung der HR-Funktion führen. Anschließend werden die sich daraus ergebenden Herausforderungen und Fragen näher betrachtet. Schließlich entwickeln die Autoren eine Vision für die Entwicklung der HR-Funktion, die die Frage vom Beginn dieses Kapitels beantwortet: »Wie werde ich ein HR Business-Partner?«

1.2 Herausforderungen für die HR-Funktion – eine sich schnell verändernde Umgebung

Zahlreiche Entwicklungen werden dafür sorgen, dass sich die HR-Funktion in den kommenden Jahren in vielen Unternehmen verändern wird. Lassen Sie uns ohne Anspruch auf Vollständigkeit einige allgemeine Entwicklungen für Unternehmen und Entwicklungen speziell für die HR-Funktion kurz aufzeichnen.

Die Welt ändert sich mit rasanter Geschwindigkeit. Viele Unternehmen operieren verstärkt weltweit oder sind häufiger mit Fragen der Globalisierung konfrontiert. Neues Geschäft entwickelt sich in Ländern wie China oder Indien. Relativ einfache und standardisierte Arbeiten werden in diese Länder verlagert (Offshoring). In unseren Breiten entwickelt sich immer mehr eine Netzwerkökonomie, in der Unternehmen, vor allem aus Kostengründen, ganze Arbeitsprozesse auslagern (Outsourcing). Aus gleichen Gründen schreitet die Automatisierung zahlreicher Arbeitsprozesse stetig fort – mit der Folge vollständig veränderter Arbeitsprozesse und reduzierter Zahl traditioneller Arbeitsplätze. Zeitrahmen und Frequenz für diese Prozesse werden stets kürzer. Da alle genannten Aspekte auch große personelle Folgen haben, wird von der HR-Funktion ein aktiverer und besser messbarer Beitrag zu Entwicklung, Erarbeitung und Kalkulierung strategischer Szenarien und Optionen erwartet.

Andererseits verschiebt sich in der zunehmend wettbewerbsorientierten Wirtschaft der Akzent auf Realisierung kurzfristiger Ergebnisse. Wie gewährleistet gute Personalpolitik, dass das Unternehmen mehr Gewinne realisiert oder seine Ziele erreicht? Welchen Beitrag kann die HR-Funktion leisten, damit Führungskräfte und Mitarbeiter ihre Aufgabe noch besser erfüllen sowie Unternehmen neue Produkte effektiver entwickeln, herstellen und auf den Markt bringen können? Wie kann cleverer Einsatz von Arbeitskräften die Personalkosten möglichst gering halten – ohne Einbußen beim erwünschten qualitativen und quantitativen Output? Wie lassen sich die erforderlichen Spitzentalente rekrutieren, um als Unternehmen eine Spitzenposition am Markt einzunehmen oder zu halten?

Stetig zunehmende Geschwindigkeit und Intensität von Veränderungsprozessen erfordern gezieltes Nachdenken über die Bedeutung von HRM als strategische Voraussetzung für permanente Flexibilität und Veränderung. Wie vermeiden wir, dass Wandel durch zu großen Widerstand im Unternehmen verzögert wird, dass Ambitionen zurückgeschraubt oder gesetzte Veränderungsziele letztlich nicht realisiert werden? Wie kann maßgeschneidertes Personalmanagement bei Führungskräften und Mitarbeitern die Bereitschaft und Fähigkeit generieren, dauerhaft und schnell mit den Veränderungen Schritt zu halten und sie statt als Bedrohung als Chance zu betrachten?

Betriebsschließungen, Fusionen, Reorganisationen, Aus- und Verlagerungen sind einschneidende Veränderungsprozesse mit hohem Gehalt an HR-Aspekten. Die praktische Fähigkeit, diese Aspekte schnell und adäquat in gute Bahnen zu lenken, wird immer wichtiger – bis hin zu Fragen wie Projektplanung, Kommunikation, Gespräche mit Gewerkschaften, Sozialpläne und -regelungen, Kommunikation mit Betriebsräten, Organisation kollektiver Feedback- und Mitbestimmungsprozesse und das Management von Widerständen. Diese Aufgaben werten die Rolle der HR-Manager auf – und zwar nicht nur für die praktische Umsetzung, sondern auch für das Engagement bei Entwicklung und Steuerung dieser Prozesse.

Da die Kompetenzen von Menschen (Kenntnisse, Fähigkeiten, Einstellungen) der wichtigste Faktor für Unternehmenserfolg sind, muss sich die HR-Arbeit gezielt auf diese Kompetenzen richten und Lücken identifizieren, um diese Kompetenzen aufzubauen oder zu entwickeln. Das erfordert einen integralen Ansatz des HRM, der alle Aspekte der HR-Politik (Zu- und Abgänge, Fluktuation, Beurteilung, Ausbildung und Entwicklung) eng aufeinander abstimmt, so dass sie einen optimalen Beitrag zur Realisierung des gewünschten Kompetenzniveaus leisten.

Zudem gibt es direkt mit der Gestaltung und Transformation der HR-Funktion zusammenhängende Entwicklungen.

Zunächst lassen sich strukturelle Veränderungen auf der Nachfrageseite der HR-Funktion erkennen. Steigendes Ausbildungsniveau, anderer Bildungsansatz neuer Generationen (darauf ausgerichtet, selbst Lösungen für Probleme zu finden und Möglichkeiten der IT voll auszuschöpfen) und zunehmende Individualisierung der Gesellschaft (die zu geringerem Bedarf an Standardlösungen führt) bringen es mit sich, dass sich Linienmanagement und Mitarbeiter verstärkt als Kunde der HR-Funktion betrachten. Steigendes Angebot durch externe HR-Anbieter und anhaltend sinkender Preis von HR-Produkten und Dienstleistungen führen dazu, dass diese Kunden zunehmend »shoppen«. Die Selbstverständlichkeit der eigenen HR-Funktion als »vertrauter Laden um die Ecke« ist verschwunden. Mehrwert, Kundenfreundlichkeit und Kosten auf der Einkaufsliste ermöglichen Konsumenten bewusste Entscheidungen und zwingen die HR-Funktion, über eigene Arbeitsweise und Serviceniveaus nachzudenken.

Eine zweite Kategorie struktureller Veränderungen betrifft die Entwicklungen bei Anbietern der HR-Dienstleistungen. Die zunehmende Bereitschaft, HR-Aufgaben auszulagern, fördert auf der Anbieterseite Innovation von Produkten und Dienstleistungen sowie Suche nach Mitteln für weitergehende Kostensenkung. Wichtig in diesem Zusammenhang ist, dass es aufgrund von Internetanwendungen leichter wird, Produkte und Dienstleistungen externer Dienstleister nahtlos in das eigene Produkt- und Dienstleistungsangebot zu integrieren – die Grenze zwischen intern und extern wird nahezu unsichtbar. Ohne selbst umfangreiche Investitionen tätigen zu müssen, können Unternehmen so über die modernsten HR-IT-Systeme verfügen und in den Besitz von Know-how im Bereich HR gelangen, das sie in vielen Fällen selbst nicht hätten aufbauen können. Ein Blick auf den Markt von HR Service-Providern in Europa zeigt, dass viele Parteien HR-Dienstleistungen als attraktiven Wachstumsmarkt ansehen. Die meisten Anbieter liefern allerdings bislang nur eine begrenzte Palette an Services. Die Anzahl der Firmen, die mit einem modernen Dienstleistungskonzept (Frontoffice, HR-Selfservice, Backoffice, Wissenszentren) in allen HR-Bereichen arbeiten und über Erfahrungen in diesem Bereich verfügen, ist noch sehr gering. Die Auslagerung von HRM-Aufgaben steckt in Europa noch in den Kinderschuhen.

Angesichts der Entwicklungen in der angelsächsischen Welt ist jedoch zu erwarten, dass sich dieser Markt schnell entwickeln wird.

Eine dritte Kategorie der Veränderungen beinhaltet schließlich den veränderten Blick auf Organisation und Gestaltung der HR-Funktion selbst. Mehr als andere unterstützende Funktionen war HR häufig von der persönlichen Gestaltung des Fachs durch HR-Experten geprägt. Individuelle und professionelle Qualität der HR-Mitarbeiter sowie ihr persönlicher Kontakt zu Management und Mitarbeitern waren für die Beurteilung ihrer Arbeit von ausschlaggebender Bedeutung. Der Trend zu selbständigen Geschäftsbereichen und integralem Management, der in den 80er und 90er Jahren des vorigen Jahrhunderts einsetzte, verstärkte diese Position. Das führte in vielen Unternehmen zur dezentralen Einrichtung der HR-Funktion. In enger Zusammenarbeit mit dem verantwortlichen Geschäftsbereichsleiter schufen die HR-Manager eigene, speziell auf diesen Geschäftsbereich zugeschnittene HR-Politik und -Prozesse.

Die Folge war, dass die gleichen HR-Aufgaben (sowohl Entwicklung von Kurs und Instrumenten als auch ihre operative Umsetzung) sehr unterschiedlich und vielerorts sogar unabhängig voneinander durchgeführt wurden. Von höherer Warte aus betrachtet, führte dies in vielen Fällen zu Zersplitterung der Konzentration auf HR-Fragen, zu doppelter Arbeit und fehlender Abstimmung von Arbeitsweisen und Systemen, aber auch zu ineffektiver Nutzung von vorhandenem Know-how und Kapazitäten. Zersplitterte Organisation der HR-Funktion und große Unterschiede in Arbeitsweisen erschwerten die Möglichkeit, nötige Größe und Voraussetzungen für Finanzierung und Verwirklichung weitgehender Automatisierung im HRM zu schaffen.

Auffallend ist, dass sich derzeit ein »Depersonalisierungsprozess« der HR-Funktion vollzieht. Das Linienmanagement der Unternehmen betrachtet HR mehr und mehr als ›normale Betriebsfunktion‹, auf die Konzepte und Methoden angewendet werden können, die sich in anderen unterstützenden Funktionen bewährt haben. Dabei handelt es sich um Fragen wie Trennung von Front- und Backoffice-Aktivitäten, Redesign von Prozessen anhand von Effektivitäts- und Effizienzkriterien, Standardisierung und Konzentration von Politik und Prozessen, weitgehende Automatisierung, HR-Self Service, Outsourcing und Offshoring. »Nutzen Sie diese Konzepte und implementieren Sie sie« lautet die Aufgabe, die immer mehr HR-Managern gestellt wird. Die Praxis in zahlreichen Unternehmen zeigt inzwischen, dass die Anwendung solcher Prozesse zu einer vollständig anderen Art und Gestaltung des Personalmanagements führt.

1.3 Die veränderte Rolle von HR in der Reflektion der Herausforderungen

Diese Herausforderungen für HRM haben Auswirkungen auf alle HR-Instrumente und -Maßnahmen. In besonderem Maße stellen sie hohe Anforderungen an länder- und funktionsübergreifende Integration, mit Aspekten verschiedener Nationalitäten und ethnischer Orientierungen und ohne Verlust notwendiger funktions- und länderspezifischer Besonderheiten. Da die Handlungsfelder gegenseitige Wechselbeziehungen aufweisen und ineinander greifen, ist ein umfassendes Gesamtkonzept gefragt, das der Personal- wie auch der langfristigen Unternehmensstrategie gerecht werden kann.

Um diesen Weg zu beschreiten, steht das HRM insbesondere folgenden internen Herausforderungen gegenüber:

- In vielen Organisationen ist die HR-Funktion nicht oder nur begrenzt am gesamten Strategieprozess des Unternehmens beteiligt.

- Die HR-Funktion wird nicht immer als Gesprächspartner auf strategischer Ebene akzeptiert und verfügt nicht in allen Fällen über die Kompetenzen, um als strategischer Partner auf Augenhöhe mitreden zu können.

- Nur wenige Unternehmen formulieren eine klare Definition der Organisation, der qualitativen und quantitativen Personalstruktur und der Firmenkultur, die mittelfristig erreicht werden sollen, sowie der HR-Maßnahmen, die dafür ergriffen werden müssen.

- Längst nicht alle Unternehmen konzentrieren ihre HR-Maßnahmen darauf, klar definierte Kompetenzen auf Basis eines fundierten Modells zu entwickeln.

- Immer mehr Unternehmen erarbeiten zwar Service Level Agreements für die HR-Abteilung – aber ihre inhaltliche Gestaltung und die Frage, ob die HR-Abteilung wirklich daran gemessen wird, ist in vielen Fällen problematisch. Häufig sind auch die genauen Zuständigkeiten für Personalmanagement durch das Linienmanagement einerseits und durch die HR-Abteilung andererseits noch nicht eindeutig abgegrenzt. Außerdem fehlen oft klare Maßstäbe und Methoden, mit denen sich Ergebnis, Qualität, Kosten und Kundenfreundlichkeit der HR-Dienstleistungen messen lassen.

- Obwohl Unternehmen einzelne oder mehrere HR-Aufgaben ausgelagert haben, kämpfen viele noch mit der Frage, wie weit sie mit der Auslagerung von HR-Aufgaben gehen sollen. Viele HR-Abteilungen haben noch nicht genügend bedacht, wie sie sich als interne Abteilung von externen Parteien unterscheiden sollen und was Auslagerung im großen Stil für ihre Funktion bedeutet.

- Viele HR-Organisationen sehen zwar die Vorteile neuer Organisationskonzepte wie Shared Services und Outsourcing sowie die Vorteile weitgehender Automatisierung – sie können sie allerdings aufgrund des heftigen internen Widerstands nicht so schnell implementieren wie gewünscht. Diskussionen über Standardisierung, Automatisierung und Konzentration von Prozessen erhitzen schnell die Gemüter. Auch das Linienmanagement widersetzt sich bisweilen bei Beginn der Gespräche über die Umgestaltung von HR-Prozessen.

Um HR als *Business-Partner* zu positionieren, gilt es insbesondere folgende sechs Punkte umzusetzen:

1. Sorgen Sie dafür, dass relevante HRM Aspekte in die gesamte Strategieentwicklung des Unternehmens einbezogen werden.

2. Übersetzen Sie diese Unternehmensstrategie in eine HR-Strategie.

3. Operationalisieren Sie diese HR-Strategie in konkrete Zielsetzungen und Aktionspläne für die verschiedenen Unternehmensbereiche.

4. Rekrutieren Sie die personellen Kompetenzen, die zur Realisierung der Unternehmenszielsetzungen notwendig sind, und entwickeln Sie sie.

5. Etablieren Sie eine Infrastruktur (Prozesse, Systeme, Instrumente), die Management und Mitarbeiter optimal unterstützt, das Personalmanagement selbst in die Hand zu nehmen.

6. Realisieren Sie qualitativ hochwertige, kundenfreundliche HR-Dienstleistungen zu möglichst geringen Kosten.

Die ersten fünf Punkte sind inhaltliche Herausforderungen der HR-Funktion, der letzte Punkt berührt vor allem ihre Organisation und Gestaltung. Adäquate Antworten auf diese Herausforderungen zu finden, erweist sich für viele *traditionell* eingerichtete und arbeitende HR-Funktionen als leichter gesagt als getan. Hier sind Entwicklung neuer Kompetenzen und Infragestellen historischer Selbstverständlichkeiten für die Gestaltung und Organisation der HR-Prozesse und der HR-Funktion gefragt – und das Loslassen vorherrschender Ideen und Durchbrechen bestehender Machtpositionen. Die nächsten Abschnitte bieten Stoff zum Nachdenken, wie sich diese Herausforderungen angehen lassen. Dazu erläutern wir folgende Aspekte:

- Aufteilung der HR-Funktion in Führungs- und Ausführungsrollen,

- HR Business-Partner: strategischer, taktischer und operativer Beitrag, Kompetenzen des HR Business-Partners,

- HR Service-Provider,

- Implementierung der neuen Vorgehensweise.

1.4 Aufteilung der HR-Funktion

Der HR-Prozess lässt sich in vielen Organisationen heute in vier Phasen einteilen (siehe Abbildung 1.1):

Phase der strategischen Planung: In dieser Phase leistet die HR-Funktion einen Beitrag zur allgemeinen Strategieentwicklung der Organisation und setzt diese in eine HR-Strategie und Vorgaben für die HR-Politik um.

Phase der operativen Planung: In dieser Phase werden konkrete Pläne entwickelt, mit denen die HR-Strategie und Vorgaben in die Praxis umgesetzt werden können. Außerdem wird die für die Durchführung erforderliche Infrastruktur (Prozesse, Systeme, Instrumente) entwickelt.

Durchführungsphase: In dieser Phase werden die in Phase 2 entwickelten Aktionspläne durchgeführt.

Controlling-Phase: In dieser Phase wird geprüft, ob die Ziele erreicht wurden und ob die eingesetzten Mittel die gewünschten Auswirkungen erzielt haben.

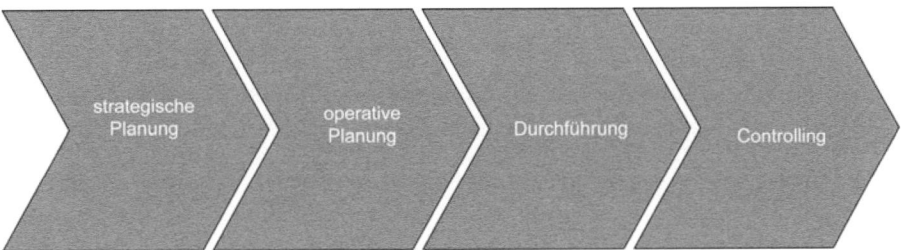

Abb. 1.1: Vier Phasen des HR-Prozesses

In den meisten Organisationen sind HR-Abteilungen zur Zeit in allen vier Phasen aktiv. Die Praxis zeigt, dass aufgrund der operativen Ausrichtung vieler HR-Abteilungen der Akzent hauptsächlich auf den beiden mittleren Phasen liegt. Die beschriebenen Entwicklungen werden künftig vor allem die erste und die letzte Phase stärker in den Mittelpunkt rücken. Zudem werden den beiden mittleren Phasen andere Akzente hinzugefügt:

Phase 1: Phase der strategischen Planung

- Bei der Strategieentwicklung der Organisation wird von der HR-Abteilung ein größerer und stärker inhaltlich orientierter Beitrag verlangt werden.

- Es wird ein größerer Bedarf an strategischen HR-Vorgaben als Orientierungspunkt für die operativen HR-Aktivitäten entstehen.

Phase 2: Phase der operativen Planung

- Es wird ein höherer Bedarf an konkreten, kurz- und mittelfristigen Zielsetzungen für die Steuerung der HR-Funktion bestehen.

- Man wird bewusster über die Frage nachdenken, ob HR-Aufgaben von der eigenen HR-Abteilung oder von externen Partnern durchgeführt werden.

- Sowohl mit internen als auch externen Lieferanten von HR-Dienstleistungen werden präzisere Vereinbarungen in Bezug auf Kosten, Qualität und Kundenfreundlichkeit der Lieferungen getroffen werden.

- Effektivität und Effizienz der HR-Prozesse rücken stärker in den Mittelpunkt.

Phase 3: Durchführungsphase

- Linienmanagement und Mitarbeiter werden mit Unterstützung durch IT-Systeme mehr HR-Aufgaben selbst übernehmen.

- Linienmanagement und Mitarbeiter möchten stärker als Kunde behandelt werden und sehen die HR-Funktion mehr in der Rolle des Lieferanten.

- Dienstleistungen werden vermehrt von externen Partnern geliefert.

- Die HR-Prozesse werden weitgehend automatisiert und standardisiert sowie möglichst konzentriert mit Hilfe von Shared Services durchgeführt.

Phase 4: Controlling-Phase

- Es wird ein stärkeres Bedürfnis für Überwachung von Qualität, Kundenzufriedenheit, Kosten und Mehrwert bestehen – sowohl im Bereich der Kurskorrekturen als auch bei der täglichen Leitung der internen und externen Lieferanten von HR-Dienstleistungen.

In der Praxis entwickelt sich zwischen Kunden und Lieferanten eine professionellere Beziehung. Der Grund für diese stärkere Trennung in *demand* und *supply* liegt hauptsächlich darin, dass die HR-Unterstützung nach und nach vermehrt von externen Partnern geliefert wird, die ihre Dienste auf Basis von Verträgen leisten. Dieses professionellere Verhältnis zwischen Kunden und Lieferanten hat auch Folgen für die Gestaltung der internen HR-Funktion und ihre Steuerung. Könnte sie ihre Leistungen nicht auf die gleiche Weise erbringen? Wie verhalten sich die Kosten der internen HR-Abteilung zu denen externer Partner? Können wir nicht weitere oder sogar alle operativen HR-Aufgaben auslagern? Die Selbstverständlichkeit, mit der die eigene HR-Abteilung die meisten Aufgaben übernommen hat, ist Vergangenheit. Auch das hohe Maß an Autonomie der HR-Funktion ist längst nicht mehr selbstverständlich.

Vom Gesichtspunkt der Steuerung aus kann man immer deutlicher zwischen strategischer und operativer HR-Funktion unterscheiden. In guter Zusammenarbeit müssen diese Zweige gewährleisten, dass die HR-Funktion insgesamt ein zuverlässiger Partner für das Management im Unternehmen ist. Im Folgenden werden die strategische Funktion als HR Business-Partner und die operative Funktion als HR Service-Provider bezeichnet (siehe Abbildung 1.2).

Der HR Business-Partner hat vier Rollen: HR-Strategie, HR Controlling, HR-Kundenmanagement und HR-Einkauf. Im Rahmen der Strategierolle liefert er strategisches Input für die Erstellung des Geschäftsplans, setzt Geschäftspläne in HR-spezifische Konsequenzen um und legt Ziele fest. Darüber hinaus bestimmt der HR Business-Partner das Vorgehen, mit dem dies erfolgt (Infrastruktur: Prozesse, Systeme, Instrumente, Organisation) – mit welchen Kosten und welcher Qualität.

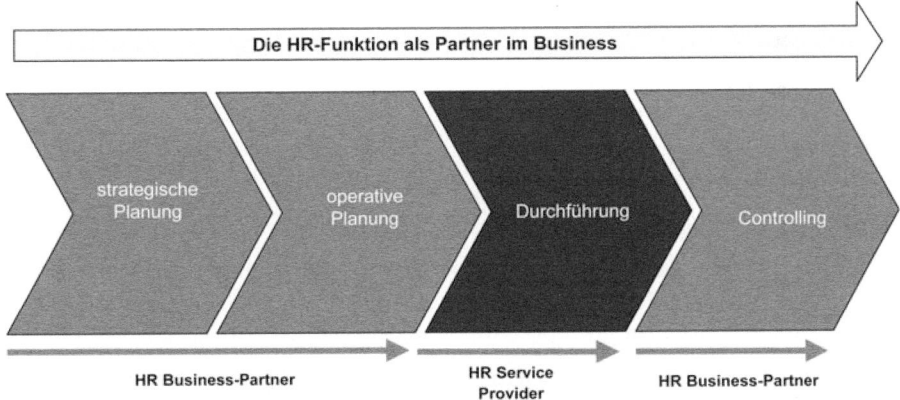

Abb. 1.2: Die HR-Funktion als Partner im Business

Anhand der sich daraus ergebenden Anforderungen wählt der HR Business-Partner in seiner Einkaufsrolle die Lieferanten aus, die diese Aktivitäten durchführen. In seiner Kundenmanagementrolle lenkt der HR Business-Partner die Service-Provider und löst Probleme im täglichen Betrieb. Die Aufgabe als HR Controller ist die Überwachung von Qualität und Kosten für die Umsetzung der gesetzten Ziele. Damit ist der HR Business-Partner sowohl für die Entwicklung als auch für die Durchführung der HR-Strategie verantwortlich. Alle vier Rollen des HR Business-Partners haben nur ein Ziel: Das Linienmanagement mit möglichst gutem und kostengünstigem HRM versorgen. Der HR Business-Partner erhält Anweisungen direkt von der Geschäftsführung und ist selbst Teil derselben, er berichtet der Geschäftsleitung und verfügt über einen kleinen, aber hoch qualifizierten Mitarbeiterstab im Bereich HR-Strategie, HR-Planung und Controlling, HR-Einkauf und HR Relationship Management.

Die Anzahl der HR Business-Partner in der Steuerungsrolle kann begrenzt sein. Bei größeren Organisationen kann diese Rolle von mehreren Personen sowohl für das Konzern- als auch für das dezentrale Management ausgeübt werden. Darüber hinaus können große dezentrale Einheiten auch das Bedürfnis für einen eigenen Business-Partner haben. Ein integrierter HR-Planungs- und -Steuerungsprozess muss dann jedoch Zersplitterung in Strategie und Durchführung verhindern, die potenzielle Skaleneffekte zunichte machen würde.

Die Aufgaben des HR Service-Providers werden in dem mit dem HR Business-Partner geschlossenen Service Level Agreement festgelegt. Der Service-Provider konzentriert sich auf die Lieferung qualitativ hochwertiger Dienstleistungen zum vereinbarten Preis. Schließlich ist der HR Service-Provider dafür verantwortlich, dass diese Aktivitäten möglichst effizient und kundenorientiert erfolgen. Standardisierung, Automatisierung, HR Self Service, Skalenvorteile und Prozessbeherrschung sind die Schlüsselbegriffe für ein Höchstmaß an Effizienz. Schlüsselbegriffe für umfassende Kundenorientierung sind beispielsweise HR Self Service, verschiedene Distributionskanäle (Helpdesk, persönliche Beratung, Intranet/Telefon), Service Level Agreements und klares Interesse für die Kundenwünsche.

Im Rahmen der Service-Provider-Rolle lässt sich eine Vielzahl von Funktionen unterscheiden: Helpdesk-Mitarbeiter (für Beantwortung der einfachen/allgemeinen HR-Fragen), Administrator, Infrastrukturspezialist (für die Verwaltung, Pflege und Entwicklung der HR-IT), HR-Fachspezialist (Recruiter, Ausbilder, Spezialist für Arbeitsbedingungen etc.) oder Experte für Organisations- oder Veränderungsprozesse. Anhand der Kosten- und Qualitätsaspekte ist abzuwägen, ob die Funktion des HR Service-Providers von der internen HR-Abteilung, von einem externen Partner oder von beiden übernommen werden soll.

Selbstverständlich sind je nach speziellem Bedürfnis und Umfeld, in dem die Organisation eingebettet ist, verschiedene Lösungen denkbar. So kann der HR Business-Partner beispielsweise selbst für operative Aufgaben im Bereich der Führungskräfteentwicklung (Rekrutierung und Auswahl von Spitzenkräften), der Arbeitsbedingungen für höhere Führungskräfte und Spitzenmanagement, des Relationship Managements für Arbeitnehmer- und Arbeitgeberverbände oder der Betreuung aufwändiger Umstrukturierungsmaßnahmen verantwortlich bleiben. Die Hauptsache bleibt jedoch die strikte Trennung zwischen *demand* und *supply* (siehe Abbildung 1.3).

In vielen Organisationen ist diese Trennung zwischen HR Business-Partner und HR Service-Provider noch nicht konsequent durchgeführt. Viele HR-Manager üben derzeit eine oder mehrere strategische Rollen aus und sind zugleich auch für die Lieferung von HR-Produkten und Services verantwortlich. Daher werden im Folgenden die möglichen Vor- und Nachteile sowohl der integrierten als auch der getrennten Zuständigkeit näher betrachtet.

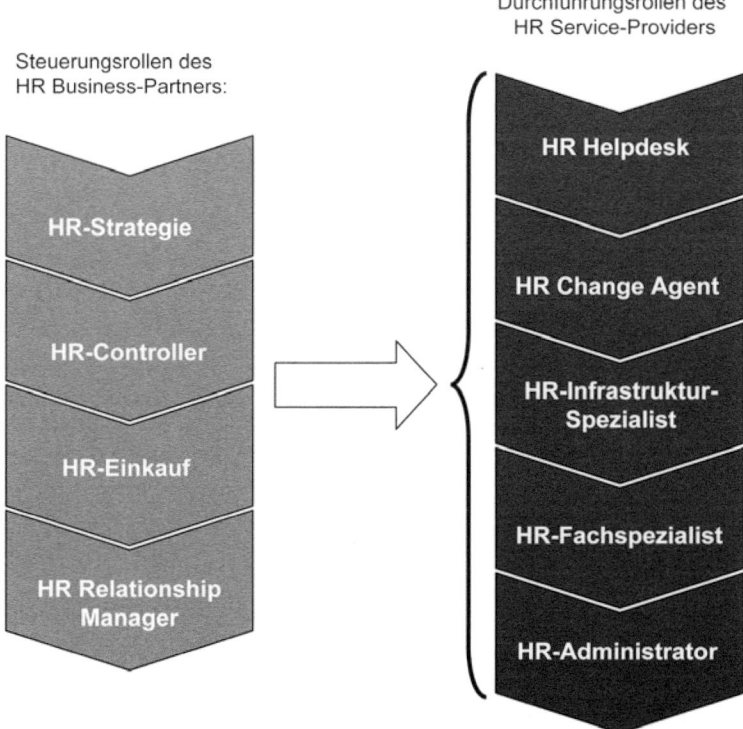

Abb. 1.3: Trennung zwischen ›demand‹ und ›supply‹

Ein Vorteil der Trennung von HR-Strategie und -Durchführung ist das klarere Kunden-Lieferanten-Verhältnis, was schließlich zu einem besseren Preis-Leistungsverhältnis führt. Unbeeindruckt von möglichen internen Spannungen und Interessen setzt sich die Steuerungsfunktion dafür ein, für Qualität und Kosten den optimalen *deal* für das Management zu erwirken. So können Qualität und Kosten der Dienstleistung verhandelt oder alternative Anbieter miteinander verglichen werden, ohne dass Emotionen oder politische Rücksichten auf die eigene Umgebung die Entscheidungen beeinflussen.

Ein weiterer Vorteil ist, dass die Arbeit der HR-Funktion stets unter genauer und kritischer Beobachtung steht. Die rechte wird nicht mehr von der linken Hand kontrolliert. Die operative HR-Funktion erhält dadurch stärkere Impulse, möglichst kundenorientiert zu arbeiten und die eigene Arbeit kritischer zu beurteilen. Ein Nachteil kann jedoch darin liegen, dass sich das Management noch weniger als bisher für HRM verantwortlich fühlt. Aufgrund der Anzahl der HR-Spezialisten, die für die Steuerung der HR-Funktion zuständig sind, kann das Interesse an Personalfragen möglicherweise abnehmen. Und es besteht die Gefahr, dass das Management die menschlichen Aspekte bei der Entwicklung der Unternehmensstrategie mehr oder weniger aus dem Auge verliert.

Ein weiterer Nachteil können auch Spannungen zwischen der geschäftsorientierten Art der Steuerung der HR-Funktion und dem professionellen Blick der Fachleute sein. Berücksichtigt der Strategieplan wirklich ausreichend die tatsächlichen Verhältnisse und Bedürfnisse im Unternehmen? Werden die strategischen HR-Aspekte genügend in die strategischen Entscheidungen einbezogen? Können die Ausführenden ihre Sicht der Dinge in die Strategieplanung einbringen? Ist die Steuerungsfunktion, die dafür verantwortlich ist, ausreichend qualifiziert, um diese Entscheidungen zu treffen? Oder geht es nur darum, auf Knopfdruck die Wünsche des Managements zu erfüllen?

Kann der Service-Provider dem Management auf Augenhöhe begegnen, wenn es aus HRM-Perspektive notwendig ist? Kann er sogar eine *erzieherische* Rolle erfüllen? Eine gute HR-Funktion sollte auch bei Bedarf eine professionelle, eigenständige Position vertreten. Lässt das Service Level Agreement ausreichend Raum für unvorhergesehene Umstände? Welchen Handlungsspielraum haben die HR-Mitarbeiter, wenn die Situation dies ihrer Ansicht nach erfordert? Liegt die Rolle des Sparringspartners und Zuhörers – für Linienmanager ein sehr wichtiger Aspekt der HR-Funktion – eher bei der Steuerungs- oder der operativen Rolle? Die folgenden Abschnitte gehen näher auf die Rolle des HR Business-Partners und des HR Service-Providers ein.

1.5   Der HR Business-Partner

Um dem Unternehmen wirklichen Mehrwert bieten zu können, muss die HR-Politik auf drei Ebenen an die des Unternehmens anknüpfen:

- Auf strategischer Ebene muss sie zur Entwicklung der allgemeinen Unternehmensstrategie beitragen und integraler Bestandteil davon sein.
- Auf taktischer Ebene muss sie die Geschäftspläne unterstützen, die die Strategie in konkrete Maßnahmen übersetzen.
- Auf Aktionsebene muss sie Führungskräfte und Mitarbeiter dabei unterstützen, ihre täglichen Aufgaben optimal erfüllen zu können.

Der HR Business-Partner muss – anhand der vier Rollen Stratege, Controller, Einkäufer und Relationship Manager – diese drei Aspekte planerisch und praktisch verwirklichen. Das Diagramm in Abbildung 1.4 zeigt, mit welchen Herausforderungen der Business-Partner konfrontiert ist und welche Aufgaben er bewältigen muss.

1.5.1 Der strategische Beitrag

Wenn das Personal einer der wichtigsten kritischen Erfolgsfaktoren in Unternehmen ist, muss das Unternehmen über Entwicklungen für den Faktor Mensch nachdenken, die Einfluss auf die Strategie des Unternehmens haben. Dabei darf es nicht beim Nachdenken bleiben, vielmehr müssen strategische HR-Vorgaben formuliert werden, die mittelfristig (taktisch) und kurzfristig (operativ) richtungweisend für die HR-Aktivitäten sind. Die HR-Funktion sollte daher dem Führungsstab des Unternehmens Input für die Unternehmensstrategie liefern und alle taktischen und operativen HR-Aktivitäten auf die Verwirklichung dieser Strategie ausrichten.

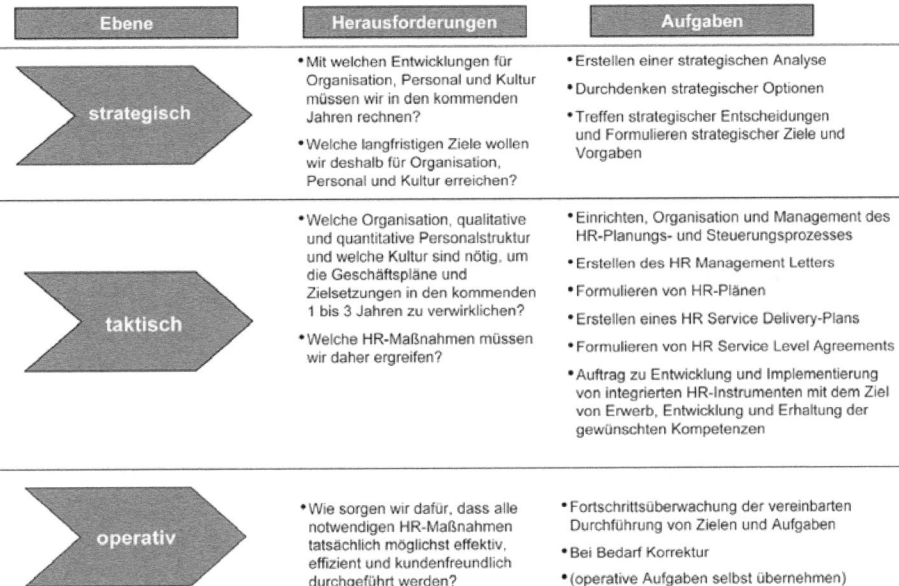

Abb. 1.4: Fragen und Aufgaben des Business-Partners

Das klingt logisch, in der Praxis geschieht dies allerdings längst nicht immer. Viele HR-Funktionen sind eher operativ ausgerichtet und nehmen sich nicht die Zeit für langfristige und strukturelle Gedanken über strategische Entwicklungen und ihre Folgen für das Unternehmen, die Personalstruktur und die Firmenkultur. In zahlreichen Unternehmen wird HRM erst dann auf taktischer Ebene einbezogen, wenn Geschäftspläne für die kurzfristige und mittelfristige Planung erstellt werden. Das ist nicht zwingend schlecht: Sich um uns herum schnell vollziehende Veränderungen verkürzen die Planungshorizonte. Dies mindert den Wert von Langzeitszenarien. In nur wenigen Jahren kann sich die Lage drastisch verändern. So kann sich beispielsweise die Suche nach Lösungen für den absehbaren Arbeitskräftemangel schnell in Pläne und Maßnahmen für Arbeitszeitverlängerung, ältere Arbeitnehmer, Arbeitgeberimage und Diversität bis hin zu weitgehender Automatisierung und Verlagerung verwandeln.

Daher ist es sinnvoll, den Inhalt strategischer HR-Pläne auf die Ebene der zukunftsorientierten, richtungweisenden Grundsätze zu beschränken, die sich in konkrete Maßnahmen auf taktischer und operativer Ebene umsetzen lassen.

Dies ermöglicht die richtigen Diskussionen und Lösungswege. Wenn diese Grundsätze regelmäßig an der täglichen Realität geprüft werden, lässt sich feststellen, ob ein Thema relevant bleibt oder ob es neue Lösungsansätze gibt.

Um auf strategischer Ebene Gesprächspartner zu sein, muss der HR Business-Partner Kenntnisse über den Prozess zur Strategieformulierung des Unternehmens und darin verwendeten Begriffe und Techniken besitzen. Der HR Business-Partner muss dem Linienmanagement bei der Erarbeitung der strategischen Analyse, bei der Entwicklung und Ausarbeitung der strategischen Optionen und bei der Formulierung der strategischen Zielsetzungen und Vorgaben helfen können (Abbildung 1.5).

Abb. 1.5: Strategische Analyse, Optionen und Entscheidungen

Erarbeitung einer strategischen Analyse

In der ersten Phase des Strategieformulierungsprozesses im Unternehmen, der Erarbeitung einer strategischen Analyse, kann die HR-Funktion das Linienmanagement dadurch unterstützen, dass sie strategisch relevante Informationen beisteuert und auswertet. Viele strategisch relevante Entwicklungen tragen Personalaspekte oder Personalfolgen in sich. Die HR-Funktion kann gefragt und ungefragt ihren Beitrag zur Inventarisierung dieser Aspekte und Folgen leisten.

Exkurs: Aktuelle Anforderungen an HR

Der Einfluss der demographischen Entwicklung

Die demographische Entwicklung in Europa stellt neue Herausforderungen an das HRM. Haupteinflussfaktoren neben alternden Mitarbeitern selbst sind die Frühverrentungswellen und Rekrutierungsstopps der vergangenen Jahre. Mitarbeitergruppen im Alter zwischen 35 und 50 Jahren sind in Unternehmen stark ausgeprägt – das Durchschnittsalter in deutschen Großunternehmen bewegt sich heute bereits zwischen 41 und 45 Jahren.

Angesichts zunehmend kopflastiger Altersstrukturpyramiden gewinnt altersgerechte Personalarbeit (Age Management) an Bedeutung. Kurz- und mittelfristige Gestaltung der Altersstruktur durch Rekrutierung oder Vorruhestandsprogramme

wird zukünftig durch fehlenden Nachwuchs und rückläufige Erwerbstätigenzahlen erschwert – für 2015 ist ein Altersdurchschnitt von bis zu 50 Jahren zu erwarten.

Dies ist zunächst kein Grund zur Sorge – fortschreitende Automatisierung reduziert Personalbedarf und ersetzt körperliche Arbeit, Spezialistenwissen ist gefragt. Ältere Mitarbeiter sind gerade durch Erfahrung, Arbeitsmoral, Einstellung zu Qualität, Zuverlässigkeit, Loyalität und Führungskompetenz wichtige Leistungsträger für Unternehmen. Viele Firmen sehen den demographischen Wandel dennoch als wichtige Herausforderung – und angemessenes Handeln als wettbewerbskritisch. Um den demographischen Herausforderungen und dem beschleunigten Veränderungsdruck (aus dem Ausland) auch bei alternder Belegschaft gerecht zu werden, muss HRM stärker auf die Steigerung der Beschäftigungsfähigkeit der Mitarbeiter fokussieren: neue Schwerpunkte im Management von Personalbedarf und -risiko, von Kompetenzen, Personalentwicklung und Performance, Aufhebung des Senioritätsprinzips bei der Vergütung, Personalführung und Motivation, Nachwuchssicherung und Arbeitgeberimage und (präventives) Gesundheitsmanagement.

Der Fachkräftemangel als Treiber für HR

Der demographische Wandel in Deutschland wirkt sich gravierend auf die Zahl der Erwerbstätigen aus, die vermutlich von 50,1 Mio. im Jahr 2007 auf 35,5 Mio. im Jahr 2050 sinken wird. Bereits heute herrscht in vielen Bereichen Mangel an qualifizierten Fach- und Führungskräften – beispielsweise Ingenieure und Informatiker oder Spezialisten in Elektrotechnik, Maschinen- und Anlagenbau sowie Fahrzeugtechnik. In Zukunft wird die kritische Ressource Mitarbeiter noch knapper. Damit der Mangel an qualifiziertem Personal nicht zur Wachstumsbremse für Unternehmen wird, muss HRM bereits heute Strategien und Maßnahmen entwickeln, um sich auf künftigen Fach- und Führungskräftemangel in Deutschland vorzubereiten. Dazu gehören standortpolitische Fragestellungen wie Talentmanagement, globale Ausrichtung von Rekrutierungsmaßnahmen sowie Management der Bedürfnisse und Ziele verschiedener ethnischer Mitarbeitergruppen und Nationalitäten.

Die Internationalisierung und ihre Konsequenzen

Im Zuge der Globalisierung sind Unternehmen und ihre Mitarbeiter immer stärker gefordert, sich im weltweiten Wettbewerb zu positionieren. An HRM wird die Anforderung gestellt, in allen Bereichen integrierte und länderübergreifende Ansätze und Lösungen bereitzustellen, die zugleich länderspezifischen Besonderheiten und Rahmenbedingungen gerecht werden. Dies umfasst insbesondere Rekrutierung und Ressourcenmanagement, Kompetenz- und Karrieremanagement sowie Vergütung und Entlohnung.

HR-Instrumente müssen Flexibilität und Mobilität der Mitarbeiter motivieren und belohnen. Dabei gilt es, Fragen der Positionierung von Unternehmen und HRM zu klären. Handelt es sich um ein globales Unternehmen, das auch in Deutschland

31

tätig ist, oder ein deutsches Unternehmen, das global agiert? Je mehr Unternehmen international agieren, desto wichtiger ist es für das HRM, tragfähige länder- und kulturübergreifende Werte und Vorgehensweisen zu definieren und umzusetzen.

Dabei werden Partnerschaften mit externen HR-Providern immer attraktiver. Auf Basis von Internetanwendungen können Produkte und Dienstleistungen externer Dienstleister national und international nahtlos in das eigene Produkt- und Dienstleistungsangebot integriert werden. Ohne selbst umfangreiche Investitionen tätigen zu müssen, können Unternehmen auf diese Weise über moderne HR-IT-Systeme verfügen und in den Besitz von HR Know-how gelangen, das sie in vielen Fällen selbst nicht aufbauen können. Externe HR-Dienstleistungen sind ein bedeutender Wachstumsmarkt. Der Großteil der Anbieter liefert allerdings bislang nur eine begrenzte Servicepalette. Die Anzahl der Firmen, die mit einem modernen Dienstleistungskonzept für alle HR-Bereiche (Front Office, Self Service, Back Office, Wissenszentren) aufwarten und auch wirklich über Erfahrungen in diesen Bereichen verfügen, ist noch überschaubar. Angesichts der Entwicklungen im Ausland ist jedoch zu erwarten, dass dieser Markt schnell wachsen wird.

Zunehmende Bereitschaft zur und mehr Möglichkeiten für Auslagerung zwingen die interne HR-Funktion, intensiver über die Frage nachzudenken, welchen Mehrwert sie im Vergleich zu externen Lieferanten bietet und bieten will und welche Rolle sie in einem Unternehmen spielen möchte, das seine operativen HR-Aufgaben gänzlich oder in Teilen an Dritte auslagert.

Mitarbeiterbindung und Motivation in neuem Licht

Hohe Mitarbeiterfluktuation verursacht Kosten und bremst das Unternehmenswachstum. Studien zeigen, dass rund 18 % der Arbeitnehmer in Deutschland keinerlei emotionale Bindung zu ihrem Job aufweisen. Weitere 70 % machen Dienst nach Vorschrift und gehören zur Kategorie der Mitarbeiter mit geringer emotionaler Bindung. Nur 12 % zeigen stärkeres Commitment. Insbesondere Leistungsträger binden sich immer öfter nur für einen begrenzten Zeitraum an ein Unternehmen – mit dem Ziel, ihre Karriere schneller voranzutreiben und zu entwickeln. Um wichtige Leistungsträger längerfristig zu halten, muss HRM effiziente Instrumente einsetzen. Neben der Gestaltung attraktiver und leistungsorientierter Vergütung wächst die Bedeutung internationaler und funktionsübergreifender Karriereperspektiven.

Gleichzeitig bestehen bei Führungskräften und Mitarbeitern zunehmend Wille und Fähigkeit, selbst Verantwortung für die Durchführung von Aspekten des Personalmanagements zu übernehmen. Die neuen Kunden der HR-Funktion stellen sich selbst und ihre spezifischen Fragen in den Vordergrund und erwarten, dass sie adäquat, schnell und kundenorientiert beim Finden einer Antwort zu einem Zeitpunkt unterstützt werden, der ihnen gelegen kommt. Dabei wächst der Fokus auf Wertbeitrag und Kosten-Leistungsverhältnis der HR-Funktion.

Analog zur Einteilung von Johnson und Scholes[1](1993) unterscheiden wir bei der Erarbeitung einer Analyse folgende Schritte:

- Entwicklungen im Umfeld des Unternehmens,
- eigene kompetitive Fähigkeiten,
- Kultur und Erwartungen der Stakeholder.

Schritt 1: Analyse der Entwicklungen im Umfeld des Unternehmens

Relevante Entwicklungen im Umfeld des Unternehmens lassen sich mit Hilfe der DÖSTUP[2]-Methode auf strukturierte Weise erheben. Die nachfolgenden Beispiele zeigen, dass sich für alle Elemente, die von dieser Methode untersucht werden, HRM-Aspekte definieren lassen.

- *Demographie:*
  Welche demographischen Entwicklungen vollziehen sich derzeit und welchen Einfluss haben sie auf unser Unternehmen und sein Umfeld? Wie wirken sich Vergreisung der Gesellschaft, zunehmende Anzahl von Zuwanderern etc. sowohl auf unseren eigenen Personalbestand als auch auf die Zusammensetzung unseres Kundenstamms und die Art und Weise aus, mit der dieser angesprochen und bedient werden will? Was sind die finanziellen Folgen unseres Rentensystems oder die Folgen der Struktur unseres Personals auf die Lohnkostenentwicklung?

- *Ökonomie:*
  Wie wird sich die Konjunktur in den kommenden Jahren entwickeln und welche Folgen wird dies für unser Unternehmen haben? Welchen Einfluss hat beispielsweise das sich verändernde Feld der Mitbewerber auf unsere Lohnkosten, welche Flexibilitätsanforderungen ergeben sich daraus für unser Unternehmen und die Kompetenzen unserer Führungskräfte und Mitarbeiter? Aber auch bei der Analyse der Märkte und des Wettbewerbsumfelds des Unternehmens kann das Input der HR-Funktion hilfreich sein. Durch welche Aspekte im Bereich Organisation, Personal und Kultur unterscheiden sich unsere Mitbewerber oder sind sie einzigartig? Und wie verhalten sich diese Aspekte zu denen unseres Unternehmens?

- *Sozialwesen:*
  Welche sozialen Entwicklungen vollziehen sich derzeit und in welcher Weise beeinflussen sie unser Unternehmen? Was bedeutet die Individualisierung der Gesellschaft für unsere Produktpalette, für unsere Arbeitsbedingungen

---

1 Johnson, G. & Scholes, K.: *Exploring Corporate Strategy: Text and Cases,* Prentice Hall 1993.
2 DÖSTUP steht für die sechs Parameter Demographie, Ökonomie, Soziales Umfeld, Technologie, Umwelt, Politik.

und für unsere Arbeitsorganisation? Welche Werte und Normen sollen in unserem Unternehmen gelten?

- *Technologie:*
  In welcher Weise beeinflussen technologische Entwicklungen unsere Produkte und Produktionsverfahren und was bedeutet das für die Einrichtung unseres Unternehmens und die Kompetenzen unserer Mitarbeiter?

- *Umwelt:*
  Inwieweit führen neue Anforderungen an umweltfreundliche Herstellung zu anderen Herstellungsverfahren und Produkten und was bedeutet dies für unser Unternehmen, die Arbeitsbedingungen und Arbeitsweisen?

- *Politik:*
  Welche politischen Entwicklungen sind zu erwarten, was bedeuten sie für uns und wie reagieren wir adäquat darauf? Welche Folgen wird beispielsweise eine neue Gesetzgebung zu Steuern und sozialer Sicherung für unser Unternehmen haben?

Schritt 2: Analyse der eigenen kompetitiven Fähigkeiten

In der ersten Phase des Strategieformulierungsprozesses im Unternehmen wird auch oft eine Analyse von Effektivität und Effizienz des eigenen Unternehmens erstellt. Da viele der damit einhergehenden Aspekte im Zusammenhang mit dem Personal stehen, kann der HR Business-Partner dazu seinen Beitrag leisten. So kann er beispielsweise finanzielle Informationen in Bezug auf die Personalstruktur, personelle Kennziffern oder Analysen zur Effektivität von Management(teams) liefern. Häufig wird in dieser Phase auch eine SWOT-Analyse (strengths, weaknesses, opportunities, threats) oder eine Analyse der Kernkompetenzen (Aspekte, durch die sich ein Unternehmen tatsächlich von anderen Unternehmen unterscheidet oder unterscheiden müsste) erstellt. Klar ist, dass dabei HRM-Aspekte eine wichtige, um nicht zu sagen, die wichtigste Rolle spielen. Der HR Business-Partner sollte sich aktiv in diesen Prozess einbringen.

Schritt 3: Analyse von Kultur und Erwartungen der Stakeholder

Auch für diese Analyse kann der HR Business-Partner einen wertvollen Beitrag leisten, beispielsweise indem er Methoden bereitstellt, mit denen sich die Firmenkultur messen und diskutieren lässt, oder indem er hilft, die Erwartungen des Personals als einem der wichtigsten internen Stakeholder des Unternehmens klar herauszustellen.

Durchdenken von strategischen Optionen

Anhand des im ersten Schritt zusammengetragenen Inputs ist die Unternehmensleitung in der Lage, strategische Optionen zu entwickeln, mit denen sich

Unternehmenszielsetzungen verwirklichen und sich daraus ergebende Herausforderungen adressieren lassen. Der HR Business-Partner kann das Konzernmanagement beim Durchdenken dieser strategischen Optionen und bei der Entwicklung von *what if*-Szenarien unterstützen. Was sind die personellen und damit einhergehenden finanziellen und sozialen Folgen, wenn wir einen Teil der Produktion auslagern, weitgehend automatisieren oder in ein Niedriglohnland verlagern? Auf welche personellen Folgen müssen wir uns vorbereiten, wenn wir auf eine neue Technologie umstellen? Um die Auswirkungen der personellen Folgen besser einzuschätzen, können mehrere Szenarios entwickelt werden – sowohl mit *worst case* als auch mit optimistischeren Annahmen.

Strategische Entscheidungen treffen und strategische Ziele formulieren

Anhand der beschriebenen Analysen trifft die Unternehmensleitung strategische Entscheidungen und setzt sie in strategische Zielsetzungen um. Vom HR Business-Partner wird in diesem Zusammenhang erwartet, dass er auf dieser Grundlage langfristige Zielsetzungen und Vorgaben für HRM formuliert – richtungweisende Leitsätze für die HR-Politik. Fragen sind beispielsweise die Positionierung oder das Arbeitgeberimage des Unternehmens, die Werte und Normen, denen sich das Unternehmen verpflichtet, die Kompetenzen, die angestrebt werden sollen, der Aufbau der Personalstruktur und die Standorte in der Welt, an denen sich das Unternehmen befinden soll.

Die HR-Funktion kann personal- und organisationsbezogene Themen beitragen, die die Unternehmensleitung beim Formulieren der Businessstrategie berücksichtigen kann oder muss. Diese HR-Aspekte stellen kein Ziel an sich dar, sondern sind wichtige Elemente, um zu einer fundierten, allgemeinen strategischen Entscheidung zu gelangen. Die formulierten strategischen HR-Zielsetzungen oder -Vorgaben sind Grundlage und Rahmen für alle im HR-Bereich zu ergreifenden Maßnahmen.

Um in diesem Prozess seine Rolle möglichst gut auszufüllen, muss der HR Business-Partner sowohl konzeptionell als auch pragmatisch arbeiten und von seiner breiten allgemeinen wirtschaftswissenschaftlichen Warte ein ebenbürtiger Gesprächspartner des Linienmanagements sein. Hier wird vom HR Business-Partner erwartet, dass er auch über die Grenzen der HR- Funktion hinaus blicken kann. Der HR Business-Partner sollte allerdings nicht warten, bis sich das Management mit einer Bitte um einen Beitrag an ihn wendet. Gerade indem er selbst regelmäßig relevante Themen durchdenkt und zur Sprache bringt, entsteht beim Linienmanagement der Wunsch, die HR-Funktion aktiv am Strategieprozess zu beteiligen.

1.5.2 Der taktische Beitrag

Der taktische Beitrag des Business-Partners setzt sich wie folgt zusammen:

- Einrichtung und Organisation von HR-Planung und Controllingzyklus
- Formulierung eines HR Management Letters
- Formulierung eines HR Service Delivery-Plans
- Formulierung eines HR Service Level Agreements
- Erarbeitung von auf die Realisierung der gewünschten Kompetenzen abgestimmten HR-Instrumenten.

Einrichtung, Organisation und Management von HR-Planung und Controllingzyklus

Die Strategie und Vorgaben sind die Grundlage für die Formulierung der taktisch-operativen Pläne der Geschäftsbereiche im Unternehmen. Dazu wird meist ein Management Letter erstellt, in dem die Strategie in konkrete taktisch-operative Zielsetzungen sowohl für das Unternehmen insgesamt als auch für die Geschäftsbereiche umgesetzt wird. Jeder Geschäftsbereich verfasst einen eigenen Geschäftsplan, in dem er ausführt, welche Aktivitäten in einem Zeitfenster von ein bis drei Jahren konkret durchzuführen sind, um diese Ziele zu verwirklichen.

Der HR Business-Partner ist dann dafür verantwortlich, dass HRM diese Pläne unterstützt. Dazu kann er klar festlegen, welche Organisation, welche quantitative und qualitative Personalstruktur und welche Kultur notwendig sind, um den Geschäftsplan zu realisieren. Im Anschluss an den Geschäftsplanungszyklus (oder parallel dazu) muss die HR-Funktion daher einen Prozess organisieren, der Folgendes festlegt:

- die Endsituation, die für diese drei Aspekte (Organisation, Personalstruktur und Kultur) erreicht werden soll;
- die aktuelle Situation in diesen drei Bereichen;
- die Maßnahmen, die ergriffen werden müssen, um eine eventuelle Kluft zwischen vorliegender und gewünschter Situation zu überbrücken.

Das Ergebnis dieser Ist-/Soll-Analyse ist ein konkreter Aktionsplan für:

- das verantwortliche Management des betreffenden Geschäftsbereichs (Was tun wir, um die gewünschte Organisation, Personalstruktur und Kultur zu erreichen?),
- den HR Business-Partner und den/die HR Service-Provider (Wie können wir das Linienmanagement dabei unterstützen?).

Im Grunde ist die Skizze der gewünschten Situation für Organisation, Personalstruktur und Kultur letztlich das Ziel aller HRM-Aktivitäten. Der Beitrag, den

HRM für das Business leistet, kann daran gemessen werden, inwieweit die gesetzten Ziele erreicht worden sind.

Der HR Business-Partner ist für die Initiierung und Betreuung eines HR-Planungs- und -Steuerungsprozesses zuständig, der im Zusammenhang mit dem allgemeinen Business-Planungsprozess stattfinden soll. Dieser legt die aktuelle und die gewünschte Situation von Organisation, Personalstruktur und Kultur fest und vergleicht sie miteinander. Außerdem werden Aktionspläne erstellt, um die Kluft zwischen beiden zu überbrücken. Ein solcher Prozess lässt sich schematisch wie in Abbildung 1.6 darstellen.

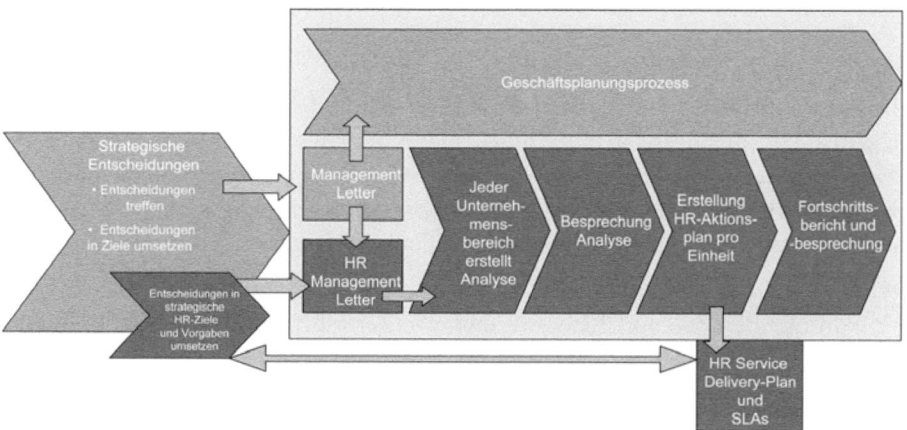

Abb. 1.6: HR-Planungs- und -Steuerungsprozess

Der Prozess für ein Großunternehmen kann beispielhaft folgendermaßen aussehen:

1. Formulierung eines Management Letter

Der Corporate HR Business-Partner (als Partner der Geschäftsleitung des Unternehmens) formuliert anhand der Strategie einen HR Management Letter, in dem die strategischen HR-Zielsetzungen und -Vorgaben ausgeführt sind und der angibt, für welche Aspekte deshalb eine Ist-/Soll-Analyse für Organisation, Personalstruktur und Kultur erstellt werden muss. Wo möglich, wird diese Analyse außerdem auf die spezifischen Herausforderungen, Eigenschaften oder Probleme eines bestimmten Geschäftsbereichs oder einer bestimmten Funktion (Marketing, Sales, Produktion, F&E usw.) zugeschnitten.

Beispiel:

• Geben Sie an, was wir tun müssen, um nach zwei Jahren in Brasilien ein Geschäft von 100 Mio. Dollar aufgebaut zu haben. Welche Aspekte im Bereich von Organisation, Personalstruktur und Kultur sind bereits vorhanden und an welchen Punkten in diesem Bereich muss noch gearbeitet werden?

- Erwirken Sie in den kommenden drei Jahren einen Personalabbau von 15 %. Was bedeutet das für unsere Organisation, Personalstruktur und Kultur? Welche Maßnahmen müssen wir ergreifen, um dieses Ziel zu erreichen?

- Sorgen Sie dafür, dass die Personalfluktuation in den kommenden Jahren um 10 % abnimmt. Geben Sie an, welche Maßnahmen dazu eingeleitet werden müssen.

Weiter unten werden wir spezifische Gesichtspunkte erläutern, die im Management Letter für Organisation, Personalstruktur und Kultur erörtert werden. Nach der Genehmigung durch die Geschäftsleitung wird der Management Letter an das Management der einzelnen Unternehmensbereiche geschickt.

2. Durchführung einer Soll-/Ist-Analyse und Darstellung der Maßnahmen

Das Management dieser Unternehmensbereiche führt mit Unterstützung ihres eigenen HR Business-Partners eine Ist-/Soll-Analyse durch und benennt die Maßnahmen, um die gewünschte Organisation, die quantitative und qualitative Personalstruktur und die Kultur zu etablieren, mit der sich die Unternehmensziele erreichen lassen. Der Bericht besteht aus zwei Teilen:

- *Unternehmensentwicklung:* Hier werden die Veränderungen, die sich in der kommenden Zeit vollziehen werden, mit Zeitrahmen und Folgen dargestellt.

- *Personalmanagement:* Darin wird näher auf die Maßnahmen von Personalwerbung und -auswahl, Laufbahnpolitik, Führungskräfteentwicklung, Aus- und Weiterbildung, Kompetenzmanagement, Leistungsbewertung, Outplacement, Kündigung und Lohnpolitik eingegangen.

3. Bericht an höchste Managementebene

Die aus beiden Teilen resultierenden Maßnahmen werden sowohl für das Linienmanagement als auch für die HR-Funktion möglichst konkret formuliert. Dazu wird ein kurzer Bericht verfasst, der an die höchste Managementebene und den HR Business-Partner im Konzern geschickt wird.

4. Prüfung des Berichts

Die höchste Managementebene und der Corporate HR Business-Partner prüfen die Berichte im Hinblick auf strategische Qualitäten, Ambitionen und Realisierbarkeit.

5. Rückkopplungsgespräch

In einem Rückkopplungsgespräch wird der Bericht besprochen und bei Bedarf geändert.

6. Konsolidierung der Aktionspläne

Der Corporate HR Business-Partner konsolidiert daraufhin die Aktionspläne der verschiedenen Unternehmensbereiche, analysiert die gemeinsamen Aspekte und erstellt auf dieser Grundlage einen HR Service Delivery-Plan. Dieser enthält klare inhaltliche Zielsetzungen für jedes HR-Gebiet und konkrete Maßnahmenpläne, die zur Realisierung dieser Zielsetzungen führen. Hier wird auch der Beitrag beschrieben, der von dem/den HR Service-Provider(n) erwartet wird. Dieser Plan ist die Grundlage für die Formulierung der Service Level Agreements und wird zur Prüfung dem Management der verschiedenen Unternehmensbereiche und ihren HR Business-Partnern vorgelegt.

7. Durchführung der Maßnahmen

Sowohl auf Konzernlevel als auch auf dezentraler Ebene werden die in den Plänen aufgeführten Maßnahmen durchgeführt.

8. Regelmäßige Statusgespräche

In regelmäßigen Statusgesprächen zwischen der Konzernleitung und dem Management jedes Geschäftsbereichs wird der Fortgang der Maßnahmenpläne (die Umsetzung der gewünschten Organisation, Personalstruktur und Kultur) im Geschäftsbereich geprüft. Der HR Business-Partner des Geschäftsbereichs und der Corporate HR-Manager bereiten die Zwischenberichte vor und sind bei den Gesprächen anwesend.

9. Fortgang des HR Service Delivery-Plans

In den Statusgesprächen zwischen der Konzernleitung und dem Corporate HR Business-Partner wird auch der Fortgang des HR Service Delivery-Plans geprüft.

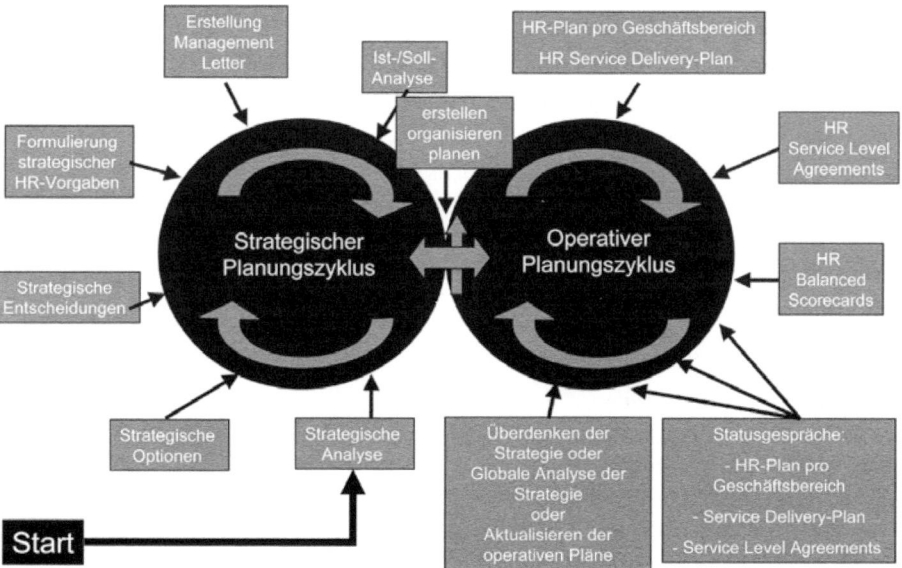

Abb. 1.7: HR-Planungs- und Steuerungsmodell

10. Resümee

Am Jahresende wird untersucht, ob der gesamte Strategieprozess von Anfang an wiederholt werden muss oder ob es ausreichend ist, die HR-Pläne pro Unternehmensbereich, den HR Service Delivery-Plan und die Service Level Agreements zu aktualisieren.

Die Organisation eines solchen Prozesses, vor allem in großen und dezentralisierten Unternehmen, ist nicht gerade leicht. Sie erfordert straffe Steuerung und Planung und klare Aufgabenverteilung. In mittelgroßen und kleineren Betrieben lässt sich dieser Prozess auf das gesamte Unternehmen ausdehnen. In Großkonzernen jedoch, mit mehreren relativ selbständigen Geschäftsbereichen, kann auch vom beschriebenen Ablauf abgewichen werden.

Dabei gibt es folgende Möglichkeiten:

- Es liegt beispielsweise kein Corporate HR Management Letter vor und der Prozess wird pro Unternehmensbereich durchgeführt. Das Management dieser Geschäftsbereiche erstellt seinen eigenen HR Management Letter.

- Der Corporate HR Management Letter enthält nur eine begrenzte Zahl von Punkten, die für alle Unternehmensteile relevant sind. Jeder Geschäftsbereich fügt seine eigenen Punkte hinzu. In diesem Fall handelt es sich um einen Prozess auf mehreren Ebenen, den jeder Geschäftsbereich durchläuft und in dem die Pläne dieser Bereiche auf Konzernebene konsolidiert werden. Dieser Prozess wird um einige zusätzliche Schritte erweitert. Das Management der Geschäftsbereiche
  - erstellt auf Grundlage des vorgelegten Corporate Management Letters einen Management Letter für den eigenen Geschäftsbereich;
  - lässt Geschäftsbereiche eine Ist-/Soll-Analyse durchführen und Pläne formulieren;
  - bespricht und genehmigt diese Pläne in Zusammenarbeit mit den Geschäftsbereichen;
  - konsolidiert die erhaltenen Informationen in dem Plan, der für die Konzernleitung erstellt werden muss und befindet sich damit wieder im beschriebenen Planungszyklus.

Wichtig ist, einen solchen Prozess sowohl top-down als auch bottom-up durchzuführen. Das dezentrale Management und die dezentralen HR Business-Partner müssen am Nachdenken über und am Festsetzen der strategischen Vorgaben beteiligt sein (bottom-up). Sie sind anschließend in Form des Management Letters der Ausgangspunkt für den Operationalisierungsprozess (top-down). Das dezentrale Management führt mit Unterstützung der dezentralen HR Business-Partner anschließend die Ist-/Soll-Analyse durch und erstellt Aktionspläne, die mit dem Konzernvorstand und dem Corporate HR Business-Partner besprochen werden (bottom-up). Der Konzernvorstand und der Corporate HR Business-Partner erstellen anhand dessen einen HR Service Delivery-Plan und überwachen seine Durchführung (top-down).

Damit ein solcher Prozess optimal verläuft, muss in der HR- Funktion eine klare Aufgabenverteilung abgesprochen werden. Wenn die dezentralen HR Business-Partner an den Corporate HR Business-Partner berichten, stellt sich dieses Problem meist nicht, da eine unmittelbare Steuerung gegeben ist. In vielen Unternehmen ist das jedoch nicht der Fall. Dort berichten die dezentralen HR-Funktionen dem dezentralen Linienmanagement, zwischen Corporate und dezentralem HRM besteht lediglich eine funktionale Verbindung. Lässt man diese Situation unangetastet, ist klar festzulegen, was von jedem Einzelnen erwartet wird und wer den Prozess lenkt.

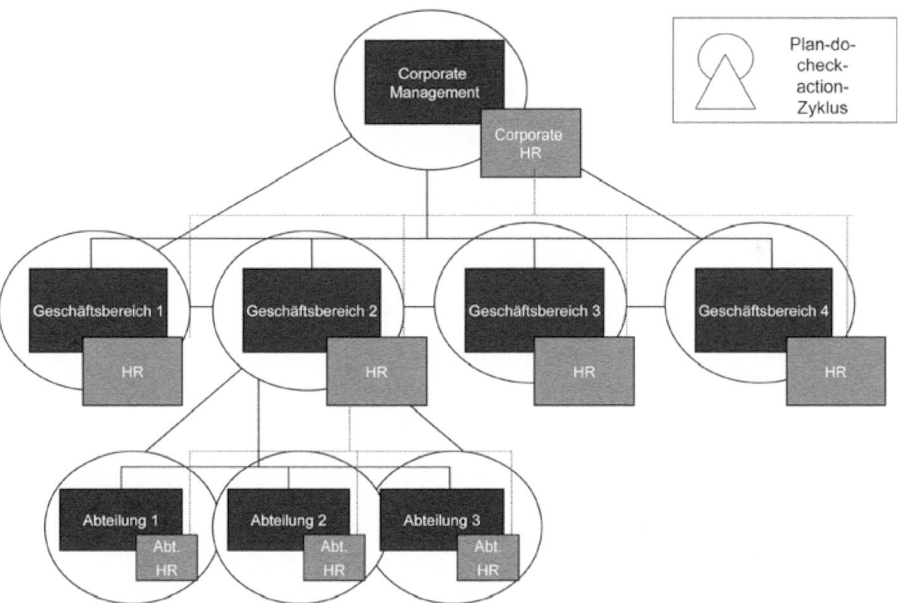

Abb. 1.8: Reflexion der Unternehmensstruktur in der HR-Struktur

Der HR Management Letter

Wenn im gesamten Unternehmen für den HR Management Letter das gleiche Format gewählt wird, lassen sich die Ergebnisse aller Geschäftsbereiche mühelos konsolidieren. Ein Format für die Ist-/Soll-Analyse kann wie folgt aussehen:

1. *Welche Organisationsform hilft uns am besten bei der Verwirklichung unserer Unternehmensziele und wie können wir diese Form erreichen?*

Der HR Business-Partner ist hier der Berater des Linienmanagements bei der Beantwortung von Fragen wie:

- Welche organisatorischen Veränderungen müssen wir in und zwischen den Geschäftsbereichen und Abteilungen vornehmen, damit unsere Prozesse effektiver und effizienter laufen (klare Endverantwortung, möglichst wenig Schnittstellen usw.)?

- Wie können wir Synergievorteile und Skaleneffekte optimal nutzen (Bündelung ähnlicher Aufgaben, Vermeidung von doppelten Aufgaben und nicht *das Rad noch einmal erfinden*, Shared Services Center usw.)?

- Wie nutzen wir optimal die Möglichkeiten neuer Technologien (Automatisierte Arbeitsprozesse, HR Self Service, virtuelle Unternehmen usw.)?

- Was tun wir selbst, was lagern wir aus und wo führen wir unsere Tätigkeiten durch (Outsourcing, Offshoring usw.)?

- Welche Veränderungsprozesse ergeben sich aus den Antworten auf diese Fragen und wie gehen wir damit um?

- Vor welchen spezifischen Geschäftsanforderungen stehen wir und was bedeuten sie für die Entwicklung unseres Unternehmens?

2. *Wie viele Führungskräfte und Mitarbeiter benötigen wir pro Jobfamilie mit welchen Kenntnissen, Fertigkeiten und Erfahrungen? Was müssen wir tun, um die quantitativ und qualitativ gewünschte Personalstruktur zu erreichen?*

Der HR Business-Partner sorgt für eine eindeutige und vom Linienmanagement genehmigte Liste quantitativer und qualitativer Kriterien, die der Personalbestand erfüllen muss. Außerdem liefert er die personellen Informationen, die zur Beurteilung dessen notwendig sind, ob dies tatsächlich der Fall ist. Er leitet eine strukturierte Diskussion über diese Daten ein und konsolidiert die pro Geschäftsbereich oder Abteilung erstellten Analysen zu praktischen Managementinformationen. Dabei geht es um die aktuelle gegenüber gewünschter...

- … Anzahl FTEs für jede näher zu definierende Jobfamilie,
- … Ausprägung bestimmter Kompetenzen,
- … Ausprägung des Entwicklungspotenzials in bestimmten Funktionen, Ebenen oder Managementpositionen,
- … Anzahl potenzieller Nachfolger für Schlüsselpositionen,
- … Struktur des Personalbestands (Diversität, Ausbildungsniveaus, Kosten),
- … Anzahl überdurchschnittlich, durchschnittlich und unterdurchschnittlich leistender Mitarbeiter,
- … Mitarbeiterzufriedenheit.

3. *Welche Kultur brauchen wir in unserem Unternehmen, um die gesetzten Ziele verwirklichen zu können? Mit welchen Maßnahmen können wir die gewünschte Einstellung und das gewünschte Verhalten fördern?*

Der HR Business-Partner sorgt für die Umsetzung der Geschäftsstrategie in ein scharf umrissenes Kulturprofil, das die Einstellungs- und Verhaltensaspekte zeigt, die für den Erfolg des Unternehmens ausschlaggebend sind. Dieses Profil überträgt er auf eine Methode, mit der sich messen lässt, inwieweit diese Aspekte möglicherweise bereits vorhanden sind. Die zugrunde gelegte Methode misst sowohl unternehmensweite als auch geschäftsbereichs- oder abteilungsspezifische Kulturaspekte. Viele Unternehmen verwenden dazu eines der auf dem Markt verfügbaren Kulturanalyse-Instrumente. Selbstverständlich können auch die konsolidierten Ergebnisse von Kompetenzbeurteilungen nützlich sein. Der Business-Partner sorgt ferner dafür, dass diese Messungen regelmäßig durchgeführt werden und berät das Management über die Maßnahmen, die zur Überbrückung einer eventuell festgestellten Kluft zwischen aktueller und gewünschter Kultur ergriffen werden müssen.

Der HR Service Delivery-Plan

Nach der Genehmigung und Besprechung der Ist-/Soll-Analyse, der daraus hervorgehenden Entscheidungen und des Aktionsplans konsolidiert der Corporate HR Business-Partner die Pläne der Geschäftsbereiche und entwickelt auf Basis der strategischen HR-Leitlinien einen HR Service Delivery-Plan für das Unternehmen. Selbstverständlich bezieht er dabei sowohl die zentralen als auch die dezentralen HR Business-Partner mit ein. Beim HR Service Delivery-Plan geht es um die Frage, was mit Personalmanagement erreicht werden soll und auf welche Weise. Der HR Service Delivery-Plan sollte aus folgenden sechs Teilen bestehen:

Teil 1: Kurzdarstellung von Unternehmensstrategie und sich daraus ergebender strategischer Leitlinien für HRM

Diese Darstellung ergibt sich aus dem beschriebenen Strategieprozess.

Teil 2: Beschreibung der wichtigsten HR-Herausforderungen, die sich aus den von den Geschäftsbereichen erstellten HR-Aktionsplänen ergeben

Diese Beschreibung ergibt sich aus dem beschriebenen Planungs- und Steuerungsprozess.

Teil 3: Darstellung der Vorgaben zur Gestaltung der HR-Funktion

- *Rolle des Linienmanagements im HRM.* Was bedeutet es, wenn das Linienmanagement für HRM verantwortlich ist? Was erwarten wir vom Linienmanagement bei der Durchführung der HR-Prozesse?
- *Rolle der Mitarbeiter im HRM.* Für welche Aspekte des Personalmanagements sind die Mitarbeiter selbst verantwortlich? Was bedeutet das konkret in der Praxis?
- *Abgrenzung der Aufgaben.* Welche Aufgaben müssen im HR-Bereich erfüllt werden?
- *Strukturierung von HR-Prozessen.* Wie strukturieren wir die HR-Prozesse?
- *Standardisierung und Vereinheitlichung von HR-Prozessen.* Inwieweit streben wir danach, im Unternehmen möglichst die gleichen Arbeitsweisen zu verwenden? Wo lassen wir Abweichungen zu?

- *Nutzung von Skaleneffekten.* Inwieweit und an welcher Stelle können wir Skaleneffekte nutzen?
- *Zusammenhang von HR-Prozessen.* Gründen unsere HR-Prozesse (von Personalwerbung und -auswahl bis zu Outplacement) auf den gleichen Kompetenzdefinitionen und Modellen, um sie optimal aufeinander abzustimmen?
- *Automatisierung von HR-Prozessen.* Inwieweit wollen wir unsere HR-Prozesse automatisieren?
- *Selbst tun oder an Dritte delegieren.* Welche Kriterien entscheiden, ob bestimmte Prozesse von der internen HR-Abteilung oder von externen Service-Providern durchgeführt werden?

Teil 4: Detaillierte inhaltliche Darstellung auszuführender Aufgaben

Pro HR-Aufgabe (Personalwerbung und -auswahl, Laufbahnpolitik, Führungskräfteentwicklung, Aus- und Weiterbildung, Kompetenzmanagement, Bewertung, Outplacement und Kündigung usw.) erfolgt eine kurze Beschreibung:

- *der strategischen Vorgaben* (Wie wollen wir uns auf dem Arbeitsmarkt positionieren? Welches Arbeitgeberimage streben wir an? Welche Laufbahnmöglichkeiten möchten wir bieten? Welches Kompetenzmodell legen wir zugrunde? Wie sieht unsere Vergütungsstrategie aus? usw.);
- *der zu erreichenden Ergebnisse* (Anzahl zu besetzender Stellen, zu realisierende Personalschwankungen, Anzahl zu erstellender Ausbildungspläne für High Potentials, gewünschte Verbesserungen auf der Kompetenzebene durch Fortbildungsmaßnahmen usw.);
- *der an die HR-Infrastruktur zu stellenden Anforderungen* (Organisation, Prozesse, Konzepte, Instrumente usw.), einschließlich der Prozessindikatoren (Geschwindigkeit, Qualität, Kosten, Kundenfreundlichkeit usw.).

Teil 5: Beschreibung der Spielregeln des HR Service Delivery-Modells

Von größter Bedeutung ist die Entwicklung fester Spielregeln sowohl für die *demand-* als auch für die *supply-*Rolle. Zunächst ist festzustellen, wer die Rolle des Auftraggebers übernimmt. Auftraggeber für den/die HR Service-Provider kann grundsätzlich das Management jedes Geschäftsbereichs im Unternehmen sein. Dabei gilt es sicherzustellen, dass das gewünschte Maß an Einheit in Bezug auf Strategie und Durchführung (abhängig von den Antworten auf die in Punkt 3 gestellten Fragen) und die Einkaufsvorteile nicht verloren gehen. In dieser Situation agieren die dezentralen HR Business-Partner im Namen ihres dezentralen Managements als Auftraggeber, während der Corporate HR Business-Partner den Prozess koordiniert.

Die Auftraggeberrolle kann auch vom Corporate Management übernommen werden. Dieses bündelt dann alle Kundenfragen und sorgt für den Abschluss von Service Level Agreements. Der Vorteil dieser Konstruktion ist, dass sich hier die Einheit von Strategie und Durchführung leichter überwachen und Einkaufsvorteile leichter realisieren lassen. In dieser Situation erfüllt der Corporate HR Business-Partner die

Auftraggeberrolle im Namen des Corporate Managements und lenkt die Maßnahmen der dezentralen Business-Partner (funktional oder hierarchisch).

Für alle Beteiligten muss der *demand*-Prozess klar und eindeutig sein. Das Linienmanagement muss sich bewusst sein, dass aufgrund der gemeinsam formulierten Pläne auch die HR-Zielsetzungen und -Maßnahmen für seinen Geschäftsbereich erarbeitet werden. Es muss wissen, dass es klare Vorgaben für die Durchführung des Personalmanagements und für die durch die Service-Provider zu liefernden Produkte und Dienstleistungen gibt. Es muss außerdem wissen, welche Produkte und Dienstleistungen nur vollständig standardisiert geliefert werden und welche nach eigenem Bedarf angepasst werden können. Und schließlich muss es wissen, wie Produkte und Dienstleistungen abgerufen werden und wer sie liefert.

In diesem Zusammenhang sollte ein HR-Dienstleistungskatalog entwickelt werden, der dem Linienmanagement und den Mitarbeitern einen Überblick darüber gibt:

- welche Produkte und Dienstleistungen geliefert werden und was sie beinhalten,
- wie diese Produkte und Dienstleistungen beantragt oder abgerufen werden und wer dazu befugt ist,
- innerhalb welcher strategischer Vorgaben Produkte oder Dienstleistungen geliefert werden (z. B. Rahmenbedingungen für Arbeitsumfeld, Laufbahn und Ausbildungen),
- welcher Einsatz vom Linienmanagement und den Mitarbeitern erwartet wird, um den Erfolg der Produkte oder Dienstleistungen gewährleisten zu können,
- welchen Kriterien die Lieferung entsprechen muss.

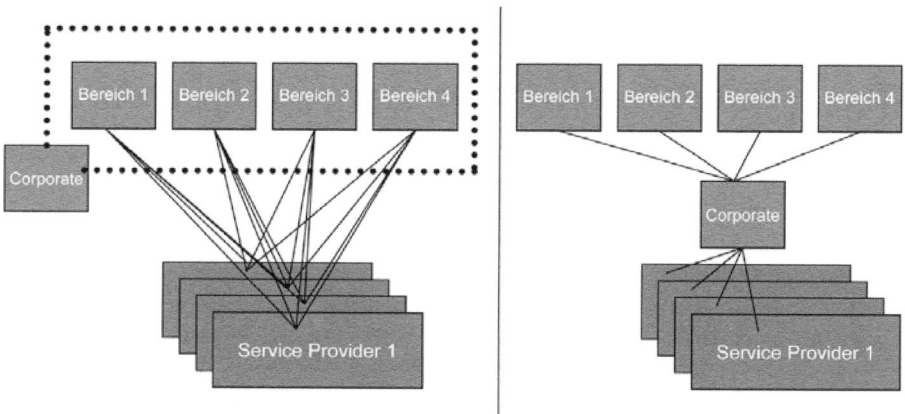

Abb. 1.9: Auftraggeberrolle durch das Management eines jeden Geschäftsbereichs oder durch Corporate Management

Ein letzter wichtiger Punkt ist die Gestaltung des Feedbackprozesses. Stellt schon der Abschluss eines klaren Service Level Agreements ein Problem dar, so ist die Überwachung seiner Durchführung noch viel schwieriger. Die HR Business-Partner müssen dafür sorgen, dass sie von ihren Kunden durchgehend Feedback über Fortgang, Qualität und Kundenfreundlichkeit der von den Providern geleisteten Dienste erhalten. Diese Informationen müssen sie dann mit den Daten vergleichen, die sie dazu von den Providern erhalten. Von den HR Business-Partnern darf also erwartet werden, dass sie ein adäquates System zur Bereitstellung von Managementinformationen einrichten und verwalten.

Für die *supply*-Seite muss die Frage beantwortet werden, ob man mit einem Anbieter oder mit mehreren Hauptanbietern für eine Vielzahl komplementärer Produkte und Dienstleistungen arbeiten möchte oder ob man pro HR-Bereich Verträge mit vielen verschiedenen Lieferanten abschließt. In den meisten Fällen ist bei der zuerst genannten Option die interne HR-Abteilung die geeignetste Partei, um als Hauptanbieter aufzutreten. Und es liegt auf der Hand, dass die zuletzt genannte Option – eine Vielzahl an Service-Providern – der Steuerung und Steuerbarkeit des *supply*-Prozesses nicht dienlich ist.

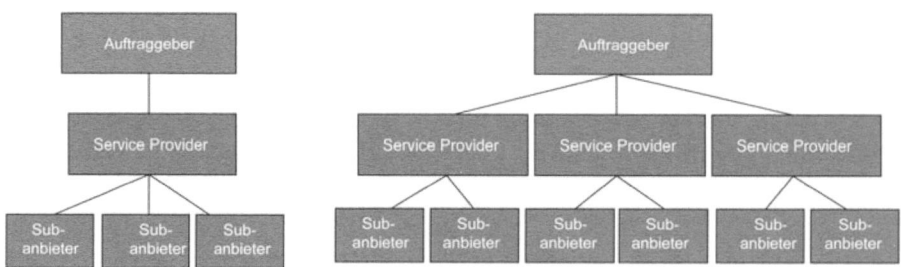

Abb. 1.10: Strukturen mit Haupt- und Subanbietern

Teil 6: Eine begründete Entscheidung für den/die HR Service-Provider, der/die Dienstleistungen oder Produkte liefert/liefern

- Eine wohldurchdachte Entscheidung zur Frage, wer die HR-Produkte oder -Dienstleistungen liefern soll, ist von größter Bedeutung. Der HR Business-Partner wird in diesem Entscheidungsprozess verschiedene Fragen beantworten müssen. Im Kapitel über HR Outsourcing werden wir detaillierter auf diesen Entscheidungs- und Einkaufsprozess eingehen. An dieser Stelle beschränken wir uns auf die Formulierung der wichtigsten Fragen:
  - Wie erhalte ich einen Einblick in die Leistungen und Kompetenzen der verschiedenen externen Anbieter und in die der internen HR-Abteilung, um zu einem fundierten Vergleich zu kommen?
  - Wie passen die Prozesse, Systeme und Arbeitsweisen der Provider zur gewünschten HR-Infrastruktur?

- Inwieweit sind die Provider in der Lage, Kontinuität zu garantieren? Inwieweit sind sie und bin ich in der Lage, die von mir ermittelten Risiken zu managen?
- Inwieweit bleibe ich flexibel und kann zu gegebener Zeit andere Provider einsetzen? Inwieweit bin ich durch meine Entscheidung gebunden?
- Welche Preisabsprachen kann ich treffen?

Das HR Service Level Agreement

Anhand der im HR Service Delivery-Plan entwickelten und ausgearbeiteten Visionen für Ziele und Gestaltung des Personalmanagements kann der HR Business-Partner Service Level Agreements mit einem oder mehreren HR Service-Provider(n) abschließen. Vor allem, wenn mit Shared Services Center oder Outsourcing-Partner gearbeitet wird, gibt es häufig detailliert ausgearbeitete Service Level Agreements, die dann die Basis für die Steuerung liefern. Service Level Agreements für interne HR-Abteilungen haben dagegen häufig noch relativ allgemeinen Charakter. In vielen Fällen erfolgt bei diesen Abteilungen lediglich in begrenztem Maße eine Steuerung von Qualität und Kosten der Dienstleistungen.

Im Service Level Agreement sind konkrete Vereinbarungen zu Dienstleistungen und Produkten, die der HR Service-Provider liefern soll, sowie zu ihrer Qualität und Kosten niedergelegt. Bei der Arbeit mit einem HR Service Level Agreement sind einige Aspekte von Bedeutung:

1. Vorgeschriebene gegenüber fakultativen Teilen,

2. Klarheit darüber, welche Dienstleistungen verbindlich von der eigenen HR-Funktion abgenommen werden müssen und welche nicht,

3. Klarheit über die Art der Finanzierung,

4. Klarheit über die Kosten der Dienstleistungen des internen HR Service-Providers,

5. Klarheit über die gelieferten Leistungen.

Aspekt 1: Vorgeschriebene gegenüber fakultativen Teilen

Im Produkt- und Dienstleistungskatalog sind die Produkte und Dienstleistungen aufgeführt, die abgenommen werden können. Um im Personalmanagement das gewünschte Maß an Einheit, Standardisierung und Einkaufsvorteilen zu erreichen, empfiehlt es sich, die Lieferung von Produkten und Dienstleistungen auf diese Angebote zu beschränken. Selbstverständlich muss es einen klaren Prozess geben, um regelmäßig zu prüfen, ob die im Katalog angebotenen Produkte und Dienstleistungen noch dem Bedarf entsprechen oder ob der Katalog angepasst werden muss. Einige HR-Aufgaben müssen in jedem Fall wahrgenommen werden: Personal- und Lohnbuchhaltung, Funktionsbewertung, Arbeitsschutz usw. Das Service Level Agreement könnte daher aus einigen Angeboten, die abgenommen werden müssen (Basispaket) und einigen fakultativ abzunehmenden Angeboten bestehen. Die Abnehmer könnten dann selbst entscheiden, ob sie Produkte und Dienstleistungen aus der letzteren Kategorie abnehmen wollen oder nicht.

Aspekt 2: Klarheit darüber, welche Dienstleistungen verbindlich von der eigenen HR-Funktion abgenommen werden müssen und welche nicht

Muss das Linienmanagement bei der internen HR-Abteilung die gewünschten Dienstleistungen abnehmen oder kann es sich dafür auch an externe Partner wenden? In vielen Unternehmen erweist sich dies als heikle Frage. Obwohl sich die meisten HR-Funktionen letztlich mit externen Anbietern messen wollen, kann die vollständige Öffnung des Marktes kurzfristig zur Benachteiligung der eigenen HR-Abteilung führen. Einige historisch gewachsene Gegebenheiten lassen sich häufig nicht kurzfristig lösen (beispielsweise an Tarifvertrag gebundene Gehälter, mit der Entlassung von HR-Mitarbeitern zusammenhängende Kosten, nur begrenzt vorhandene und entwicklungsfähige Kompetenzen usw.). Zur Lösung dieser Frage sind verschiedene Szenarien möglich:

- Die gesamte HR-Funktion wird ausgelagert und von einer dritten Partei übernommen.

- Bestimmte Aufgaben werden von der eigenen HR-Funktion erfüllt, und zwar mit der ausdrücklichen Anweisung, dass die Kosten- und Qualitätsniveaus in einer bestimmten Frist wettbewerbsfähig sein müssen. Erst dann wird beschlossen, wer die Aufgabe definitiv übernehmen wird.

Der HR Business-Partner muss berücksichtigen, dass die Kosten für die anderen Geschäftsbereiche, die bestimmte Dienstleistungen weiterhin abnehmen, steigen können, wenn diese Dienstleistungen nicht mehr von der internen HR-Abteilung abgenommen werden. Der Grund dafür liegt darin, dass es wahrscheinlich nicht gelingt, die Kosten der internen HR-Abteilung entsprechend schnell zu senken. Dieses Problem lässt sich umgehen, wenn im Service Level Agreement eine Frist für die Beendigung der Abnahme bestimmter Dienstleistungen enthalten ist.

Aspekt 3: Klarheit über die Art der Finanzierung

Die Service Level Agreements müssen in einem zyklischen Prozess erstellt, bewertet und angepasst werden. In diesem Zusammenhang ist festzulegen, ob die Lieferung von Dienstleistungen aufgrund einer Vor- oder Nachkalkulation erfolgt und wie sich diese Finanzierung zur Art der Finanzierung der HR-Funktion verhält (in fast allen Fällen durch vorab festgelegte Budgets). Soll die interne HR-Abteilung der Service-Provider sein, muss auch die Kostenflexibilität dieser

Abteilung berücksichtigt werden. Inwieweit ist die HR-Funktion in der Lage, ihre Kosten kurzfristig zu beeinflussen? Wer bezahlt die Kosten der HR-Abteilung (oder die Kosten ihres Abbaus), wenn bestimmte Dienstleistungen nicht mehr abgenommen werden?

Aspekt 4: Klarheit über die Kosten der Dienstleistungen des internen HR Service-Providers

Welche Kosten sind mit der Lieferung des gewünschten Outputs durch den internen HR Service-Provider verbunden? Welche Kosten sind der Ausgangspunkt für die Formulierung eines Service Level Agreements mit dieser Abteilung – Kosten dieser Abteilung oder eines externen Anbieters? Im Hinblick auf die Kosten der eigenen HR-Funktion und -Prozesse besteht in vielen Unternehmen nur ein begrenzter Überblick. Häufig lassen sich die Kosten der HR-Funktion aus den Budgets herausfiltern (obwohl konsolidierte Budgets in Großkonzernen wegen getrennter Administration der Geschäftsbereiche häufig nicht vorhanden oder nur schwer zu vergleichen sind). Schwieriger ist die Feststellung, wie die HR-Funktion ihre Zeit (und die damit zusammenhängenden Kosten) einteilt und was genau der Output dieser Abteilung ist. Wie viel Zeit und Geld werden beispielsweise für die Personalwerbung und -auswahl oder für die Führungskräfteentwicklung aufgewendet? Was kostet die Besetzung einer Stelle auf einer bestimmten Ebene oder die Änderung von bestimmten HR-Daten?

Fehlt ein Überblick über die eigenen Kosten, könnte man die Kosten als Ausgangspunkt nehmen, die externe Dienstleister in Rechnung stellen, oder die Kosten der eigenen HR-Funktion mit denen anderer Unternehmen vergleichen. Die Festlegung des richtigen Kostenniveaus ist ein schwieriger Prozess mit vielen Problemen. Zahlreiche Unternehmen beginnen daher mit dem bestehenden Kostenniveau und versuchen dann, diese Kosten durch Verschärfung der Anforderungen nach und nach zu senken. Dabei empfiehlt sich, die HR-Aufgaben in verschiedene Kategorien mit jeweils eigener Kostenstruktur zu unterteilen:

- *Hochwertige, nicht standardisierte projektmäßige Dienstleistungen* (beispielsweise Strategieentwicklung, Betreuung bei Veränderungsprozessen, Infrastrukturprojekte usw.)
  Diese werden nahezu in jedem Fall auf Projektbasis erbracht. Kostenabsprachen müssen immer pro Projekt gemeinsam mit dem Abnehmer auf der Grundlage des tatsächlichen Zeitaufwands und der entstandenen Kosten ausgehandelt werden und sind in einem Angebot oder Projektplan niederzulegen.

- *Hochwertige, standardisierte kontinuierliche Dienstleistungen* (beispielsweise alle traditionellen HRM-Aufgaben für Personalzu- und -abgänge, Fluktuation, Aus- und Fortbildung, Bewertung, Vergütung und Personalbetreuung)
  Diese bestehen aus verschiedenen vorab definierten Aufgaben. Anhand von Einschätzungen im Vorfeld zu Zeitaufwand und anfallenden Kosten für

diese Aufgaben lässt sich ein Standard-Verrechnungspreis ermitteln (Kosten pro Laufbahnprojekt, Kosten für die Besetzung einer Stelle usw.).

- *Standardisierte, kontinuierliche Routineaufgaben* (beispielsweise Helpdesk oder Personal- und Lohnbuchhaltung)
  Die Gesamtkosten für solche Prozesse sollten vorzugsweise durch die Gesamtzahl der Mitarbeiter des Unternehmens geteilt und anschließend der Anzahl Mitarbeiter in den Geschäftsbereichen zugeordnet werden. Abhängig davon, ob adäquate Managementinformationen geliefert werden können, ist auch eine Kostenzuordnung anhand der Anzahl Transaktionen für einen bestimmten Geschäftsbereich möglich.

- *Sonstige Dienstleistungen* (beispielsweise die Rolle des Sparringspartners für spezifische Themen)
  Der Preis für solche Tätigkeiten lässt sich am schwierigsten festlegen. Es ist auch fraglich, ob für Dienstleistungen überhaupt Rechnungen gestellt werden sollten, wenn die Gesamtkosten dieser Dienstleistungen relativ gering sind und von der internen HR-Abteilung erbracht werden. Wenn dem Abnehmer jede Stunde in Rechnung gestellt wird, kann es sein, dass er die Dienste der HR-Abteilung dafür nicht mehr in Anspruch nimmt und stattdessen – nicht immer sachkundig – verschiedene Fragen im Personalmanagement selbst in die Hand nimmt, die besser auf andere Weise gelöst würden. Um diese Kosten dennoch im Griff zu behalten, kann jedem Manager eine Standardanzahl Stunden zur Verfügung gestellt werden – ausgehend von der Annahme, dass sich die Über- und Unterbeanspruchung dieser Stunden aufheben werden. Damit zusammenhängende Kosten können als Pauschale pro Manager berechnet werden.

Aspekt 5: Klarheit über die gelieferten Leistungen

Selbstverständlich muss es ein System oder eine Methode zur Messung der gelieferten Leistungen geben. Dabei geht es sowohl um den Output (Wurde die vereinbarte Leistung erbracht? Wurden alle Datenänderungen in der Administration verarbeitet?) als auch um Qualitätsindikatoren (Ist die Arbeit in der vereinbarten Weise erfolgt? Mussten in nicht mehr als 2 % der Fälle Fehler korrigiert werden?). Die Definition der Indikatoren ist im Allgemeinen nicht allzu schwierig. Anders ist es bei der Messung dieser Indikatoren.

Für die Vorreiter im HR-Bereich ist das kein Problem. Sie setzen beispielsweise Customer Relationship-Managementsysteme ein, die messen, wie viele Anfragen an HR-Mitarbeiter gerichtet werden, wie lange ihre Bearbeitung bzw. Erledigung dauert und wie zufrieden die Kunden sind. Sie verfügen über Personalmanagementsysteme, die Informationen über den von der HR-Abteilung gelieferten Output erstellen (Anzahl besetzter Stellen, Anzahl neu beschriebener Funktionen, durchgeführte Datenänderungen, Anzahl durchgeführter Laufbahngespräche usw.). Diese Informationen sind häufig sogar online und in

Echtzeit verfügbar, so dass sie jederzeit abgerufen und eingesehen werden können.

Für den Großteil der Unternehmen ist das jedoch noch Zukunftsmusik. Bei der Definition der Indikatoren ist deshalb zu berücksichtigen, ob sie sich mit Hilfe vorhandener Systeme messen lassen oder ob sie relativ leicht auch auf andere Weise gemessen werden können. Für die Festlegung von Leistungsindikatoren empfiehlt sich die Unterteilung der HR-Dienstleistungen in vier Kategorien:

- *Hochwertige, nicht standardisierte, projektmäßige Dienstleistungen* (beispielsweise Strategieentwicklung, Betreuung bei Veränderungsprozessen, Infrastrukturprojekte usw.)
  Diese werden nahezu in jedem Fall auf Projektbasis erbracht. Absprachen für diese Leistungen müssen pro Projekt gemeinsam mit dem Abnehmer festgelegt werden.

- *Hochwertige, standardisierte kontinuierliche Dienstleistungen* (beispielsweise alle HRM-Aufgaben für Personalzu- und -abgänge, Fluktuation, Aus- und Fortbildung, Bewertung, Vergütung und Personalbetreuung)
  Diese bestehen aus verschiedenen vorab definierten Aktivitäten. Es ist relativ leicht, sowohl für den gesamten Prozess als auch für Teilprozesse Indikatoren für den Output und den Prozessfortgang und seine Qualität zu definieren.

- *Standardisierte, kontinuierliche Routineaufgaben* (beispielsweise Helpdesk oder Personal- und Lohnbuchhaltung)
  Diese lassen sich relativ leicht mit Output- und Prozessindikatoren fassen. Sie können sich beispielsweise auf die Gesamtzahl der verarbeiteten Anfragen, die Wartezeiten am Telefon oder die Erreichbarkeit des Helpdesks beziehen.

- *Sonstige Dienstleistungen* (beispielsweise die Rolle des Sparringspartners für spezifische Themen)
  Diese lassen sich in Output und Qualität am schwierigsten definieren und messen, da es sich hier um eine Vielzahl von Themen und Dienstleistungen handelt. Am besten sollten die Leistungen in diesem Bereich mit einer regelmäßigen Feedbackrunde gemessen werden, in der gemeinsam mit den Abnehmern die wahrgenommene Qualität und Kundenzufriedenheit besprochen und anschließend bei Bedarf nachgebessert wird.

Erarbeitung von auf die Realisierung der gewünschten Kompetenzen abgestimmten HR-Instrumenten

Um hohen Mehrwert zu erzielen, müssen alle HR-Aktivitäten einen Beitrag zur Umsetzung der Strategie und zur Erreichung der Zielsetzungen des Unternehmens leisten. Die Leistung des Unternehmens ist die Folge ausgezeichneter Leistungen von Führungskräften und Mitarbeitern. Die HR-Funktion muss gewährleisten, dass ein praktikabler Prozess und entsprechende Instrumente zur Verfügung stehen, um die Unternehmensziele in Zielsetzungen für Individuen zu übersetzen. Dadurch leistet HRM einen Beitrag zur Darstellung des Mehrwerts jedes Managers oder Mitarbeiters. Indem die Zielsetzungen transparent formuliert werden, lässt sich messen, ob die gesetzten Ziele realisiert wurden und wo eventuell eine Kurskorrektur notwendig ist. Das Leistungsmanagement erhöht somit die Beherrschbarkeit des Unternehmens. Die Arbeit mit Business Balanced Scorecards hat sich in der Praxis als gutes Hilfsmittel erwiesen. Sie bieten einen Rahmen für die Formulierung ausgewogener Zielsetzungen und erlauben sowohl langfristige als auch kurzfristige sowie intern und extern ausgerichtete Zielsetzungen.

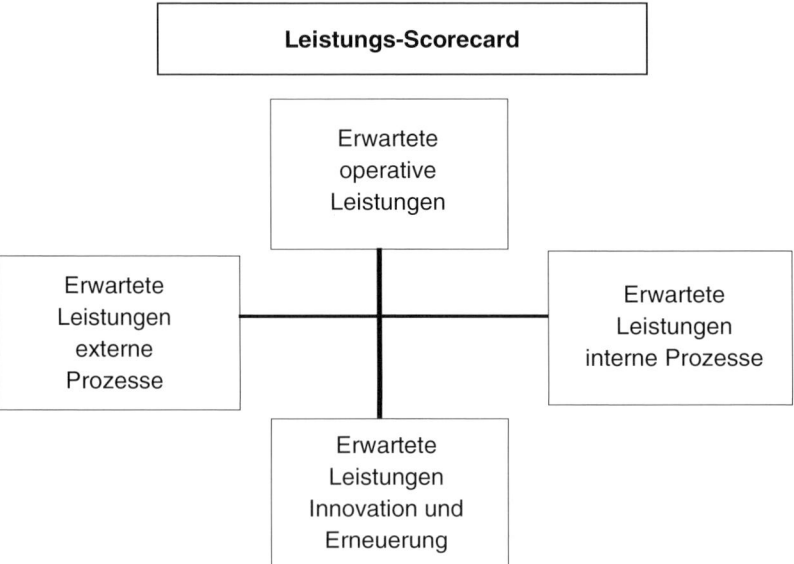

Abb. 1.11: Leistungs-Scorecard

Da Scorecards sowohl für einzelne Unternehmensbereiche als auch für Individuen erstellt werden können, lässt sich ein *Kaskadenprozess* entwickeln, in dem individuelle Scorecards von Team- und Abteilungs-Scorecards abgeleitet werden, die ihrerseits auf den Scorecards des Geschäftsbereichs oder der Holding basieren. So ist der individuelle Zielformulierungsprozess auf Mitarbeiterebene direkt mit dem allgemeinen Geschäftsplanungsprozess verknüpft. Der Prozess, in dem die Zielsetzungen formuliert werden, soll die Betroffenen optimal motivieren, die gesetzten Ziele zu verwirklichen. Deshalb müssen die Ziele so formuliert werden, dass Führungskräfte und Mitarbeiter sie als ihre eigenen Zielsetzungen erfahren, die zu ihren Ambitionen passen.

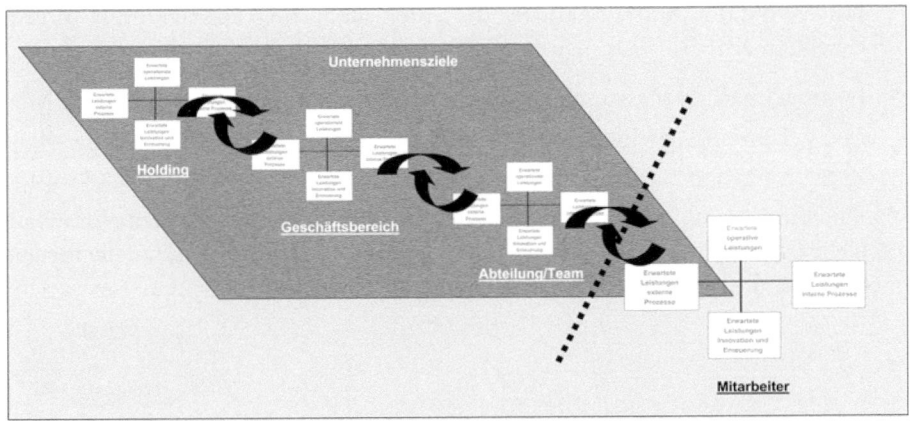

Abb. 1.12: Der Prozess, in dem die Zielsetzungen formuliert werden

Klar umrissene Zielsetzungen sind unerlässlich – auch als Grundlage für die Beschreibung der Kompetenzen – und somit eineVoraussetzung für gute Leistungen. Kompetenzen sind in diesem Zusammenhang die Bündelung von Kenntnissen, Fertigkeiten und Verhaltensweisen, die einen Mitarbeiter mit ausgezeichneten Leistungen von einem Mitarbeiter unterscheiden, der nur mittelmäßige Leistungen erbringt. Es geht also nicht um die Beschreibung allgemeiner Merkmale, sondern um die Beschreibung dessen, was zu einer herausragenden Leistung führt. Der HR Business-Partner muss für die Entwicklung eines fundierten und praktikablen Kompetenzmodells sowie für einen Prozess und Instrumente sorgen, mit dem sich die Kompetenzen messen und die Ergebnisse interpretieren lassen. Die entwickelten Kompetenzprofile können anschließend als Grundlage für nahezu alle Elemente des Personalmanagements dienen. So können beispielsweise die Personalwerbung und -auswahl sowie die regelmäßige Beurteilung anhand dieser Profile erfolgen. Auch die Strategie in Bezug auf Laufbahn, Ausbildung, Entwicklung, Führungskräfteentwicklung und Vergütung kann darauf basieren.

Möchte der HR Business-Partner dem Unternehmen hohen operativen Mehrwert liefern, sollte er das Leistungs- und Kompetenzmanagement als wichtigsten inhaltlichen Ausgangspunkt für die Gestaltung der HR-Politik, HR-Prozesse und HR-Instrumente verwenden, und zwar aus den folgenden Gründen:

- Dadurch entsteht eine direkte Verbindung zwischen HRM-Prozessen und täglichen Leistungen, die von Linienmanagement und Mitarbeitern erwartet werden.

- Kompetenzen sind in vielen Fällen das Bindeglied zwischen allen Elementen, aus denen sich die HRM-Politik zusammensetzt. Alle HR-Prozesse können auf Erwerb und Entwicklung der gewünschten Kompetenzen ausgerichtet werden. So entsteht ein starker Zusammenhang zwischen den

HR-Aktivitäten untereinander, die Effektivität der HRM-Politik nimmt erheblich zu.

- Die regelmäßige Messung der Kompetenz von Linienmanagement und Mitarbeitern kann dazu beitragen, den Mehrwert der eingesetzten HR-Instrumente zu messen.

- Die Einführung eines Leistungs- und Kompetenzmanagementsystems in allen Unternehmensbereichen (Corporate und dezentrale Einheiten) fördert deutlich die Synergie im HRM.

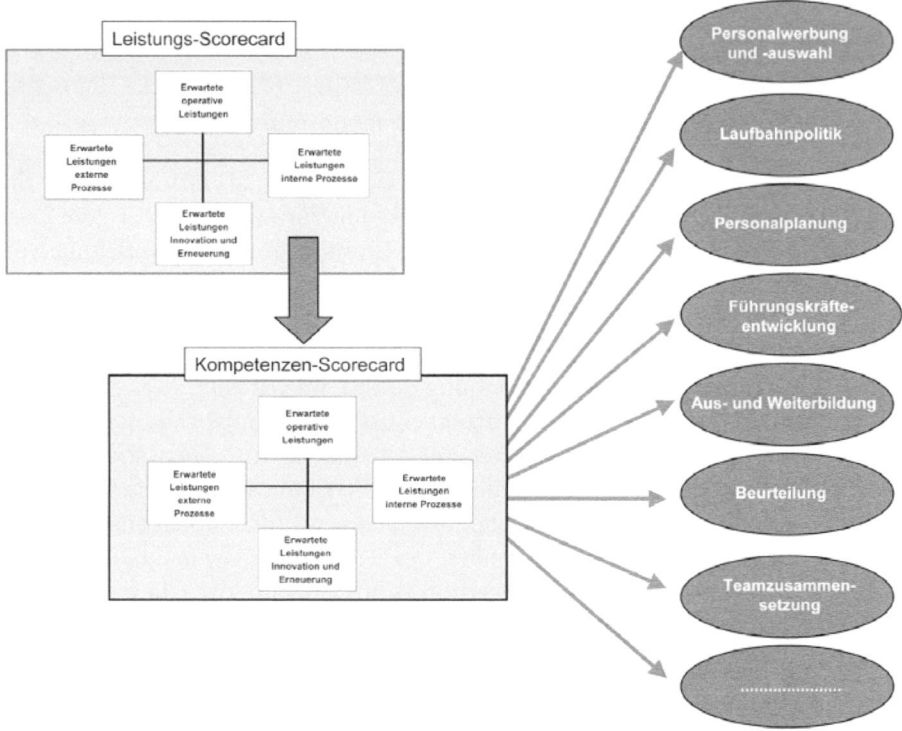

Abb. 1.13: Kompetenzmodell

Die detaillierte Beschreibung eines Kompetenzmanagementmodells würde den Rahmen dieses Buchs über HR-Transformation sprengen. Daher endet dieser Abschnitt mit der Anmerkung, dass die Einführung dieser Vorgehensweise viel Zeit und Energie des HR Business-Partners fordert.

1.5.3 Der operative Beitrag

Die vorrangigsten operativen Aufgaben des HR Business-Partners liegen im Veränderungs-Controlling von vereinbarten Ziele und Aufgaben. Werden die Zielsetzungen für Organisation, quantitative und qualitative Personalstruktur und Kultur erreicht? Erfüllen alle Beteiligten (sowohl Führungskräfte, Mitarbeiter als auch interne und/oder externe HR Service-Provider) die ihnen übertragenen Aufgaben auf adäquate Weise? Anhand der auf taktischer Ebene entwickelten Steuerungsinstrumente – HR-Plan, HR Service Delivery-Plan, HR Service Level Agreements sowie Leistungs- und Kompetenzbeurteilungen – kann der HR Business-Partner die Umsetzung der Ziele und Aufgaben mitverfolgen und bei Bedarf korrigieren. Er muss alle Beteiligten adäquat mit Informationen versehen und regelmäßig in Management Reports über Status und Fortschritte berichten.

Obwohl der Ausgangspunkt eine möglichst strikte Trennung zwischen *demand* und *supply* ist, kann beschlossen werden, dass der HR Business-Partner selbst weiterhin einige ausführende Aufgaben erfüllt. Möglich sind in diesem Zusammenhang Aufgaben im Bereich der Führungskräfteentwicklung (Werbung und Auswahl von Spitzenkräften), Arbeitsbedingungen für das höhere und das Spitzenmanagement, Relationship Management mit Arbeitnehmer- und Arbeitgeberverbänden oder Betreuung umfassender Veränderungsmaßnahmen.

1.5.4 Kompetenzen des HR Business-Partners

Bisher ist normativ beschrieben, was vom HR Business-Partner erwartet wird. Viele Aspekte weichen jedoch von der täglichen HR-Praxis ab, wie sie derzeit in vielen Unternehmen üblich ist. Daher werden an dieser Stelle einige wichtige Kompetenzen, die vom HR Business-Partner erwartet werden, näher betrachtet.

Strategisches und betriebswirtschaftliches Denken

Business-Partner müssen einen breiten, wirtschaftswissenschaftlichen sowie finanz- und betriebswirtschaftlichen Überblick sowie Kenntnisse der Strategieentwicklung und strategisch relevanten Entwicklungen aufweisen. Sie müssen ferner im eigenen Fachbereich in der Lage sein, Personalmanagement vor dem Hintergrund der allgemeinen Unternehmensführung zu sehen und wirtschaftswissenschaftliche Prinzipien (beispielsweise für selbst durchzuführende oder auszulagernde Aufgaben und Kosten) in Steuerungsprinzipien und Indikatoren für die eigene HR-Funktion zu übersetzen. Für viele *traditionelle* HR-Manager stellt diese strategische, wirtschafts- und betriebswirtschaftliche Perspektive eine neue Dimension ihrer Tätigkeit dar.

Topmanager im HR-Bereich

Der Business-Partner muss ein HR-Topmanager im eigenen Bereich sein. Er muss die neuen HR-Konzepte, -Methoden und -Techniken kennen und beurteilen sowie begründen können, ob und wenn ja, welche Vorteile sie für sein eigenes Unternehmen bieten. Das gilt gleichermaßen für die Kenntnisse von

Best Practices, die andere Unternehmen anwenden. Der HR Business-Partner sollte eine Vision in Bezug auf sein Fach haben, sie kommunizieren und ihre Verwirklichung anstreben. Inhaltlich wird vom HR Business-Partner erwartet, dass er HR-Politik und entsprechende Instrumente so einrichtet, dass für das Unternehmen optimaler Mehrwert entsteht. Außerdem muss er die für den Erfolg des Unternehmens unverzichtbaren Kompetenzen in praktikable (untereinander zusammenhängende) Profile fassen und alle Aktivitäten im HRM auf Erwerb, Entwicklung und Erhalt dieser Kompetenzen ausrichten.

Zu den Aufgaben eines Topmanagers gehört implizit auch, dass der HR Business-Partner für einen möglichst professionellen Ablauf der HR-Prozesse sorgt und gewährleistet, dass diese Prozesse *unter Kontrolle* sind. Dazu müssen diese Prozesse möglichst auf standardisierte und kontrollierte Weise stattfinden. Es müssen Vorgehenspläne für unvorhergesehene Situationen (beispielsweise für einen Streik) oder für Projekte (beispielsweise eine Firmenschließung oder einen Zusammenschluss von Firmenbereichen) vorliegen. Obwohl diese Aspekte jeden HR-Manager inhaltlich zweifellos ansprechen werden, kann die strukturierte Vorgehensweise auch Widerstand hervorrufen. Diese geht noch einen großen Schritt weiter als die Konzentration auf die Lösung alltäglicher operativer Probleme, die wir in vielen HR-Organisationen sehen. Auch die Gestaltung des Personalmanagements anhand von Kompetenzen scheint, so zeigt die Praxis, für viele HR-Abteilungen eine schwierige Aufgabe zu sein.

Managementtalent

Eine wichtige Kompetenz des HR Business-Partners ist seine Fähigkeit, als Koordinator von Prozessen aufzutreten. Beispiele dafür sind folgende:

- Koordinationsfunktion des HR-Planungs- und -Steuerungsprozesses, der zu abteilungsspezifischen HR-Plänen und einem HR Service Delivery-Plan führt,
- Management beim Prozess des Formulierens und Verwaltens von HR Service Level Agreements zwischen dem Business und der HR-Funktion,
- Formulieren/Steuern der Service Level Agreements mit externen Partnern,
- Management umfassender Veränderungsprojekte (Fusionen, Firmenschließungen, Outsourcing usw.).

Innovativ: Optimale Nutzung neuer Konzepte und Technologien

HR Business-Partner müssen neue Konzepte und Technologien kennen und optimal nutzen wollen und können, da sich damit große Vorteile für das Business erzielen lassen. Wie die folgenden Kapitel zeigen, werden in den kommenden Jahren zahlreiche Konzepte die HR-Funktion und ihre Prozesse drastisch verändern. Der HR Business-Partner muss darüber informiert sein und dieser

Entwicklung aufgeschlossen gegenüber stehen. Das gilt auch für den Einsatz neuer Technologien. Dieser Faktor nimmt bei HRM-Prozessen einen immer größeren Raum ein. Vom HR Business-Partner wird erwartet, dass er einen Prozess führt, der eine Strategie zur Nutzung neuer Konzepte und Technologien im HRM-Arbeitsfeld entwickelt und für planmäßige Umsetzung dieser Strategie sorgt.

Einkaufs- und Lieferantenmanagement

Der HR Business-Partner muss in der Lage sein, aus den Zielsetzungen und Plänen des Unternehmens die dafür notwendige Infrastruktur und Unterstützung im HRM abzuleiten. Er muss eine Vorstellung darüber haben, wie die Unterstützung durch HRM am besten eingerichtet werden kann, welcher Teil der Aufgaben selbst übernommen werden soll und welcher Teil an Dritte delegiert werden kann. Der HR Business-Partner muss die Funktions- und Lieferantenspezifikationen erstellen können und einen Überblick über den Markt von HR Service-Providern haben. Dafür muss er ein umfassendes Netzwerk mit potenziellen Lieferanten pflegen und gemeinsam mit der Einkaufsabteilung die Einkaufsprozesse verwalten. Nach der Auswahl der Lieferanten muss er sie mit Hilfe von Service Level Agreements lenken und dafür Leistungsindikatoren entwickeln.

Seniorität

Die neuen Rollen erfordern nicht nur neue Kenntnisse und Fertigkeiten, sondern auch eine andere Einstellung. Der HR Business-Partner muss vom Management des Unternehmens als gleichberechtigt anerkannt werden, um effektiv als Sparringspartner agieren zu können. Dazu muss der HR Business-Partner in Seniorität und Status an das Managementteam angeglichen werden.

Führungskompetenz

Die Aufgabe, vor der der HR Business-Partner steht, ist keine einfache. Er muss die Leitung bei umfassenden Veränderungsprozessen übernehmen, die sich in den kommenden Jahren in der HR-Funktion vollziehen werden. Die nächsten Kapitel werden darauf näher eingehen. Wie sich herausstellen wird, geht es nicht nur um den Einsatz neuer Konzepte, sondern vor allem um das Management von Widerständen und darum, Commitment zu erwirken. Außerdem geht es um die Fähigkeit, eine gut durchdachte Zukunftsperspektive mit Schwung und Begeisterung zu vermitteln und realistische Business Cases zu entwerfen, die zu positiven Investitionsentscheidungen führen. Und schließlich geht es um die Fähigkeit, die Konsequenzen von Veränderungen gut einzuschätzen, Widerstände zu ergründen und Veränderungsprozesse so zu leiten, dass sie erfolgreich abgeschlossen werden. Kurz, es geht um HR-Führungskompetenz.

1.6   Der HR Service-Provider

Die vorigen Abschnitte zeigten, dass die Steuerungs- und die Ausführungsfunktion im HR-Bereich ein professionelleres Verhältnis zueinander eingehen werden. Hier hat der HR Service-Provider die Aufgabe, kundenfreundlich und zu geringen Kosten qualitativ hochwertige Dienstleistungen zu erbringen. Der interne HR Service-Provider wird (meist nach einem *Eingewöhnungsprozess*) als Partner betrachtet, der Dienstleistungen liefern kann und darf, sofern einige Voraussetzungen für Qualität, Kosten und Kundenfreundlichkeit erfüllt werden. Diese werden vom HR Business-Partner im HR Service Delivery-Plan formuliert und im HR Service Level Agreement vertraglich festgelegt.

In der Praxis zeigt sich in vielen Unternehmen, dass die interne Organisation des Service-Providers folgende Anforderungen erfüllen muss:

- Sorgen Sie dafür, dass Führungskräfte und Mitarbeiter ihren Beitrag im Personalmanagement optimal leisten. Dazu müssen Sie:
    - klare, eindeutige und möglichst einfach durchführbare Prozesse etablieren.
    - Informationen über inhaltliche HR-Aspekte und über den Prozessablauf gut zugänglich und praktikabel im Intranet zur Verfügung stellen.
    - ein gut erreichbares Helpdesk einrichten, das den Großteil der Fragen von Führungskräften und Mitarbeitern direkt und adäquat beantworten kann.

- Sorgen Sie für durchgängig hohe Qualität der Dienstleistungen, indem Sie:
    - inhaltliche Konsistenz im HR-Bereich sicherstellen und alle HR-Aktivitäten auf Erwerb oder Entwicklung von Kompetenzen ausrichten, die von der Strategie und den Zielsetzungen des Unternehmens abgeleitet sind.
    - die Standardisierung von Prozessen vorantreiben, so dass die Durchführung auf der Grundlage der erarbeiteten Prozess- und Outputindikatoren (beispielsweise erzielte Ergebnisse, Durchlauf- und Bearbeitungszeiten) erfolgen und gelenkt werden kann.
    - sicherstellen, dass alle Schritte eines HR-Prozesses einen Mehrwert zu dem zu liefernden Endprodukt beitragen.
    - die Prozessdurchführung durch Standardisierung personenunabhängig gestalten, Informationen zur Prozessdurchführung leicht zugänglich festlegen und Mitarbeiter für die Durchführung des HR-Prozesses adäquat ausbilden.
    - die Verfügbarkeit von professionell hochwertigem Fachwissen gewährleisten.
    - Prozesse möglichst automatisiert durchführen – dabei können Workflow-Anwendungen dazu beitragen, dass alle Schritte korrekt und in der richtigen Reihenfolge durchlaufen werden.

- Sorgen Sie für ein hohes Maß an Kundenfreundlichkeit, indem Sie:
  - bei Entwicklung und Neuentwicklung von Prozessen stets von der Perspektive der Abnehmer ausgehen.
  - klare, eindeutige und möglichst leicht durchführbare Prozesse etablieren.
  - über das Intranet gut zugängliche und praktikable Informationen über Inhalt und Prozess bereitstellen.
  - ein gut erreichbares und serviceorientiertes Helpdesk einrichten, das den Großteil der Fragen direkt und adäquat beantworten kann.
  - HR-Mitarbeiter dazu anleiten, Führungskräfte und Mitarbeiter kundenorientiert zu bedienen und zu unterstützen.
  - einen Feedbackprozess organisieren, der Einschätzungen der Abnehmer über die Dienstleistungen misst, um bei Bedarf Kurskorrekturen vorzunehmen.
- Sorgen Sie dafür, dass die Kosten der HR-Dienstleistungen möglichst gering sind, indem Sie:
  - Prozesse automatisieren und standardisieren.
  - Führungskräfte und Mitarbeiter viele Aufgaben im HR Self Service effizient selbst übernehmen lassen.
  - hoch qualifizierte HR-Manager auch nur für hoch qualifizierte Tätigkeiten einsetzen. Einfache Fragen müssen im HR Self Service oder mit Hilfe des Helpdesk aufgefangen werden, so dass sich die HR-Spezialisten voll und ganz der Durchführung komplizierterer Aufgaben widmen können.
  - Synergiepotenziale optimal nutzen – dazu sollten Standard- und spezialisierte HR-Aufgaben möglichst in Shared Services Centers gebündelt werden, die aufgrund von Skaleneffekten geringe Kosten pro Produkteinheit gewährleisten können.
  - Innovation und Entwicklung von strategischen Fragen an einem Ort bündeln, um zu verhindern, dass sich mehrere Stellen unnötigerweise mit den gleichen Fragen befassen und ein zeitraubendes *not invented here*-Syndrom entsteht.
  - die Kosten der eigenen Dienstleistungen mit denen anderer Unternehmen vergleichen.

Externe HR Service-Provider haben als kommerzielle Unternehmen ihre Organisation, Kultur, Arbeitsweise, Prozesse, Systeme und Instrumente zumeist auf die Lieferung hochwertiger Dienstleistungen auf kundenfreundliche Weise und zu geringen Kosten ausgerichtet. Ihre Mitarbeiter wurden so ausgewählt, dass sie dazu einen Beitrag leisten können.

Interne HR Service-Provider hingegen werden mit ihrer Vergangenheit konfrontiert. Sie können nicht wie externe Provider eine neue Organisation aufbauen, sondern müssen in einer historisch gewachsenen Struktur arbeiten, die sich nicht von einem auf den anderen Tag umfassend verändern lässt. Ihr Personal ist häufig nicht bereit, die alten, vertrauten Arbeitsprozesse aufzugeben, und sträubt sich, in einer neuen, gemeinschaftlichen HR-Serviceorganisation mit standardisierten und gebündelten Verfahrensweisen, Prozessen und Systemen aufzugehen. Sie verfügen in geringerem Ausmaß als externe Provider über die Möglichkeit und Flexibilität, ihr Personal schnell an inhaltliche Kompetenzen und Kompetenzen für Serviceleistungen anzugleichen. Oft müssen sie mit Personal arbeiten, das bereits lange im Unternehmen beschäftigt ist und für das sie auch eine soziale Verantwortung tragen. »Können wir die neue Richtung mit unserem jetzigen Personal einschlagen?«, lautet eine der am häufigsten gestellten Fragen bei internen Service-Providern, die ihre Arbeitsweise umstellen müssen.

Interne Provider haben im Gegensatz zu vielen externen Providern ihre Prozesse häufig nicht so stark automatisiert. Es kostet sie oft große Mühe, die dafür erforderlichen Investitionsmittel zu erhalten. Sie können nicht, wie externe Provider, bei ihren Abnehmern einen neuen Start durchführen. Die Abnehmer werden den internen HR Service-Provider anhand der Erfahrungen der vorangegangenen Jahre beurteilen. Je nach dieser Wahrnehmung und Bewertung ist ein leichter und problemloser Neustart möglich oder nicht. Im Gegensatz zu externen Service-Providern müssen interne Provider daher in vielen Fällen erst einen intensiven Veränderungsprozess einleiten, bevor sie die gewünschte Arbeitsweise implementieren können. Die nächsten Kapiteln dieses Buches behandeln dieses Problem im Blick auf HR-IT, HR Shared Services Centers und HR Outsourcing.

1.7 Implementierung der neuen Vorgehensweise

Im Zusammenhang mit der Implementierung der Funktion des HR Business-Partners sollten wir zunächst einige sowohl inhaltliche als auch prozessspezifische Fragen untersuchen:

- Wie kann ich einen HR-Planungs- und -Steuerungsprozess implementieren, der dazu beiträgt, HRM zu einem integrierten Bestandteil des unternehmensweiten Strategie- und Businessplanungsprozesses zu machen?

- Wie implementiere ich HR Service Level Agreements?

- Wie werde ich ein anerkannter HR Business-Partner?

- Wie leite ich den Transformationsprozess der HR-Abteilung hin zur neuen Vorgehensweise?

1.7.1 Wie implementieren wir einen Planungs- und -Steuerungsprozess?

Bei der Implementierung eines HR-Planungs- und -Steuerungsprozesses sind grundsätzlich drei Aspekte von Bedeutung:

- Wie erreiche ich, dass das Linienmanagement seine Verantwortung in diesem Prozess übernimmt?

- Wie stelle ich sicher, dass die HR-Funktion ihre Rolle in diesem Prozess wahrnimmt und auf strategischer und taktischer Ebene ein geschätzter Gesprächspartner des Linienmanagements wird?

- Wie sorge ich für schrittweises Hinarbeiten auf den gewünschten Endzustand?

Selbstverständlich hängt die Art der Implementierung von der jeweiligen Situation ab. Nachstehend beschreiben wir ein Basismodell, das auf die jeweilige Situation abgestimmt werden kann.

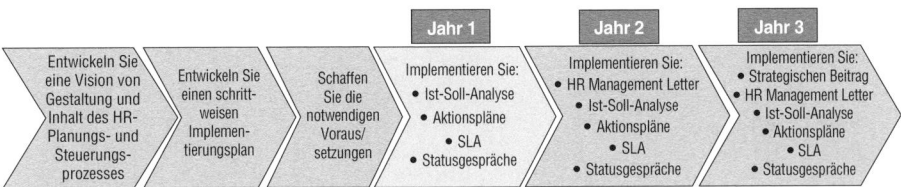

Abb. 1.14: Basismodell für die Implementierung

Entwickeln Sie eine Vision des HR-Planungs- und Steuerungsprozesses

Der HR Business-Partner sollte eine klare Vision vorlegen, wie sich HRM-Politik und HR-Funktion planmäßig führen lassen. Erfahrungen haben gezeigt, dass dazu das beschriebene HR-Planungs- und -Kontrollmodell ausgearbeitet werden sollte. Dieses Modell beschreibt übersichtlich die unterschiedlichen Phasen des HR-Planungs- und -Steuerungsprozesses. Der linke Kreis enthält die Schritte des strategischen HR-Planungsprozesses, der rechte den operativen HR-Planungsprozess. Den Inhalt der einzelnen Schritte haben wir in Abschnitt 1.1 dargestellt. Mit diesem Modell im Hintergrund lässt sich relativ leicht eine Vision für das gewünschte HR-Planungs- und -Kontrollmodell entwickeln. Dazu müssen folgende Fragen beantwortet werden:

- Wie sieht der derzeitige Geschäftsplanungsprozess im Unternehmen aus?

- Welche Personen sind im heutigen Prozess an den einzelnen Schritten beteiligt, mit welcher Rolle und Verantwortung?

- Welche HRM-Elemente sind im heutigen Planungs- und Steuerungsprozess enthalten?

Es gibt nahezu kein Unternehmen, in dem der HR-Planungs- und Controllingzyklus von Grund auf neu entwickelt werden muss. In den meisten Unternehmen werden bereits Teile dieses Prozesses mehr oder weniger entwickelt oder implementiert sein. Bisweilen handelt es sich dabei um ein jährliches Gespräch über die strategischen Fragen im HR-Bereich, manchmal um ein Gespräch über die HR-Pläne, Zielsetzungen und Budgets für das kommende Jahr, und manchmal wird ein Gespräch über den Status von geplanten Maßnahmen geführt.

- Wie fügen sich die Schritte im HR-Planungs- und -Steuerungsmodell in Bezug auf Timing und Inhalt in den Business-Planungsprozess ein? Welche Schritte aus dem Modell sind für mein Unternehmen interessant? Welche Schritte übernehme ich und welche lasse ich aus?

- Auf welche Unternehmensteile wende ich welche Prozessschritte an?

- Durchlaufe ich beispielsweise pro Geschäftsbereich den gesamten Prozess oder durchlaufe ich den Strategieprozess für das gesamte Unternehmen und erstelle pro Geschäftsbereich lediglich operative Pläne? Wie tief tauche ich mit dem operativen Planungsprozess in die Unternehmensebenen ein?

- Welche Rollen übernehmen die einzelnen HR Business-Partner im Prozess? Mit welchem Grad und welcher internen Steuerung der HR-Funktion (hierarchisch, funktional)?

- Welche inhaltlichen Maßnahmen müssen bei jedem Prozessschritt ergriffen werden? Wer ist dafür zuständig? Welche Fragen müssen beantwortet werden? Welche Vorlagen muss ich dafür formulieren? Wie werden die Daten validiert und konsolidiert?

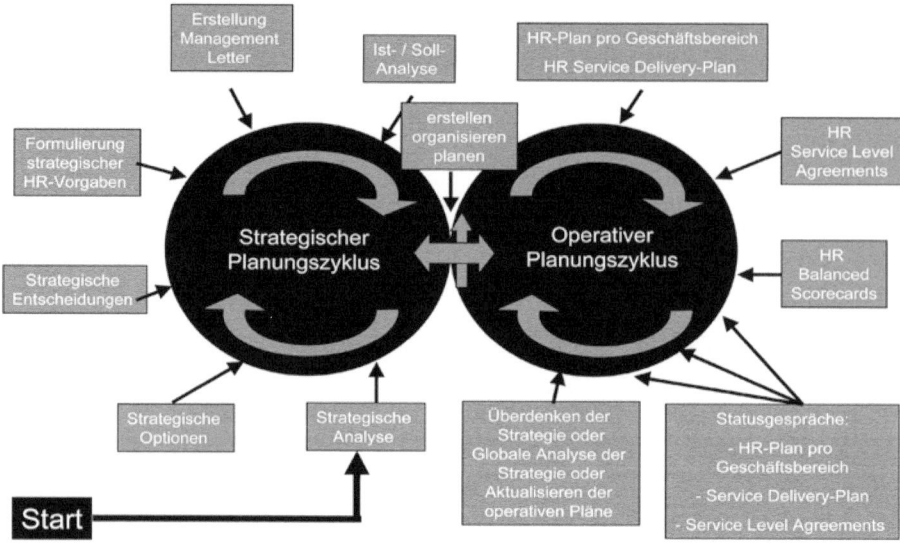

Abb. 1.15: HR-Planungs- und -Steuerungsmodell

Die HR Business-Partner sollten dieses Modell verinnerlichen, auf das eigene Unternehmen zuschneiden und ihre Betrachtungsweisen möglichst aufeinander abstimmen. Die entwickelte Vision kann anschließend in Form eines Visionsdokuments der Geschäftsleitung des Unternehmens vorgelegt werden. Theoretisch wären zwei Ausgangssituationen für die Entwicklung und Implementierung eines HR-Planungs- und Controllingzyklus denkbar:

- Beim Management des Unternehmens herrscht das Gefühl der Notwendigkeit, das Personalmanagement strukturierter anzugehen. Initiativen dazu werden geschätzt und gefördert.

- Im Unternehmen fehlt ein direkter Bedarf für eine strukturiertere Gestaltung des Personalmanagements oder er ist nur latent vorhanden.

Abhängig von der jeweiligen Situation muss eine Form gefunden werden, die im ersten Schritt entwickelte Vision am besten zu präsentieren. Selbstverständlich ist die erste Situation der günstigere Ausgangspunkt für die Einrichtung eines HR-Planungs- und Controllingzyklus, da sie an einen Bedarf oder an ein festgestelltes Problem anknüpft. Der Bedarf oder das Problem müssen im Visionsdokument adressiert werden, beispielsweise in folgender Form:

- Durch die vorgeschlagene Vorgehensweise verhindern wir die qualitativen oder quantitativen Personalprobleme des vorigen Jahres.

- Durch die vorgeschlagene Vorgehensweise können wir Kosten einsparen oder vermeiden.

- Durch die vorgeschlagene Vorgehensweise können wir unsere Geschäftsziele besser verwirklichen.

Im Falle der zweiten Situation muss erst der Bedarf oder das Bewusstsein der Problematik *geweckt* werden. Das Visionsdokument sollte dann entsprechend formuliert werden. Ein praktischer Ansatz dafür sind folgende Fragestellungen:

- Wie ist die heutige Situation?
- Welche Probleme ergeben sich daraus?
- Welche Fragen gilt es zu lösen, um die Probleme adäquat zu bewältigen?
- Wie kann die vorgeschlagene Vorgehensweise dabei helfen?
- Welche konkreten Vorteile und welchen Mehrwert hat sie?

Wichtig ist, dass die Geschäftsleitung die Vision vor Beginn der Implementierung eines HR-Planungs- und -Steuerungsprozesses stützt. Einerseits dient die Unterstützung durch die Geschäftsleitung der Legitimierung der Maßnahmen, die das Linienmanagement einleiten muss, andererseits aber auch der Legitimierung von neuer Arbeitsweise, Steuerung und Organisation der HR-Funktion. Dieses Vorgehen kann für beide Parteien neu sein – und sie wird nicht unbedingt mit offenen Armen und Jubel empfangen. Die Geschäftsleitung muss daher Notwendigkeit und Vorteile einer solchen Vorgehensweise deutlich herausstellen und sichtbar für das Unternehmen als *Sponsor* für das Projekt auftreten.

Entwickeln Sie einen schrittweisen Implementierungsplan

Die Verfasser des Visionsdokuments müssen sich dessen bewusst sein, dass die neue Vorgehensweise von der heutigen abweichen kann. In vielen Unternehmen ist HRM nicht so strukturiert. Es ist daher auch unwahrscheinlich, dass der Übergang zur beschriebenen Arbeitsweise in einem Schritt vollzogen werden könnte. Deshalb empfiehlt sich, im Visionsdokument einen Implementierungsplan aufzunehmen, der Schritt für Schritt auf die gewünschte Endsituation hinarbeitet. Stellen Sie die Gesamtvision dar, aber legen Sie den Akzent auf die Lösung der konkreten Probleme von heute. Viele der im Planungszyklus beschriebenen Schritte können nacheinander und unabhängig von einander entwickelt werden. Selbstverständlich funktionieren sowohl das Ganze als auch die Teile erst optimal, wenn sie vollständig und integriert ausgearbeitet und implementiert wurden. Es ist jedoch möglich, dieses Ziel erst nach einigen Jahren anzustreben.

Um die richtige Reihenfolge zu ermitteln, müssen die Aspekte gesucht werden, die derzeit konkrete Probleme bereiten oder für das Unternehmen kurzfristig sehr wichtig werden (können). Wie es für einen guten HR Business-Partner üblich ist, muss man dabei von der Kundenseite ausgehen. Die Praxis hat gezeigt, dass es häufig leichter ist, mit der Implementierung von Teilen des operativen Zyklus als mit denen des strategischen Zyklus zu beginnen. Der Grund liegt darin, dass operative Probleme höher auf der Prioritätenliste stehen und mehr Handlungsbereitschaft hervorrufen als strategische Probleme. Welche Teile des Prozesses liefern einen direkten und konkreten Vorteil für den primären Prozess des Kunden, weil sie dazu beitragen, dass die richtigen Personen mit den richtigen Qualitäten angezogen werden oder dadurch das Unternehmen besser funktioniert?

Eine praktische Vorgehensweise könnte folgende sein:

1. Beginnen Sie im ersten Jahr mit der Implementierung des operativen Planungszyklus. Dadurch werden alle Unternehmensbereiche auf die gewünschte Organisation, die qualitative und quantitative Personalstruktur und Kultur hin geprüft. Für diese drei Aspekte wird ein HR-Aktionsplan erstellt. Die Umsetzung dieses Plans wird in den regelmäßigen Statusgesprächen erörtert. Anhand der sich aus diesen Plänen ergebenden Maßnahmen wird ein HR Service Delivery-Plan erstellt und ein erstes Service Level Agreement mit dem/den Service-Provider(n) abgeschlossen.

- Im zweiten Jahr wird dieser Zyklus wiederholt. Der Inhalt der Ist-/Soll-Analyse wird jetzt jedoch mit Hilfe eines HR Management Letters anhand der Themen weiterentwickelt, die sich in den Statusgesprächen als wichtig herausgestellt haben. Die für das neue Jahr erstellten Pläne sind auch in diesem Fall wieder Input für die Formulierung eines HR Service Delivery-Plans. Selbstverständlich bilden auch die Evaluierungen der vom Service-Provider gelieferten Leistungen ein Input dafür.

- Im dritten Jahr wird vor dem Start des neuen Zyklus strategisches HR Input für den Strategieprozess des Unternehmens geliefert. Außerdem werden die strategischen Optionen aus Sicht des HRM geprüft und strategische HR-Vorgaben definiert. Diese sind neben dem Input aus den Statusgesprächen die Grundlage für den neuen HR Management Letter.

Schematisch lässt sich dieses Verfahren wie in Abbildung 1.16 darstellen.

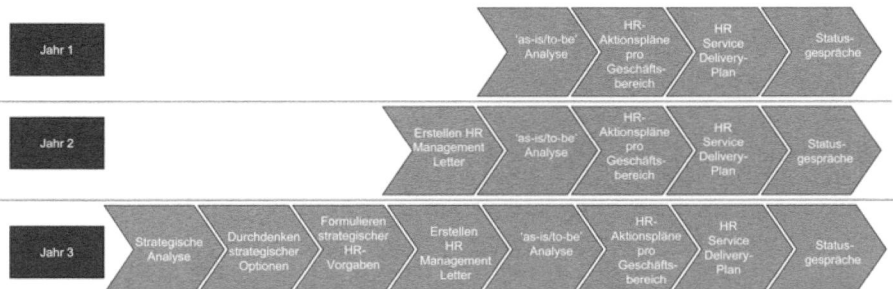

Abb. 1.16: Schrittweiser Implementierungsplan

Schaffen Sie die notwendigen Rahmenbedingungen

Soll diese Arbeit gelingen, müssen einige Voraussetzungen erfüllt sein.

Voraussetzung 1: Gewinnen Sie das Linienmanagement für sich!

Das Linienmanagement ist in vielen Unternehmen sehr stark beansprucht und wird über die Erstellung neuer Pläne und dazugehörige Besprechungen nicht begeistert sein. Die Erfahrung lehrt, dass eine kritische Ist-/Soll-Analyse des eigenen Unternehmens, der Personalstruktur und der Kultur jedoch oft überraschende Einsichten zutage fördert und Punkte gesprächsreif macht, über die bis dahin nicht gesprochen wurde. Bei der Initiierung des beschriebenen Prozesses sollten folgende Punkte beachtet werden:

- Das Format sollte zunächst sehr einfach sein und erst nach und nach weiter ausgebaut werden.

- Das Format sollte auf den Idealzustand ausgerichtet sein, wie ihn Manager vor Augen haben. So wird er dazu motiviert, sich für die Umsetzung einzusetzen (Wie würde das ideale Unternehmen/die ideale Personalstruktur für Ihre Abteilung in Ihren Augen aussehen? Was hindert Sie an der Realisierung? Welche Unterstützung erwarten Sie für die Realisierung?)

- Der HR Business-Partner sollte die meiste Vorarbeit leisten (Informationen für die Gestaltung des Formats sammeln, einen Berichtsentwurf anhand einiger Gespräche mit dem Manager erstellen usw.)

- Es sollte ein motivierendes, offenes HR-Planungs- und -Kontrollgespräch geführt werden, das aufrichtiges Interesse für die Vision, Ambitionen und Probleme des Managers zeigt.

- Es muss überwacht werden, dass die getroffenen Vereinbarungen eingehalten und die gesetzten Ziele erreicht werden.

Wichtig ist, den Prozess so anzustoßen, dass er als Schwungrad für den weiteren Verlauf fungiert. Das Linienmanagement spürt auf diese Weise, dass die strukturelle Herangehensweise an Personal- und Organisationsfragen sinnvoll ist und nicht übermäßig viel Zeit kostet.

Voraussetzung 2: Sorgen Sie dafür, dass der HR Business-Partner ein akzeptierter Gesprächspartner ist!

Die Erfahrung zeigt auch, dass sich längst nicht jeder HR-Funktionär für die Rolle des HR Business-Partners eignet. Der HR Business-Partner muss, will er effektiv agieren, vom Management des Unternehmens als gleichwertiger Sparringspartner angesehen werden. Aus diesem Grund müssen anhand klar definierter Kriterien die Personen ausgewählt werden, die die Rolle des HR Business-Partners übernehmen sollen. Die Auswahl muss streng sein, es dürfen nur wenige Abstriche vom Idealprofil zugelassen werden.

Der HR Business-Partner muss sich beweisen und kritisch auf seinen Mehrwert hin geprüft werden. Die ernannten HR Business-Partner müssen daher in der Arbeitsweise der HR-Planung und -Kontrolle und in den entsprechenden Schritten und Techniken geschult werden. Die HR Business-Partner selbst müssen sich der Tatsache bewusst sein, dass sie sich ihre Position erarbeiten müssen. Dazu müssen sie ein gutes Arbeitsverhältnis mit dem Linienmanagement aufbauen, Verständnis und Interesse für die Problematik des Unternehmens aufbringen und vor allem in den ersten Runden des Zyklus vermitteln, dass sie bereit sind, die Ärmel hochzukrempeln und mit anzupacken.

Nehmen Sie dem Management Arbeit aus den Händen, indem Sie Analysen erstellen, Daten sammeln, Berichtsentwürfe schreiben, sich aktiv an der Suche nach Lösungen beteiligen, provozierende Fragen stellen, aber auch, indem Sie den/die HR Service-Provider auf die gelieferten Leistungen für den betreffenden Unternehmensbereich ansprechen. Der HR Business-Partner muss dem Linienmanagement zeigen, dass er auf der Seite der Linienorganisation steht.

Der Erfolg des HR Business-Partners hängt allerdings nicht nur von ihm selbst ab. Auch die HR Service-Provider können einen Beitrag dazu leisten. Der HR Business-Partner wird erst dann als vollwertiger Gesprächspartner akzeptiert, wenn die gesamte HR-Funktion die primären und grundlegenden HR-Prozesse gut und schnell erbringt. Wer diese Grundlagen nicht gut geregelt hat, wird größte Schwierigkeiten haben, sich mit dem Linienmanagement über strategische Fragen auseinanderzusetzen.

Um dies zu erreichen, ist eine zielorientierte und straffe Organisation und Steuerung der HR-Funktion als Ganzes notwendig. Deshalb muss im Implementierungsplan bereits früh die Verknüpfung des HR-Planungs- und -Steuerungsprozesses und der Steuerung der HR-Funktion mit Service Level Agreements und HR Scorecards vorgenommen werden.

1.7.2 Wie implementieren wir HR Service Level Agreements?

In den nächsten Kapiteln gehen wir näher auf HR Service Level Agreements ein. An dieser Stelle sollte der Hinweis nicht fehlen, dass auch die Implementierung von HR Service Level Agreements ein Entwicklungsprozess ist. Mit externen Providern lassen sich bereits relativ schnell klare und motivierende Zielsetzungen für Kosten, Qualität und Kundenzufriedenheit formulieren. Wie bereits in Abschnitt 1.5 erwähnt, wird der interne Service-Provider wahrscheinlich erst einen Transformationsprozess durchlaufen müssen, bevor seine Lieferungen die gewünschte Ebene erreicht haben.

Der HR Business-Partner muss dies bei der Formulierung des Service Level Agreements berücksichtigen. Selbstverständlich muss er klar und deutlich angeben, was vom Service-Provider erwartet wird. Dadurch erhalten das Management des Unternehmens und der Manager der HR-Service-Einheit die Handhabe, bei Bedarf schnell wirkende Veränderungsprozesse einzuleiten. In diesem Fall sollten der Business-Partner und der Service-Provider gemeinsam eine Planung formulieren, wann welche Serviceniveaus erreicht werden sollen. Dieser Plan ist auf Grundlage und mit Berücksichtigung des vom Service-Provider durchlaufenen Transformationsprozesses zu erstellen. Dadurch treibt das Service Level Agreement den Veränderungsprozess des Service-Providers an, ohne jedoch überzogene Erwartungen an kurzfristig zu erzielende Serviceniveaus zu wecken.

1.7.3 Management des HR-Transformationsprozesses

Die Realisierung des HR-Transformationsprozesses hat sich in der Praxis wegen vieler Widerstände aus den inneren HR-Reihen als relativ schwierig erwiesen:

- Die neue geschäfts- und kundenorientiertere Arbeitsweise ersetzt das gewohnte Vorgehen, das oft vom persönlich-fachlichen Stempel der HR-Manager geprägt ist. Statt selbst weitgehend die Arbeitsweise bestimmen zu können, werden nun standardisierte Arbeitsweisen, Systeme und Instrumente eingeführt.

- Diese Standardisierung macht die HR-Funktion viel transparenter – sie wird mit Output und Prozessindikatoren gelenkt. Die eigene Arbeitsweise wird durch klare Vorgaben in Service Level Agreements ersetzt. Erbrachte Leistungen werden nicht mehr nach dem *Bauchgefühl* vom Management beurteilt, sondern anhand von Fakten – nicht jeder weiß diese Transparenz zu schätzen.

- Durch Skaleneffekte werden einige Aufgaben, die bisher an mehreren Stellen im Unternehmen wahrgenommen wurden, auf eine oder wenige Stellen konzentriert – für viele generalistisch eingestellte HR-Mitarbeiter eine Reduzierung ihres Aufgabenpakets.

- Durch Konzentration und neue Konzepte wie Manager/Employee Self Service und Helpdesk entsteht für die HR-Manager ein größerer Abstand zu ihren »Kunden« im Unternehmen – häufig besteht sogar die Furcht, den Kontakt zu ihnen vollständig zu verlieren.

- Es wird ein hohes Maß an Spezialisierung und innerhalb dieser Spezialisierung eine starke Vertiefung angestrebt – in vielen Fällen im Gegensatz zur derzeitigen generalistischen Gestaltung des Fachs.

- Da in der neuen Vorgehensweise weniger HR Business-Partner benötigt werden, stellt sich die Frage, wer diese Funktion erfüllen soll. Bei vielen Unternehmen sind derzeit zahlreiche HR-Generalisten beschäftigt, die die Aspekte der HR Business-Partnerrolle durchführen – nur wenige von ihnen werden sich jedoch zur Funktion des HR Business-Partners weiterentwickeln können.

- Schließlich ist es für die heutigen HR-Mitarbeiter nicht gerade eine verlockende Perspektive, zu gegebener Zeit möglicherweise zur Gruppe der Mitarbeiter zu gehören, die ausgelagert werden.

Auch das Linienmanagement reagiert in der Praxis nicht ungeteilt positiv auf den HR-Transformationsprozess. Der Personalmanager *um die Ecke* oder *auf der Etage* ist nicht mehr vorhanden – man befürchtet, dass die HR-Funktion in der neuen Situation schlechter erreichbar sein wird. Außerdem spürt das Linienmanagement, dass in puncto HRM ein immer größerer Appell an die eigene Verantwortung gerichtet wird – nicht in allen Fällen wird dies als attraktive Verbesserung empfunden.

Kurz und gut: Der beschriebene Prozess ist eine radikale Veränderung der HR-Funktion und muss als Transformationsprozess gelenkt werden. Im Grunde unterscheiden sich die Anforderungen an diesen Prozess nicht von denen an andere große Veränderungsprozesse. Die Erfahrung zeigt aber, dass die Emotionen seitens der HR-Funktion bei solchen Prozessen heftiger sind, als dies bei anderen Unternehmensfunktionen unter vergleichbaren Umständen der Fall wäre.

Daher schließt dieses Kapitel mit den grundlegenden veränderungsspezifischen Voraussetzungen ab, die erfüllt sein müssen, wenn ein solcher Prozess erfolgreich verlaufen soll:

1. Die Vorteile des neuen HR Service Delivery-Modells in Qualität, Kosten und Kundenfreundlichkeit müssen im Vergleich zur aktuellen Situation in qualitativen und quantitativen Begriffen deutlich formuliert sein. Es muss ein klarer Business Case für das Unternehmen insgesamt, aber auch für die einzelnen Geschäftsbereiche vorliegen.

2. Die Konsequenzen des neuen HR Service Delivery-Modells für die existierende HR-Organisation und ihre Mitarbeiter müssen übersichtlich für das Unternehmen als Ganzes, aber auch für die einzelnen Geschäftsbereiche dargestellt werden. Potenzielle Widerstände müssen identifiziert werden.

3. Konzernleitung und Management der Geschäftsbereiche müssen die Sponsorenrolle für diesen Veränderungsprozess übernehmen. Das bedeutet:
   Sie müssen den Willen zeigen, die potenziell zu erzielenden Vorteile auch zu erreichen.
   ▶ Sie müssen potenzielle Widerstände erkennen und managen.
   ▶ Sie müssen die Einrichtungen und Mittel zur Verfügung stellen, die zur Realisierung des Transformationsprozesses notwendig sind.
   ▶ Sie müssen bereit sein, bei Bedarf erhebliche Investitionen in die HR-Funktion zu tätigen.
   ▶ Sie müssen Mitglied der Steuerungsgruppe sein, die den Veränderungsprozess lenkt.

4. In der HR-Funktion müssen eine oder mehrere Schlüsselfiguren mit einer fundierten Vision der Zukunft die Führung übernehmen. Außerdem müssen sie bereit sein, den Prozess zum neuen HR Service Delivery-Modell zu führen. Es müssen Personen sein, die das Vertrauen und die Unterstützung der Konzernleitung genießen, jedoch aufgrund ihrer Vision und ihres Engagements auch auf den Respekt der HR-Mitarbeiter zählen können – auch wenn diese möglicherweise den neuen Kurs nicht gut heißen. Sie müssen Energie und Enthusiasmus ausstrahlen und dürfen schwierigen Entscheidungen nicht ausweichen.

5. Der Business Case muss gleich nach der Genehmigung möglichst schnell in einen zunächst allgemeinen und später detaillierten Entwurf der neuen Vorgehensweise umgesetzt werden. Dadurch soll Klarheit über die neue Organisations- und Prozessgestaltung, die Vorgehensweise, Instrumente, Rollen und die Verantwortungen entstehen. Bei der Entwicklung dieser Entwürfe müssen die künftigen Schlüsselfunktionäre einbezogen werden.

6. Nach der Genehmigung dieses allgemeinen und detaillierten Entwurfs müssen die Schlüsselfunktionäre möglichst schnell ernannt werden. Sie können dann die Gestaltung der neuen Organisation konkret vornehmen.

Die Praxis lehrt, dass Unternehmen, die einen solchen Prozess stark *von oben* mit Initiierung und Unterstützung durch das Management durchsetzen, schnell in der Lage sind, die neuen Vorgehensweisen zu verwirklichen. Das gilt in viel geringerem Maße für Unternehmen, in denen ein solcher Prozess von der HR-Funktion selbst initiiert und geführt wird. Wenn sich dies auch noch in einem stark dezentralen Unternehmen mit relativ unabhängigen HR-Einheiten abspielt, zeigt sich häufig, dass diese Prozesse nach einem begeisterten Start versanden und nicht das optimal zu erreichende Ergebnis für Kosten, Qualität und Ergebnisorientierung erzielt wird.

2 Vorteile und Nutzung der HR-Informationstechnologie

2.1 Einleitung

Personalmanagement ohne Informations- und Kommunikationstechnologie (IT) ist heute kaum noch vorstellbar. Nahezu alle Unternehmen nutzen die Möglichkeiten der Informationstechnologie. Bei manchen Unternehmen ist der Einsatz auf nur einige HR-Prozesse oder Aspekte davon beschränkt. Andere Unternehmen setzen IT umfassend für mehrere HR-Prozesse ein. Einige Unternehmen haben sich für ein einziges integrales Softwarepaket entschieden, das für mehrere HR-Prozesse den Zugriff auf die gleichen Daten ermöglicht. Andere Unternehmen arbeiten mit Einzellösungen mehrerer Softwareanbieter, die einzelne HR-Prozesse unterstützen.

Obwohl die Informationstechnologie in alle Unternehmen Eingang gefunden hat, zeigen sich große Unterschiede in ihrer Anwendung. Eine Untersuchung der PA Consulting Group bei mittelständischen und großen Unternehmen in Europa zeigt, dass alle befragten Unternehmen HR-IT-Anwendungen nutzen.[1] Ungefähr drei Viertel der befragten Unternehmen nutzen HR-IT-Lösungen nur zur Unterstützung von Basisprozessen wie Personal- und Lohnadministration. Die Hälfte setzt darüber hinaus noch andere Anwendungen zur Unterstützung eines oder mehrerer HR-Prozesse ein: Personalwerbung und -auswahl oder Training und Entwicklung. In der Hälfte der befragten Unternehmen kann das Linienmanagement direkt auf die HR-Daten zugreifen. Nur 7 % der befragten Unternehmen arbeiten bisher mit einem HR-Portal, das Personalverantwortlichen und Mitarbeitern direkten Zugang zu den HR-Systemen und Informationen gewährt sowie Self Service ermöglicht.

Auch in Europa ist die Implementierung von HR-IT-Lösungen mit den dazugehörigen Konzepten wie Self Service, Shared Services, HR-Portale und e-Learning in nur wenigen Unternehmen weit fortgeschritten. Der Großteil der Unternehmen befindet sich erst am Anfang – auch viele Großunternehmen. Unter HR-IT-Lösungen verstehen wir den umfassenden Einsatz der Informationstechnologie in HR-Prozessen, der eine wesentliche Änderung dieser Prozesse und Rollen für die beteiligten Parteien herbeiführt – Anwendungen, die die Art der Durchführung von HRM deutlich prägen.

Im Allgemeinen herrscht die Überzeugung, dass der Einsatz von HR-IT-Systemen große Vorteile hat. Die Praxis lehrt jedoch, dass ihr Einsatz auch zahlreiche

---

1   Untersuchung der PA Consulting Group 2004 bei HR-Managern von 54 mittelständischen Firmen und Großunternehmen aus 14 verschiedenen Branchen. 23 % beschäftigten unter 500 Mitarbeiter, 17 % 500 bis 1.000 Mitarbeiter, 26 % 1000 bis 10.000 und 34 % über 10.000 Mitarbeiter.

inhaltliche und implementierungstechnische Fragen und Herausforderungen aufwirft. Das Problem breiterer Anwendung von HR-IT-Systemen scheint nicht in der verfügbaren Technologie zu liegen. Der Markt bietet sowohl vollständig in den gesamten Betriebsprozess integrierte HR-ERP Pakete als auch auf einen oder mehrere HR-Prozesse zugeschnittene Anwendungen (einschließlich technischer Möglichkeiten für ihre Verknüpfung). Was aber verhindert umfassenderen und besseren Einsatz von HR-Informationstechnologie? Gründe sind fehlende Klarheit zur Ausgestaltung von HRM, interne HR-Organisation aus nicht oder nur begrenzt zusammenarbeitenden Einheiten mit eigenen Schwerpunkten, Systemen und Belangen, fehlende Klarheit über Kosten und Erträge der oft erheblichen Investitionen, Uneinigkeit über den Kostenträger und ungeklärte Prioritäten für diese Investitionen.

Der erste Teil dieses Kapitels behandelt die Frage, was HR-IT-Systeme für ein Unternehmen bedeuten und welche Vorteile sie mit sich bringen können. Der zweite Teil geht näher auf Dilemmata ein, die sich aus umfassender Anwendung von HR-IT-Systemen ergeben. Der dritte Teil beschreibt eine Vorgehensweise für eine inhaltlich und aus Gesichtspunkten des Veränderungsmanagements fundierte Implementierung von HR-IT-Systemen. Den Abschluss dieses Kapitels bilden einige Schlussfolgerungen.

2.2 Was kann HR-Informationstechnologie für mein Unternehmen bedeuten?

Wer Broschüren der Lieferanten von HR-IT liest, findet zahlreiche Argumente für die Anschaffung einer HR-IT-Anwendung – in vielen Fällen als Mittel für bessere Unternehmensergebnisse angepriesen. Hoch motivierte, gut ausgebildete und geführte Mitarbeiter generieren bessere Ergebnisse für das Unternehmen, lautet die Annahme. Der Faktor Mensch ist der kritische Erfolgsfaktor für die Generierung von *Business Value*. Andere Broschüren betonen eher die Verbesserung von Effektivität und Effizienz der HR-Prozesse zum Wohle des Linienmanagements und der HR-Abteilung.

Interviews mit Personalmanagern großer europäischer Unternehmen und konkrete Praxiserfahrungen zeigen, dass mit der Einführung von HR-IT-Systemen vier Ziele erreicht werden sollen:

1. Qualitätssteigerung des Personalmanagements

2. Kostensenkung des Personalmanagements

3. Stärkere Unterstützung der Linienmanager bei der Erfüllung ihrer Aufgaben im Personalmanagement

4. Höhere Eigenverantwortung der Mitarbeiter für ihre eigene Arbeit, ihr Einkommen, ihre Entwicklung und ihre Karriere.

Diese vier Ziele werden wir im Folgenden näher betrachten.

2.2.1 Qualitätssteigerung des Personalmanagements

Auffallend viele Unternehmen nennen nicht die potenziellen Kostenvorteile, sondern vor allem die Qualitätssteigerung als wichtigste Triebfeder für Investitionen in die HR-IT.

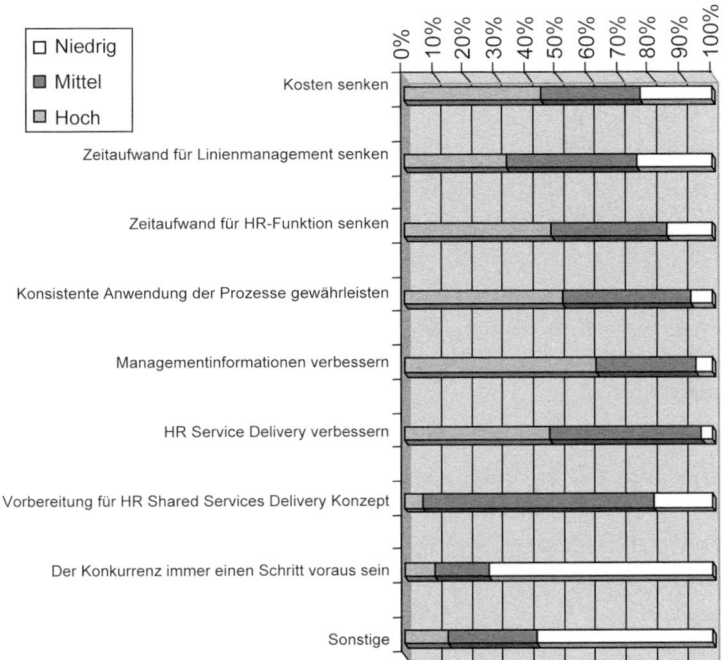

Abb. 2.1: Was waren die wichtigsten Triebfedern für die Implementierung der HR-IT in Ihrem Unternehmen?

In der Untersuchung von PA wurden an erster Stelle drei Gründe für die Einführung von HR-IT-Systemen genannt: Qualitätsverbesserung der HR-Managementinformation, integriertere Anwendung der HR-Prozesse und Qualitätsverbesserung der HR-Serviceleistungen. Kostensenkung kam in dieser Befragung erst auf Rang 5. Wie können HR-IT-Systeme zur Qualitätsverbesserung des Personalmanagements beitragen? Dies sind vor allem folgende fünf Aspekte:

- HR-IT kann zur Konzentration aller Aktivitäten des Personalmanagements auf die wesentlichen Aspekte des Business beitragen,

- HR-IT kann die Qualität der Managementinformationen steigern,

- HR-IT kann die Kontrollierbarkeit der HR-Prozesse verbessern,

- HR-IT kann die Durchführung der HR-Prozesse professionalisieren,

- HR-IT kann externes Know-how für den internen Gebrauch erschließen.

HR-IT kann zur Konzentration aller Aktivitäten des Personalmanagements auf die wesentlichen Aspekte des Business beitragen

Der Mehrwert von Personalmanagement liegt in seinem Beitrag zu den Unternehmenszielen oder Betriebsergebnissen. Wenn die HR-Funktion dafür sorgt, dass jederzeit die richtige Anzahl Mitarbeiter mit den richtigen Kompetenzen (Kenntnisse, Fertigkeiten und Einstellung/Verhalten) beschäftigt wird, können Unternehmen die gesetzten Ziele optimal erreichen. Hier liegt die wichtigste Herausforderung für das Personalmanagement mit vielfältigen Aufgaben. So müssen Mitarbeiter angeworben, ausgewählt, eingearbeitet, beurteilt und motiviert werden (durch passende und motivierende Vergütung, Arbeitsumfeld, Führungsstil und Karrieremöglichkeiten), sie müssen qualifiziert werden und sein (durch Ausbildung, Entwicklung, Coaching, Jobrotation oder mit Hilfe eines Karriereplans) – viele Schritte, die im Idealfall integriert gesteuert und durchgeführt werden. In zahlreichen Unternehmen ist der rote Faden zwischen diesen Maßnahmen nur implizit zu erkennen. Sie erfolgen häufig relativ unabhängig von einander, weil sie (vor allem in Großunternehmen) von verschiedenen Spezialabteilungen durchgeführt werden oder jeder Geschäfts- oder Unternehmensbereich seine eigene Vorgehensweise entwickelt hat.

Seit den 90er Jahren strebt man nach eindeutigerer Formulierung dieses roten Fadens, der alle HR-Maßnahmen miteinander verbinden sollte. Dafür erschien das Kompetenzmanagement als bestes Mittel. Wenn alle HR-Maßnahmen – Strategie- und Zielentwicklung, Kompetenzplanung, -modell und -evaluation, Personalauswahl und -beurteilung – auf Erwerb, Erhaltung und Entwicklung der gewünschten Kompetenzen ausgerichtet werden, lässt sich optimaler Mehrwert des HR-Management für die Unternehmensziele erreichen. Adäquates Management der damit zusammenhängenden Logistik- und Informationsströme ist allerdings ohne den Einsatz von HR-IT-Systemen nahezu unmöglich. Diese Systeme können dazu beitragen, eine integrale Vorgehensweise zu verwirklichen – elektronisches Management der Kompetenzbeurteilungsprozesse in allen Phasen des HR-Prozesses, integrale Bereitstellung der sich daraus ergebenden Kompetenzinformationen und Bündelung dieser Informationen zu adäquaten Managementinformationen.

HR-IT kann die Qualität der Managementinformationen steigern

In vielen mittelständischen Firmen und Großunternehmen wird die Qualität der HR-Managementinformationen als mangelhaft empfunden. So ist es in vielen Unternehmen unmöglich, sich schnell einen Überblick über Umfang und Kosten der aktuellen Personalzusammensetzung, verfügbare Kompetenzen und Potenziale von Mitarbeitern sowie über Effektivität und Effizienz von HR-Prozessen zu verschaffen. Fragen in diesen Bereichen erfordern häufig hohen Suchaufwand in verschiedenen Personalbuchhaltungen im Unternehmen. Sie führen zu Gesprächen über Begriffsdefinitionen und zu Berichten, die oft mehr Fragen aufwerfen, als Antworten geben.

Diese Probleme sind die Folge mangelnder systematischer Datensammlung (auf Papier oder in HR-IT-Systemen), weil unterschiedliche Systeme eingesetzt werden, die nicht miteinander kommunizieren, und verschiedene Datendefinitionen zugrunde gelegt werden. Mit adäquater HR-IT-Anwendung – ausgehend von einer klaren Vision darüber, wie die Informationsarchitektur gestaltet werden sollte – lassen sich diese Probleme vermeiden. Technisch gibt es viele Möglichkeiten, HR-Informationen zu eindeutigen Managementinformationen zusammenzufügen – sowohl ausgehend von verschiedenen Systemen als auch von integrierter Unternehmenssoftware (HR-ERP). Führungskräfte können über ein Portal direkten Zugriff auf diese Informationen online und in Echtzeit erhalten. Dies kann ihren Mehrwert in Entscheidungsfindungsprozessen erhöhen. 59 % der Befragten gaben in der von PA durchgeführten Studie an, dass HR-IT die Qualität der Managementinformationen in ihrem Unternehmen verbessert hat.

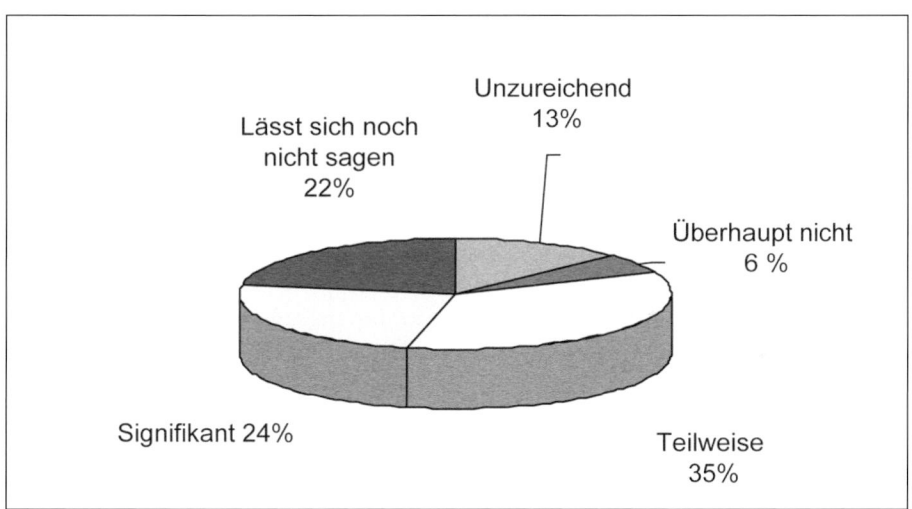

Abb. 2.2: Hat sich durch den Einsatz von HR-IT die Qualität der Management-informationen verbessert?

HR-IT kann die Kontrollierbarkeit der HR-Prozesse verbessern

Im HRM läuft eine Vielzahl an Prozessen, die alle miteinander zusammenhängen. HR-IT-Systeme können die Kontrollierbarkeit der HR-Prozesse deutlich verbessern. Der Grund liegt in erster Linie darin, dass die Implementierung von HR-IT-Lösungen zu einem Redesign bestehender Arbeitsprozesse führt. Historisch gewachsene oder eine Vielzahl unterschiedlicher Arbeitsweisen werden infrage gestellt und an Best Practices angeglichen, die in den HR-Anwendungen integriert sind. Darüber hinaus bietet die neue Technologie die Möglichkeit des

Workflow Managements, also der Verknüpfung von Arbeitsschritten. Dabei initiiert das System automatisch anhand bestimmter Auslöser (beispielsweise Zeit, bestimmte Handlungen oder Entscheidungen) Folge-Aktionen. Auf diese Weise können viele operative Aufgaben mit überwachendem, organisierendem und koordinierendem Charakter automatisch eingeleitet werden. Informationen über den Fortgang dieser Prozesse können allen Beteiligten online und in Echtzeit zur Verfügung gestellt werden. Dies steigert die Qualität der HR-Prozesse erheblich: Die betroffenen Personen werden mehr oder weniger dazu gezwungen, ihren Beitrag (rechtzeitig) zu liefern, alle notwendigen Schritte im HR-Prozess werden auch tatsächlich durchlaufen, die Daten werden korrekt konsolidiert und gespeichert. Jeder einzelne Schritt der HR-Prozesse wird also von Anfang bis Ende durchgeführt und überwacht.

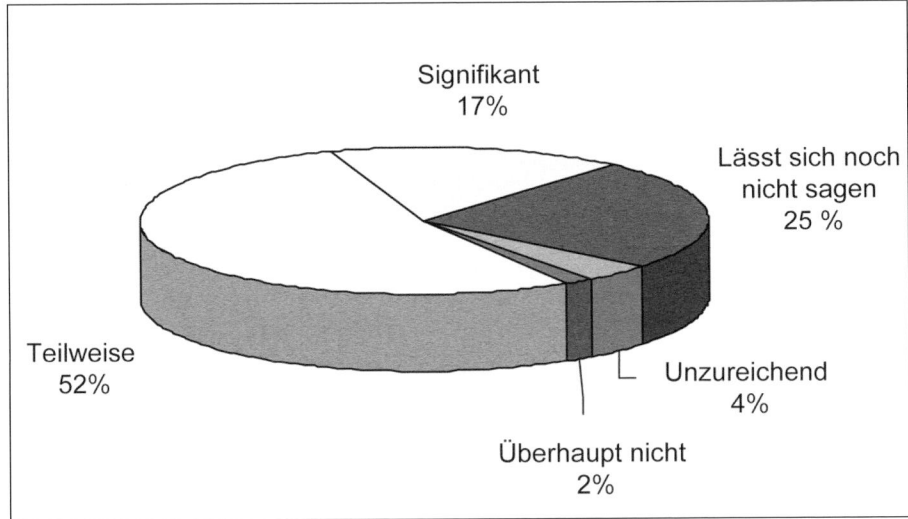

Abb. 2.3: Hat HR-IT die Qualität Ihres HRM und der HR-Prozesse verbessert?

HR-IT kann die Durchführung von HR-Prozessen professionalisieren[2]

HR-IT-gesteuerte Prozesse helfen Arbeitsabläufe zu professionalisieren, zu standardisieren und sie weitgehend von Vorlieben und Eigenarten der am Prozess beteiligten Personen zu entkoppeln. Die genannte Untersuchung hat ergeben, dass 69 % aller Befragten der Ansicht sind, HR-IT-Systeme haben die Qualität der Prozesse im Personalmanagement teilweise bis erheblich verbessert. Mit HR-IT-Tools können HR-Prozesse so eingerichtet werden, dass Führungskräfte und Mitarbeiter sie selbständig ohne direkte Unterstützung der HR-Abteilung

---

2 Dieser Teil enthält verschiedene Zitate aus: Lourens, J.J.L./ Stet, N.E.M/Kock, E.P.N.(Red.): Essays over de essenties van e-business, Ten Hagen & Stam, Den Haag, 2002

durchführen können. In Abbildung 2.4 sind die fünf aufeinander folgenden Phasen der Unterstützung dargestellt.

Phase 1: Vorbereitung mit IT-Unterstützung

Beim Start eines HR-Arbeitsprozesses (beispielsweise Identifikation einer freien Stelle, Beurteilungsprozess oder Laufbahngespräch) können den Führungskräften oder Mitarbeitern automatisierte Instrumente zur Verfügung gestellt werden, um sich auf die Aufgabe vorzubereiten. So könnte man dem Linienmanager zu Beginn eines Auswahlverfahrens ein automatisiertes Instrument an die Hand geben, mit dem er zur freien Stelle gehörende Kompetenzen erheben kann (Abb. 2.5). Linienmanager und Mitarbeiter könnten vor einem Mitarbeitergespräch eine elektronisch bereitgestellte Bewertung der erbrachten Leistungen erstellen (Abb. 2.6). Zur Vorbereitung auf ein Laufbahngespräch könnten sie einen Fragebogen ausfüllen, der automatisch Vorschläge unterbreitet, so dass die Gesprächspartner optimal vorbereitet in das Gespräch gehen.

Abb. 2.4: Verschiedene Unterstützungsphasen

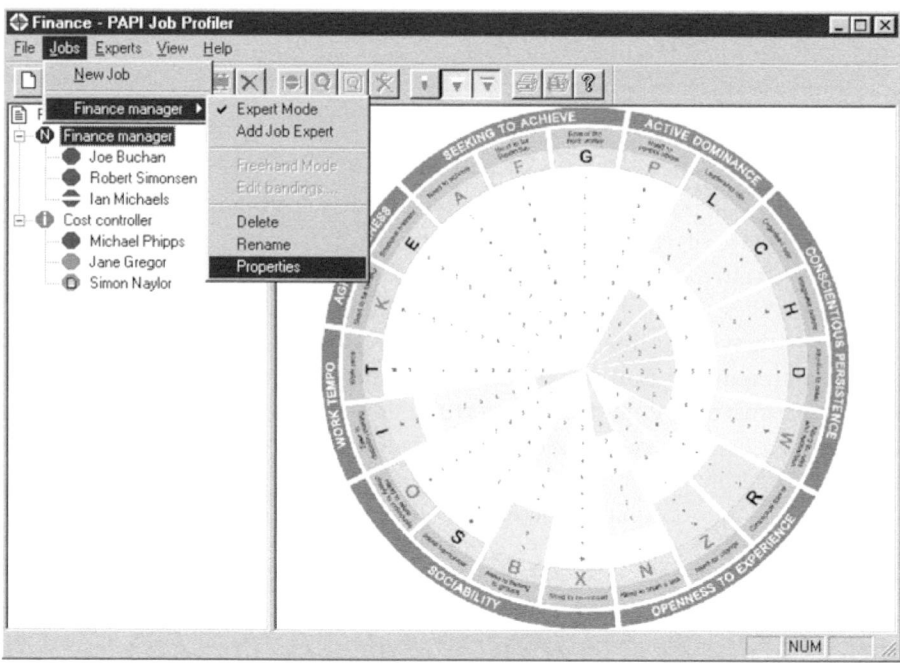

Abb. 2.5: Kompetenz-Assessment durch PAPI (Cubiks)

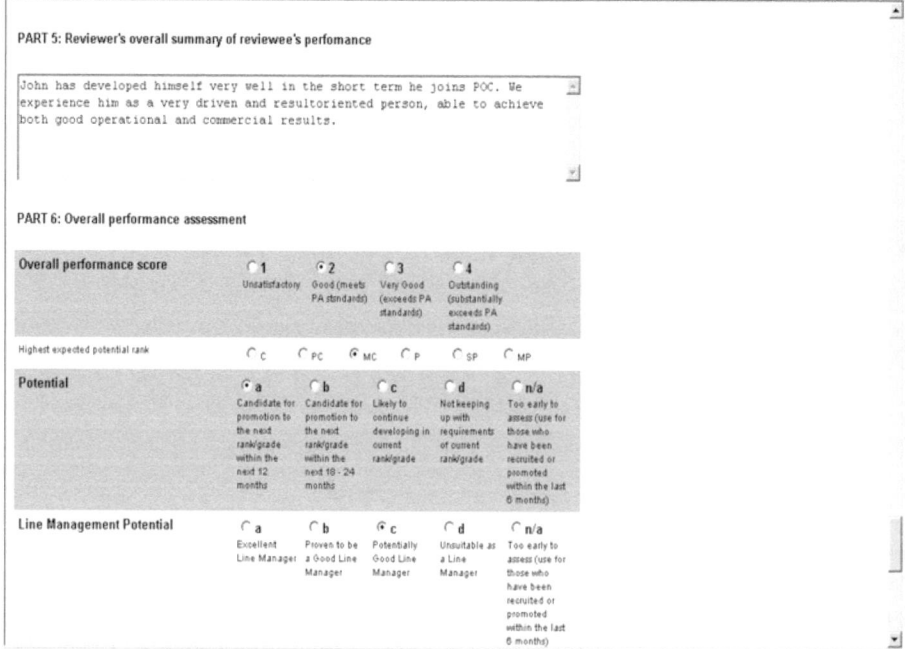

Abb. 2.6: Mitarbeiterbeurteilung durch PA Consulting Group

Tabelle 2.1 enthält Anwendungsbeispiele, wie sich Führungskräfte und Mitarbeiter optimal auf die Durchführung von HR-Arbeitsprozessen vorbereiten können.

Tabelle 2.1: Anwendungsbeispiele zur Vorbereitung auf die Durchführung von HR-Arbeitsprozessen

HR-Arbeitsprozess	Beispiele für elektronisch unterstützte Vorbereitung
Rekrutierung	– Bewerber (intern oder extern) führen ein Online-Assessment durch, um ihre Eignung für die Funktion zu prüfen. – Interne Mitarbeiter können sich mit einem e-Tool auf ein Bewerbungsgespräch vorbereiten.
Auswahl	– Linienmanager können mit Hilfe eines e-Tools die richtigen Fragen anhand eines Kompetenzmodells vorbereiten. – Anhand von Input der Interviewer legt ein e-Tool fest, welche Aspekte/Kompetenzen im Gespräch noch eingehender betrachtet werden sollten.
Einführung	– Ein neuer Mitarbeiter erhält automatisch eine Liste mit Schwerpunkten, die er in den ersten Wochen durcharbeiten muss, um sich schnell einzuarbeiten.
Anleitung	– Ein Mitarbeiter kann online und in Echtzeit Anleitungen über Aspekte oder Themen der Funktion erhalten, für die er Unterstützung braucht.
Beurteilung	– Manager erhalten automatisch Fragebögen und Kompetenzmodelle, mit denen sie sich auf Gespräche vorbereiten können. Die Antworten werden automatisch verarbeitet und den Beteiligten zugeschickt. – Vorgesetzte erhalten aus verschiedenen Informationsquellen automatisch alle Daten, die für gute Beurteilung des Mitarbeiters nötig sind.
Anreiz	– Ein Vorgesetzter kann anhand der Beurteilung seiner Mitarbeiter Simulationen mit der Verteilung des Gehalts/Bonus vornehmen. – Mitarbeiter können in Bezug auf die Zusammensetzung ihres Entlohnungspakets Simulationen durchführen.
Mobilität	– Mitarbeiter können in einem virtuellen Karrierezentrum mit einem Scan prüfen, inwiefern sie *employable* sind und wie sie ihre Einsatzfähigkeit verbessern können. – Mitarbeiter können virtuelle Evaluationen durchführen, um ihre Ambitionen, Interessen und Kompetenzen besser kennen zu lernen.
Laufbahn-begleitung	– Mitarbeiter und Führungskräfte werden mit einem e-Tool darauf vorbereitet, ein fundiertes Laufbahngespräch zu führen. – Mitarbeiter können auf der Website mit Stellenangeboten nach geeigneten Karrieremöglichkeiten suchen und Maßnahmen ergreifen, um einen bestimmten Karriereschritt zu realisieren.
Führungskräfte entwicklung	– Kandidaten für Führungskräfteentwicklung suchen selbst den idealen Karrierepfad und legen die als Coach geeigneten Personen fest. – Führungskräfte erhalten anhand der Daten aus den Beurteilungsgesprächen automatisch eine Übersicht der Mitarbeiter mit dem höchsten Potenzial.
Begleitung bei Kündigung	– Im Falle einer unzureichenden Beurteilung wird automatisch ein Performance Improvement Programm eingeleitet (inkl. sorgfältigem Dossieraufbau).

HR-Arbeitsprozess	Beispiele für elektronisch unterstützte Vorbereitung
Ausbildung und Entwicklung	– Anhand der Ergebnisse einer elektronischen 360°-Beurteilung unterstützt ein e-Tool den Mitarbeiter bei der Erstellung eines Entwicklungsplans. – Mitarbeiter arbeiten zunächst ein e-Learning-Modul über ein bestimmtes Thema durch. Erst, wenn sie dies mit Erfolg abgeschlossen haben, werden sie zu einem *Classroom* zugelassen.
Kosten-abrechnungen	– Ein automatisiertes Rechnungsverarbeitungssystem erlaubt dem Mitarbeiter, auf einen Blick zu prüfen, ob seine Kosten erstattungsfähig sind oder nicht. – Führungskräfte können online eine Übersicht der Kostenabrechnungen pro Mitarbeiter einsehen.
Personal-administration	– Ein Mitarbeiter führt bestimmte Datenänderungen in seiner Personalakte selbst durch und hat online Einblick in bestimmte gespeicherte Daten.

Phase 2: Mit IT-Unterstützung Antworten finden

Führungskräfte und Mitarbeiter mit Fragen zu Verfahren, Regeln oder Prozessen im HRM können im Intranet Antworten auf die am häufigsten gestellten Fragen (Frequently Asked Questions) finden. Sollten sich ihre Fragen nicht beantworten lassen, können sie sich an einen Helpdesk wenden. Zudem kann das Intranet des Unternehmens automatisierte Antworten für die häufigsten Fragen bieten. In vielen Unternehmen werden die HR-Abteilungen mit Fragen über neue Regelungen oder Arbeitsweisen überhäuft. Da sich ein Großteil der Fragen ähnelt, können sie viel effektiver auf die oben beschriebene Weise beantwortet werden. Alle von uns befragten Führungskräfte erwarten von dieser Vorgehensweise eine drastische Reduzierung der Fragen an die HR-Abteilung.

Phase 3: Das Gespräch miteinander eingehen

Im dritten Schritt des Prozesses treten Führungskraft und Mitarbeiter in direkten Kontakt (Bewerbungs-, Laufbahn-, Beurteilungsgespräch usw.). Der direkte persönliche Kontakt bleibt selbstverständlich unverzichtbar und ist die Grundlage für viele Aspekte des Personalmanagements. Effektivität und Effizienz dieses Kontakts lassen sich allerdings durch gute Vorbereitung und Datenaustausch vor dem Gespräch erheblich steigern. Sollten geografische Entfernung oder Zeitmangel es erfordern, kann das Gespräch auch mit e-Tools (beispielsweise mit Webcams oder virtueller Konferenz) verlaufen.

Phase 4: Unmittelbare und automatische Verarbeitung der Daten

Die Ergebnisse des Gesprächs oder des HR-Prozesses werden online und in Echtzeit in das Computersystem eingegeben, ohne dass dafür weitere Zwischenschritte und/oder Personen notwendig sind. Die Daten werden nach Möglichkeit gleichzeitig automatisch gespeichert und verarbeitet. Mit Hilfe des Workflow Managements werden eventuelle Folgeschritte eingeleitet. Das System überwacht die Aktualität der Daten und erinnert Führungskräfte und Mitarbeiter bei Bedarf daran, ihre Daten zu aktualisieren.

Phase 5: Bei Bedarf zusätzliche Unterstützung

Sollte bei der Führungskraft und/oder dem Mitarbeiter Bedarf bestehen, kann er einen HR-Berater zur zusätzlichen Unterstützung herbeirufen. Der HR-Berater wird erst dann eingeschaltet, wenn die Führungskraft und der Mitarbeiter trotz aller Unterstützungsformen das Problem nicht selbst lösen können. Als zusätzliche Unterstützung gilt auch ein Angebot mit weiteren Anwendungen, die Führungskräften und/oder Mitarbeitern bei der Vertiefung der Unterstützungsfrage helfen sollen oder inhaltliche Lösungen bieten.

HR-IT kann externes Know-how zur internen Nutzung erschließen

Durch die Möglichkeiten des Internets verschwimmen die Grenzen zwischen internen und externen Unternehmen. Im HRM bedeutet das, dass Unternehmen nicht mehr an das im Unternehmen vorhandene HR-Angebot gebunden sind, sondern auch online aktiv die Dienste von Dritten in Anspruch nehmen können – für die meisten Bereiche des Personalmanagements. In allen von PA befragten Unternehmen lassen sich dafür Beispiele in Personalwerbung und -auswahl, Karrieremanagement, Outplacement, Personal- und Lohnadministration oder Betreuung von krankheitsbedingtem Arbeitsausfall finden. Neben einer Qualitätssteigerung kann dies zu erheblichen Kosteneinsparungen führen. Im nächsten Kapitel werden wir näher darauf eingehen.

2.2.2 Kostensenkung beim Personalmanagement

Außer Qualitätssteigerung nennen die befragten Unternehmen als Ziel für den Einsatz von HR-IT-Systemen auch Anpassung des Personalbedarfs in der HR-Abteilung und damit die Kostensenkung in diesem Dienstleistungsbereich. Wie die nachstehende Grafik aus der Untersuchung zeigt, sind 52 % der Befragten der Ansicht, dass sich durch den Einsatz von HR-IT-Systemen nur geringe Kosteneinsparungen erzielen lassen (0 bis 10 %). Ein Viertel gibt an, eine Kosteneinsparung von 10 bis 20 % erreicht zu haben. Bei einem Viertel der Befragten wurden Kosteneinsparungen von über 20 % erzielt. Hier zeigt sich, dass sich zwar erhebliche Kosteneinsparungen erzielen lassen, es aber längst nicht allen Unternehmen gelungen ist, sie auch wirklich zu erreichen.

HR-IT-Systeme können in viererlei Hinsicht einen Beitrag zur Kostensenkung im Personalmanagement leisten:

- Verringerung der initiierenden und koordinierenden Aufgaben
- Verringerung des für transaktionale Aufgaben benötigten Personalbedarfs
- Bündelung von HR-Prozessen
- Bessere Nutzung preisgünstigeren, externen Know-hows.

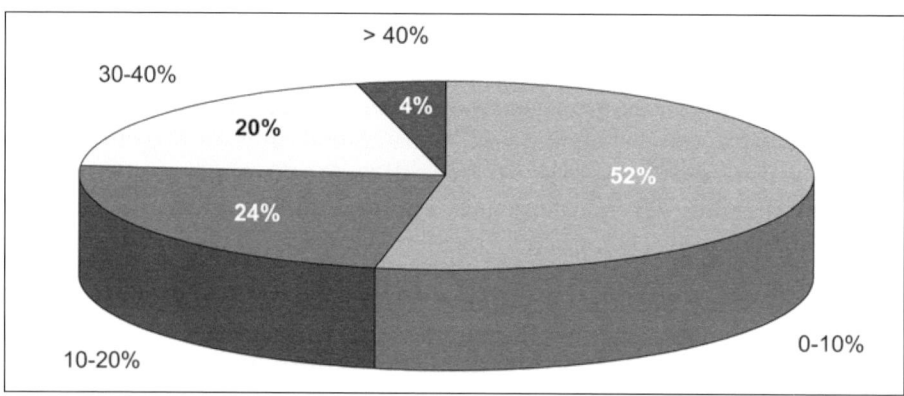

Abb. 2.7: Inwieweit hat HR-IT zur Senkung der HR-Kosten in Ihrem Unternehmen beigetragen? (Kategorie 20–30 % war nicht vertreten)

Verringerung der initiierenden und koordinierenden Aufgaben

Viele initiierende und koordinierende Aufgaben fallen weg. Traditionell ergreift die HR-Abteilung in vielen Unternehmen die Initiative bei der Einleitung von HR-Prozessen. Das kann der Beginn einer Beurteilungsrunde, einer Lohnrunde oder von Karrieregesprächen usw. sein. Die Abteilung sorgte bislang dafür, dass alle Beteiligten informiert wurden, der Prozess rechtzeitig eingeleitet wurde und planmäßig verlief. Viele dieser Aufgaben können jedoch auch von automatisierten Systemen übernommen werden. Diese informieren alle Beteiligten auf elektronischem Weg, sorgen dafür, dass Input geliefert wird, verschicken Erinnerungen, wenn der Input zu spät kommen sollte, und stellen Managementinformationen bereit, die die Grundlage für weitere Schritte darstellen, die in Bezug auf Führungskräfte und Mitarbeiter eingeleitet werden müssen, die der Aufforderung nicht nachkommen. Der Einsatz der automatisierten Systeme kann selbstverständlich auch den Zeitaufwand für das Linienmanagement für HRM-Aufgaben verringern.

Verringerung des Personalbedarfs für transaktionale HR-Aufgaben

In herkömmlichen HR-Abteilungen verschlingt die Personal- und Lohnadministration den größten Personalaufwand – bei vielen Unternehmen 40 bis 45 % des Personalaufwands in der HR-Abteilung. Mitarbeiter und Führungskräfte geben Änderungen ihrer Daten bekannt, die die Personal- und Lohnadministration in eigenen Systemen verarbeitet und an Dritte (Finanzamt, Renten- und Krankenversicherung, Leasinggesellschaft, Facility Management usw.) weiterleitet. Sie kontrollieren die Richtigkeit der Datenänderungen sowie die korrekte Verarbeitung und Speicherung in ihren Systemen und liefern Managementinformationen. Durch weitgehende Automatisierung dieser Transaktionen und indem Führungskräfte und Mitarbeiter selbst Daten in Systeme eingeben und sie abrufen, ausdrucken und bei Bedarf ändern können, fallen viele dieser transaktionalen Aufgaben der HR-Abteilung weg.

Auch die Gestaltung von Prozessen, so dass die gleichen Daten nur einmal eingegeben werden müssen, bringt große Vorteile mit sich. Häufig stellen wir fest, dass die gleichen Personaldaten an verschiedenen Stellen im Unternehmen in unterschiedliche Systeme eingegeben werden. Es ließen sich noch viele Praxisbeispiele dafür anführen, dass sich durch Automatisierung und Konsolidierung der Systeme und Prozesse große Vorteile in Bezug auf Kosten, kürzere Durchlaufzeiten und bessere Services erzielen lassen.

Bündelung von HR-Prozessen

Der Einsatz von HR-IT-Lösungen ermöglicht umfassende Bündelung der Prozesse und Nutzung von Skaleneffekten. Dank der Online- und Echtzeit-Transaktionen sowie der Verfügbarkeit von Informationen und Infrastruktur lassen sich Aufgaben effizienter und an einer begrenzten Zahl zentraler Standorte gebündelt durchführen. Die Informationstechnologie unterstützt den Aufbau von Shared Services oder Kompetenzzentren. Fragen und Unterstützungsanfragen im HRM werden über das Portal an einen zentralen Standort gelenkt. Die Bündelung von Fragen und Unterstützungsangeboten auf eine begrenzte Anzahl von Standorten ermöglicht Skaleneffekte, konstantere Bearbeitungsqualität, besseres Management der Auslastung – insbesondere in Spitzenzeiten – und erleichtert bei Krankheit oder Abwesenheit von HR-Mitarbeitern den Einsatz von Ersatzkräften. Die Kostenvorteile, die HR Shared Services bewirken können, liegen zwischen 20 und 45 %.[3] Eine von PA im Jahr 2006 durchgeführte Untersuchung belegte, dass die meisten Unternehmen durch Shared Services Einspareffekte von 10 bis 25 % realisieren. Durch die Bündelung von Kenntnissen und Erfahrungen steigert sich außerdem die Qualität der Prozessabläufe. Ein Spezialist, der täglich 30 Fragen zum Thema Arbeitsbedingungen behandelt, entwickelt durch die regelmäßige Auseinandersetzung mit dem Thema viel mehr Kompetenz als jemand, der monatlich nur eine oder wenige Fragen zu diesem Thema beantwortet.

Bessere Nutzung preisgünstigeren, externen Know-hows

Über das Internet können die HR-Dienste von Dritten direkt genutzt werden. Daraus ergeben sich qualitative und quantitative Vorteile. Durch die Möglichkeit, die Dienste von Dritten direkt in die eigenen Prozesse zu integrieren, lassen sich Kosten interner und externer HR-Unterstützung kontinuierlich vergleichen. Das externe Know-how lässt sich nutzen, indem es mit den eigenen Syste-

---

3   Dieser Abschnitt ist eine Erweiterung und Bearbeitung des im Jahre 2002 erschienenen Kapitels im Buch »Essays over de essenties van e-business« unter der Redaktion von J.J.L.Lourens, N.E.M. Stet und E.P.N. Kock (Ten Hagen en Stam).

men verknüpft wird oder indem Prozesse an Dritte delegiert werden. Beide Möglichkeiten bewirken erhöhtes Kostenbewusstsein und niedrigere Kosten. Obwohl einige internationale Großkonzerne HR-Aufgaben an Dritte auslagern, zeigt unsere Untersuchung, dass die Befragten für die kommenden Jahre nur begrenzte Auslagerungen dieser Aufgaben an externe Firmen erwarten. Auch die von uns befragten Führungskräfte teilen im Allgemeinen diese Ansicht.

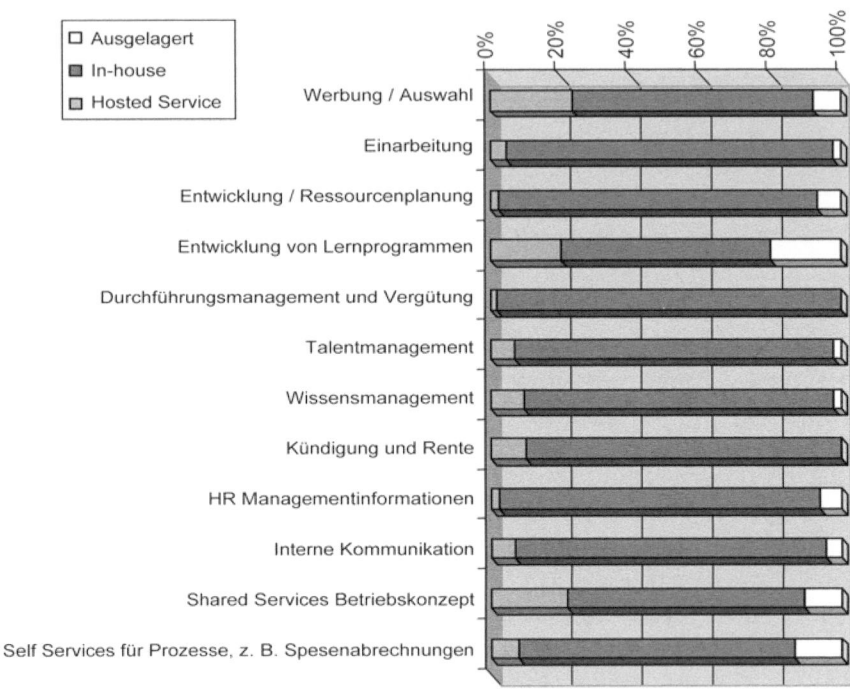

Abb. 2.8: Wer wird welche HR-Aufgaben wahrnehmen?

2.2.3 Das Linienmanagement besser in die Lage versetzen, seine Aufgaben im Personalmanagement wahrzunehmen[4]

Einer der Treiber zur Neugestaltung von HR-Prozessen ist der Wunsch, Linienmanager stärker in das Personalmanagement ihrer Mitarbeiter einzubinden. In vielen Unternehmen ist der Linienmanager zwar formal für die Durchführung des Personalmanagements verantwortlich, in der Praxis kommen jedoch viele Aufgaben in diesem Bereich zu kurz. Die Einführung der genannten Prozesse leitet eine Grundsatzdiskussion über die Rolle des Linienmanagers im HRM ein. Viele Linienmanager betrachten das HRM als zeitraubenden Prozess, der sie von ihrer *eigentlichen Arbeit* abhält. »Mir ist es lieber, wenn sich meine Manager stär-

---

4 Dieser Abschnitt enthält verschiedene Zitate aus einem bereits erschienenen Buch von J.J.L. Lourens, N.E.M. Stet und E.P.N. Kock (Red.), Essays over de essenties van e-business, Ten Hagen & Stam, Den Haag, 2002.

ker um unsere Kunden kümmern, als mehr Zeit für das Personalmanagement aufzuwenden«, seufzte ein Spitzenmanager einer großen Bank während einer Diskussion über die Gestaltung des Personalmanagements. HR-IT-Lösungen können dabei helfen, Prozesse so zu vereinfachen, dass Linienmanager ihre Aufgaben leichter und schneller erledigen können. Die meisten der von uns Befragten sehen einen kritischen Erfolgsfaktor für den Einsatz von HR-IT-Systemen in der tatsächlichen Übernahme von HR-Verantwortung durch Linienmanager. Hier sei eine grundlegende Kulturveränderung notwendig.

HR-IT-Anwendungen können den Zeitaufwand senken, der für die Koordinierung des Personalmanagements notwendig ist. Elektronische Hilfsmittel können Verfahren automatisch in Gang setzen und überwachen, Beteiligte informieren und kontrollieren, ob Aufgaben erfüllt wurden, und die Betroffenen daran erinnern, ihre Aufgaben zu erfüllen. So kann beispielsweise der bislang zeitraubende Beurteilungsprozess mit HR-IT-Lösungen unterstützt werden. Alle Mitarbeiter erhalten dann vor Beginn der webbasierten Beurteilungsrunde automatisch ein elektronisches Formular, das sie ausgefüllt zurücksenden. Erfolgt diese Rücksendung nicht, werden sie automatisch daran erinnert. Die ausgefüllten Formulare erreichen anschließend den Linienmanager, der seine Sicht auf die Leistungen und das Maß an Kompetenz und Entwicklungspotenzial formuliert. Außerdem erhält der Linienmanager automatisch alle für die Beurteilung relevanten Informationen: Beurteilungen durch Kunden, Kollegen und Mitarbeiter, Daten über Umsatz und Produktivitätsziele, usw. Nachdem der Linienmanager seine Angaben ausgefüllt hat, werden alle Daten automatisch auf Abteilungs- und Geschäftsbereichsebene konsolidiert, um die Konsistenz der Beurteilungen (wird überall mit demselben Maß gemessen?) zu prüfen. Anschließend ist online und in Echtzeit ein Überblick über den aktuellen Stand der Dinge im Beurteilungsprozess abrufbar. (Wer wurde noch nicht beurteilt? Wer hat noch kein Feedback gegeben? Welche Daten fehlen noch? usw.).

Mit HR-IT-Anwendungen können Führungskräfte zu jedem von ihnen gewünschten Zeitpunkt die HR-Informationen abrufen, die sie brauchen. Mit HR-Daten stehen den Führungskräften die für sie relevanten Informationen online und in Echtzeit in der von ihnen gewünschten Form und Zusammensetzung im Intranet zur Verfügung. Dabei kann es sich um Informationen (konsolidiert oder nicht) aus der Personal- und/oder Lohnadministration, um Lebensläufe, Daten über die Verfügbarkeit von Mitarbeitern, Formulare oder um Informationen über HR-Verfahren und/oder Prozesse handeln. Wichtig ist nur, diese Informationen so anzubieten, dass sie schnell und mühelos zur Verfügung stehen. Obwohl viele Systeme diese Voraussetzung technisch erfüllen, wird häufig über benutzerunfreundliche Art der Informationsbeschaffung geklagt. Entlang der Benutzerwünsche sollten die angebotenen Informationen daher gut vorstrukturiert werden, so dass sie mit wenigen Mausklicks sichtbar werden oder sich auch herunterladen lassen. Wenn Informationen in einem Portal übersichtlich nach Themen geordnet und auf verschiedenen Ebenen geclustert werden, lässt sich ein benutzerfreundliches HR-Kompetenzmanagementsystem schaffen.

2.2.4 Mitarbeitern mehr Verantwortung für ihre eigene Arbeit, ihr Einkommen, ihre Entwicklung und Karriere geben[5]

Aus Gründen der organisatorischen, rechtlichen und finanziellen Beherrschbarkeit und zur Vermeidung von Willkür wurden HR-Prozesse in der Vergangenheit häufig so strukturiert, dass die Regelungen für alle gleich waren. In vielen Unternehmen ist dadurch ein solides, aber auch massives und normatives System an HR-Regelungen und HR-Verfahren entstanden, das viele Führungskräfte und Mitarbeiter nicht zu Unrecht als zu stark regulierend und bevormundend charakterisieren. Auf diese Weise wird es schwierig, auf die besonderen individuellen Anforderungen, Wünsche und Bedürfnisse einzugehen.

Aus diesem Grund sehen viele Unternehmen HR-IT-Anwendungen als wichtiges Mittel für das *Empowerment* der Mitarbeiter. Mitarbeiter werden unabhängiger von ihren Vorgesetzten und Arbeitgebern und erhalten eine größere Gestaltungsfreiheit in Bezug auf ihre Arbeit, Entwicklung, Karriere, Einsetzbarkeit und ihr Einkommen. In nahezu allen von uns befragten Unternehmen ist der Wunsch, Mitarbeiter mit einer größeren Verantwortung auszustatten, ein wichtiges Argument für den Einsatz von HR-IT-Anwendungen. Für diesen Einsatz gibt es zahlreiche Möglichkeiten. Die e-Technologie bietet Mitarbeitern direkten Zugang zu allen Einrichtungen, die sie für ihre Arbeit und Entwicklung benötigen. Durch diese Technologie können die Bedürfnisse bestimmter Zielgruppen im Unternehmen erhoben, gebündelt und (ggf. personalisiert) gezielt den betreffenden Personen zur Verfügung gestellt werden.

Ein Beispiel ist das Knowledge Net der PA Consulting Group (Abb. 2.9). In diesem Portal finden die Berater und Manager von PA nahezu alle Informationen, die sie für die Ausübung ihrer Funktion benötigen. Außerdem haben sie Zugriff auf Manager- und Employee Self Services. So können sie beispielsweise ausstehende Angebote und Projekte, Best Practices in einem bestimmten Bereich, Zielsetzungen und Leistungen ihrer Abteilung und von sich selbst sowie Verfahren und Vorgehensweisen einsehen. Ferner können die Mitarbeiter selbst über dieses Portal ihre persönlichen Daten und ihren Lebenslauf regelmäßig aktualisieren. Manche Unternehmen bieten eine Career Development Site an, auf der Mitarbeiter spezielle Informationen über Karrieremöglichkeiten und Karrierepolitik finden und verschiedene Laufbahn-, Persönlichkeits- und Eignungstests durchführen können, um ein Bild zu erhalten, wie sie ihre Laufbahn weiter gestalten können.

---

5   Dieser Abschnitt enthält verschiedene Zitate aus einem bereits erschienenen Buch von J.J.L. Lourens, N.E.M. Stet und E.P.N. Kock (Red.), *Essays over de essenties van e-business*, Ten Hagen & Stam, Den Haag, 2002.

So konnten Mitarbeiter in einem Unternehmen bei einer einschneidenden Umstrukturierung anhand verschiedener Fragebögen untersuchen, ob sie noch ausreichend *employable* waren (einerseits aus der Notwendigkeit heraus, schnell eine neue Stelle zu finden, andererseits vor dem Hintergrund ihrer Erfahrungen, Kompetenzen und persönlichen Lage). Anhand der Ergebnisse dieses Scans konnten sie sich auf elektronischem Wege für eines der drei angebotenen, Einsatzfähigkeit fördernden Coachingprogramme anmelden.

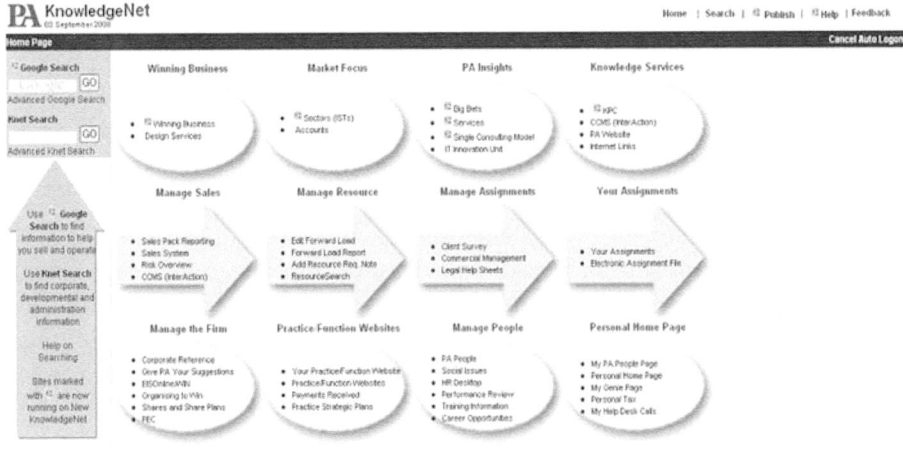

Abb. 2.9: Knowledge Net

Durch gezielte E-Learningprogramme über das Web können Mitarbeiter zu jedem gewünschten Zeitpunkt an Schulungsprogrammen teilnehmen, und zwar bestmöglich an ihrer täglichen Arbeitssituation ausgerichtet. Mit Einstufungstests können sie auf das individuelle Niveau und den individuellen Bedarf des Mitarbeiters abgestimmt werden. Dabei können Kompetenzbeurteilungssysteme eingesetzt werden, die auch in Mitarbeiter- und Laufbahngesprächen Verwendung finden. Anhand von Abschlusstests lässt sich gezielt prüfen, ob das Gelernte das gewünschte Niveau erreicht hat oder ob bestimmte Abschnitte des Lernstoffs wiederholt werden müssen. Durch die Vorbereitung auf Schulungsprogramme in realen Klassen mit E-Learningprogrammen lässt sich die Effektivität der Präsenztrainings erheblich erhöhen, da alle über das gewünschte Einstiegsniveau verfügen. Vor allem die Kombination physischen und virtuellen Lernens (*blended learning*) ermöglicht die Entwicklung didaktisch überaus fundierter Programme, die gute Ergebnisse erzielen. E-Learning senkt außerdem die Anzahl und Dauer der Schulungssitzungen. Die Theorie wurde bereits virtuell behandelt, die Gruppensitzungen dienen der Verarbeitung, Vertiefung und praktischen Einübung dieser Theorie. Darüber hinaus entsteht durch die E-Learning-Technologie die Möglichkeit, in virtuellen Gruppen zu arbeiten, so dass sich auch Fahrt- und Aufenthaltskosten sowie die Kosten für Dozenten (die ihre Lehrinhalte nur einmal anbieten müssen) reduzieren lassen. Dank der Integration des E-Learnings in das Portal können Mitarbeiter Entscheidungen treffen und sich selbst anmelden. So steht in zahlreichen Unternehmen das gesamte Schulungspaket im Intranet, die Mitarbeiter können Schulungen online buchen. Im Falle großer Schulungsvolumen können Trainingsmanagementsysteme erwogen werden, die den gesamten Lernprozess vom Einstufungstest bis zur Anmeldung und Schulungsbuchhaltung übernehmen.

Der Wunsch, bei der Entlohnung auf individuelle Bedürfnisse und Situation der Mitarbeiter einzugehen, würde sich ohne Einsatz von HR-IT-Lösungen nicht realisieren lassen. Insbesondere administrativ aufwendige Systeme wie ein *Cafeteria-System*, bei dem die Mitarbeiter verschiedene Leistungen entsprechend ihrer eigenen Lebensumstände und Bedürfnisse kombinieren und gegeneinander austauschen können, wird durch den Einsatz neuer Systeme erst effizient realisierbar. Es ist nahezu unmöglich, eine große Anzahl Mitarbeiter auf die herkömmliche Weise ausreichend über diese Tauschoptionen zu informieren, ihnen Einblicke in die Folgen ihrer Entscheidungen zu vermitteln, und die Entscheidungen dann adäquat in der Administration zu verarbeiten. Web-basierte Anwendungen ermöglichen es den Mitarbeitern, an einem von ihnen gewählten Zeitpunkt und Ort Alternativen zu durchdenken, durchzurechnen und schließlich eine fundierte Entscheidung zu treffen.

2.3 Was bedeutet die Anwendung von HR-IT konkret? Welche Schwierigkeiten und Fragen entstehen dadurch?

Die bisherigen Ausführungen zeigen, dass umfassender Einsatz von HR-IT-Anwendungen eine wesentliche Veränderung der Organisation, Verfahrensweisen und Prozesse im Personalmanagement mit sich bringt. Einige Unternehmen führen sie schnell und ohne allzu große Probleme ein. In den meisten Unternehmen führen die Konsequenzen einer Implementierung jedoch sowohl in der HR-Organisation als auch im Linienmanagement zu heftigen, bisweilen emotionalen Diskussionen. Oft wird dann der Beschluss gefasst, vorläufig auf die Einführung eines HR-IT-Systems zu verzichten. In diesem Abschnitt werden wir die wichtigsten Fragen und Herausforderungen in Bezug auf Linienmanagement, Mitarbeiter, HR-Abteilung und HR-Prozesse, HR-IT-System und Finanzierung eines HR-IT-Projekts behandeln.

2.3.1 Fragen und Herausforderungen für das Linien-management

HR-IT-Lösungen versetzen Führungskräfte in die Lage, die Aufgaben im Perso-nalmanagement besser und schneller wahrzunehmen. Die Praxis zeigt, dass Füh-rungskräfte dies zwar schätzen, aber auch befürchten, sie würden mit zusätzli-chen Aufgaben belastet, die sie bis dahin nicht erfüllen mussten, oder sie müssten plötzlich Aufgaben erfüllen, die zwar zu ihrem Tätigkeitsbereich gehören, die sie aber bislang nicht in die Praxis umsetzten. Tracking- und Tracingsysteme kön-nen nämlich viel besser kontrollieren, ob und wie Manager ihre HR-Aufgaben wahrnehmen. Damit entfällt die Unverbindlichkeit, mit denen Führungskräfte häufig die HR-Prozesse in vielen Unternehmen betrachten. Die Diskussion, die sich dann in vielen Unternehmen, die mit HR-IT-Anwendungen arbeiten wol-len, entzündet, geht nicht so sehr darum, ob Führungskräfte mehr HRM-Aufga-ben übernehmen müssen, sondern darum, ob sie bereit sind, die Aufgaben zu übernehmen, die sie eigentlich ohnehin übernehmen müssten.

Von den im Rahmen der PA Untersuchung Befragten sagten 56 %, dass der Ein-satz von HR-IT-Lösungen bei ihnen nicht oder nur in geringem Maß zu einer Zeiteinsparung für das Linienmanagement geführt hat (Abb. 2.10). Längst nicht alle Linienmanager sind von größerer Entfernung zu HRM und Digitalisierung der HR-Unterstützung begeistert. Viele von ihnen hätten ihren HR-Berater gern nach wie vor *in der Nähe*, da er häufig als Sparringspartner für die vielen opera-tiven Fragen fungiert, die täglich im HRM zu lösen sind.

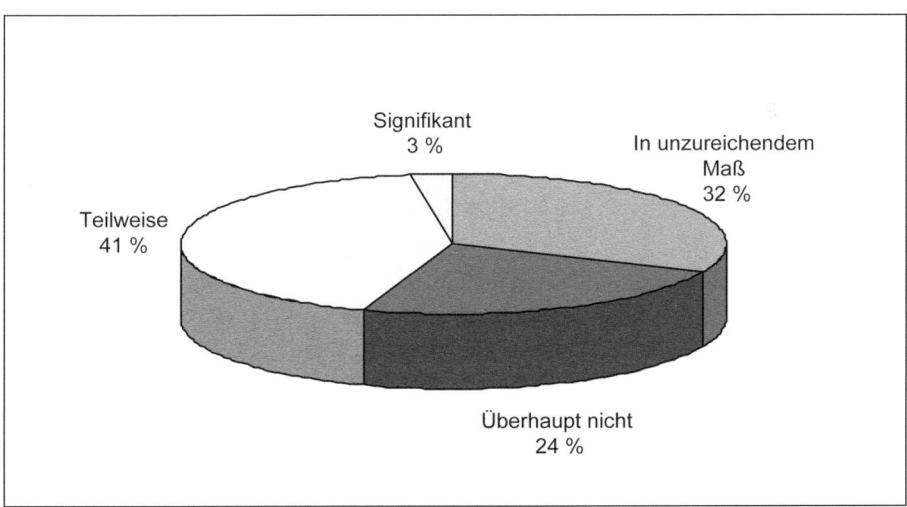

Abb. 2.10: Hat der Einsatz von HR-IT zu Zeiteinsparungen für das Linien-management geführt?

2.3.2 Fragen und Herausforderungen für die Mitarbeiter

Durch die Möglichkeit, über das Intranet Zugriff auf unterschiedliche Quellen von Know-how und Informationen zu erhalten, werden die Mitarbeiter für ihre HR-Fragen immer unabhängiger von anderen. Zahlreiche Interviews haben jedoch gezeigt, dass dies auch Probleme hervorruft und in einigen Unternehmen zu heftigen Diskussionen führt: Wo liegen die Grenzen der Offenheit? Wollen wir überhaupt, dass alle Mitarbeiter in einem Unternehmen Einblick in alle freien Stellen und Informationen erhalten, schränkt dies nicht den Handlungsspielraum des Managements zu stark ein? Führt dies möglicherweise zu unkontrollierbaren Personalbewegungen im Unternehmen? Rufen die Möglichkeiten für Mitarbeiter, selbständig HR-Aspekte zu behandeln, nicht viele neue Unterstützungsanfragen hervor? Wissen die Mitarbeiter später womöglich mehr über das HRM als ihre Vorgesetzten? Was sind die Folgen für Führungskräfte in Mitarbeiter- und Laufbahngesprächen, wenn sich Mitarbeiter mit Hilfe von Evaluationen optimal vorbereitet haben?

Wie geben wir allen die gleichen Zugriffsmöglichkeiten zum System? In Unternehmen, in denen die Mitarbeiter dauerhaft am PC sitzen und in denen Intra- und Internet intensiv genutzt werden (Banken, Versicherungsgesellschaften, IT- und Beratungsfirmen) ist es leichter, den Mitarbeitern den Zugang zu bieten als in Unternehmen, in denen große Gruppen von Mitarbeitern nicht über einen eigenen PC oder ein Laptop verfügen. In diesem letzten Fall könnten die Mitarbeiter dann in Form einiger speziell dafür in der Abteilung aufgestellter PCs technisch relativ einfach die Möglichkeit erhalten, ins Netz zu gehen.

Wie garantieren wir ausreichenden Schutz der Privatsphäre? Die von uns befragten Personen betonen, wie wichtig es ist, dass die Mitarbeiter ihre Daten ungestört und vor fremden Blicken geschützt eingeben oder abrufen können. Wenn Kollegen mitlesen können, sinkt die Bereitschaft, sich im Intranet mit Fragen wie Bewerbungen, Karriereplänen und Arbeitsbedingungen auseinanderzusetzen. Daher ist in vielen Fällen der Zugriff auf diese Anwendungen von zu Hause aus wünschenswert. Alle von uns befragten Unternehmen streben eine solche Lösung an, in einigen Fällen sind allerdings bestimmte Sicherheitsfragen noch nicht geklärt.

Wann dürfen sich Mitarbeiter mit diesen Fragen beschäftigen und wie viel Zeit dürfen sie darin investieren? Kann jeder nach eigenem Gutdünken zu jedem beliebigen Zeitpunkt das tun, was er möchte, oder müssen dazu klare Regeln vereinbart werden? Passt das in den Rahmen der Arbeitszeit oder müssen die Mitarbeiter dafür einen Teil ihrer Freizeit opfern?

2.3.3 Fragen und Herausforderungen für das HRM

Der Einsatz von HR-IT-Konzepten hat auch direkte Folgen für Organisation und Aufgabenerfüllung der HR-Abteilung. In vielen der von PA befragten Unternehmen ist HRM sehr dezentral organisiert oder besteht aus verschiedenen (Business) Units. In der Praxis existieren sie in vielen großen Unternehmen als vollständige Organisationseinheiten nebeneinander, und zwar sowohl im buchstäblichen (man kennt einander nicht persönlich) als auch im übertragenen Sinn (man kennt die Prioritäten, Politik und Arbeitsweisen der anderen nicht). Häufig sind diese Bereiche für die Durchführung des Personalmanagements selbständig und haben im Personalmanagement eigene Prozesse entwickelt, die untereinander sehr unterschiedlich sind und von einer Vielzahl von (Einzel)Systemen unterstützt werden. In vielen Fällen zeigen sich auch Unterschiede in Qualität und Format der gespeicherten Basisinformationen im Personalmanagement.

Die Einführung von HR-IT-Systemen bewirkt eine Standardisierung der Prozesse und führt zu Diskussionen über die Bereitschaft, die eigenen Vorgehensweisen und Vorlieben aufzugeben. Damit diese Diskussion fruchtbar wird, muss die Anwendung von HR-IT-Lösungen zu einem guten Business Case führen (Vision für das Ergebnis einschließlich realistischer Einschätzung der Kosten und zu erzielender Vorteile). Das reicht allerdings noch nicht aus. Häufig beherrschen nämlich nicht rationale, sondern emotionale Argumente und Beweggründe solche Diskussionen, und zwar sowohl beim dezentralen Business Management als auch bei den dezentralen HR-Abteilungen.

Eng mit der Herausforderung der Standardisierung verknüpft ist der Umstand, dass sich durch die Einführung eines HR-IT-Systems Prozesse weitgehend in Form von Shared Services bündeln lassen. Diese Tendenz zur Bündelung kann beim Business Management und der HR-Abteilung viel Widerstand hervorrufen. Weil sie einen Teil ihrer Aufgaben einem Shared Services Center überlassen müssen, werden einige HR-Manager dies als Verlust in der Breite ihres Verantwortungsbereichs erfahren, wodurch ihre Position an Attraktivität verliert – oder sie haben sogar (berechtigte) Angst vor dem Verlust ihres Arbeitsplatzes. Die Bildung von HR Shared Services Centern wird darüber hinaus von dezentralen Einheiten häufig als Kontrollverlust über das eigene HRM angesehen – trotz der Tatsache, dass sich viele Konstruktionen finden lassen, die garantieren, dass die dezentrale Einheit weiterhin das Ruder in der Hand hält (Service Level Agreements, Service Control Board, HR Business-Partner).

Die Senkung von Transaktionskosten durch die Einführung von Manager und Employee Self Service-Applikationen ist ein weiteres Thema mit Gesprächsstoff. Die inhaltliche Diskussion bezieht sich auf die Befürchtung, dass die Qualität der Administration darunter leidet. Wie gewährleisten wir, dass Führungskräfte und Mitarbeiter rechtzeitig die richtigen Daten eingeben? Wie verhindern wir Manipulationen der Daten? Wer ist für die Folgen falscher oder verspäteter Eingaben verantwortlich? Wer überwacht die Integrität der eingegebenen Daten?

2.3.4 Fragen und Herausforderungen für das System

Die meisten dezentral organisierten Unternehmen haben keine gemeinsame Vision für ihr HRM und ihre HR-IT-Landschaft – jeder hat eigene Prioritäten. Dies zeigt sich in der Palette der eingesetzten HR-IT-Systeme. In vielen Unternehmen ähneln die Anwendungen im HRM einem Flickenteppich. Da es in einzelnen Unternehmensbereichen zumeist keine integrale HR-IT-Vision gibt, sind die am häufigsten verwendeten HR-Anwendungen *point solutions*, also Anwendungen mit begrenzter Funktionalität zur Lösung eines *isolierten* Problems. Die meisten Großkonzerne verfügen über eine ganze Liste dieser Anwendungen. Das ist per se noch kein Problem, da sich auf diese Weise konkrete operative Probleme lösen lassen. Leider zeigt aber die Praxis, dass die Benutzer diese Einzellösungen nicht gern gegen andere HR-IT-Anwendungen eintauschen oder viele der jetzigen Funktionalitäten auch in den neuen Systemen sehen möchten. Bis auf wenige Ausnahmen entsteht ihre Legitimität nicht durch die Einzigartigkeit der dezentralen HR-Prozesse, die so unterschiedlich nicht sind. Die wahren Gründe dafür, das eigene System nicht aufgeben zu wollen, liegen im gefühlten Verlust von Eigenheit und Selbständigkeit.

Diese Diskussion kehrt bei der Beantwortung der Frage zurück, ob ein HR-ERP Paket (das auch andere Unternehmensfunktionen unterstützt) oder ein Set mit HR *point solutions* (die mit Portaltechnologie und Schnittstellen miteinander verbunden werden) angeschafft werden soll. ERP-Pakete haben einen deutlich standardisierten und vereinheitlichten Charakter – eine Eigenschaft, die vor allem in dezentral strukturierten Unternehmen zu Widerstand führt. Die Arbeit mit mehreren Paketen ist oft der letzte Strohhalm, an den man sich klammert, um die eigenen Pakete zu erhalten und die eigene Arbeitsweise nicht aufgeben zu müssen.

Ein weiterer Diskussionsschwerpunkt ist die Frage, inwieweit ein eventuell anzuschaffendes ERP-System oder ein begrenztes HR-Paket an die spezifischen (dezentralen) Unternehmenswünsche angepasst werden muss (Customization). Selbstverständlich erzielt man mit Maßarbeit bessere Übereinstimmung mit den Anforderungen und Wünschen der Benutzer. Dem steht allerdings die Frage gegenüber, ob die Erfüllung der meisten Wünsche noch im Verhältnis zu den Entwicklungs-, Verwaltungs- und Wartungskosten steht. Damit hängt auch die Frage zusammen, welche Anforderungen der Gesetzgeber in den verschiedenen Ländern an die Verwaltung von persönlichen und anderen Daten stellt.

Die Untersuchung von PA hat ergeben, dass der Großteil der Befragten eine unternehmensspezifische Anpassung für das Unternehmen als Ganzes nicht oder nur in begrenztem Maße anstrebte. Weniger als ein Viertel der Befragten führte spezifische Anpassungen pro Geschäftsbereich durch. Das restliche Viertel passte die Standardpakete stark an den eigenen Bedarf an (Abb. 2.11).

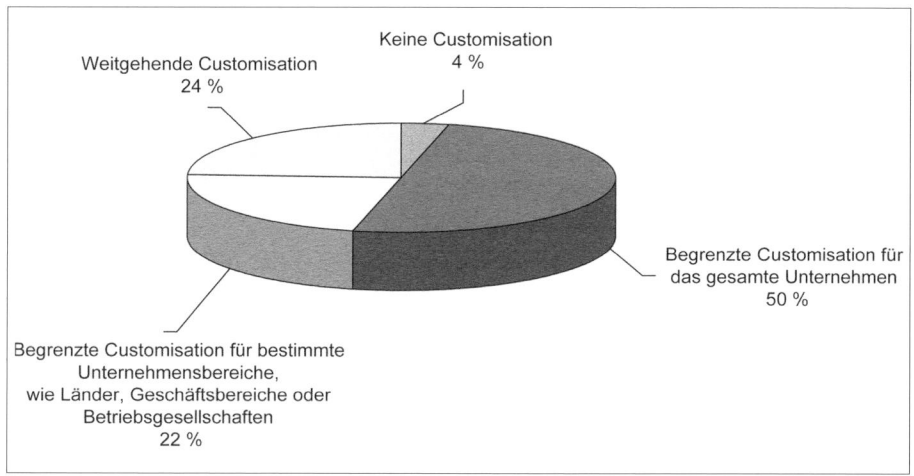

Abb. 2.11: Inwieweit wünschen Sie Customisation?

2.3.5 Finanzielle Fragen und Herausforderungen

Der entscheidende Faktor für die Einführung neuer HR-Vorgehensweisen und Systeme ist selbstverständlich die Frage nach den finanziellen Folgen. Rund 80 % der Befragten in der PA Studie gab an, dass nur ein kleiner Teil (0-15 %) des HR-Budgets für HR-IT-Initiativen reserviert ist. Für strukturelle Investitionen in HR-IT-Lösungen müssen daher zusätzliche Finanzquellen aufgetan werden. Diese werden nur dann fließen, wenn sich ein positiver Business Case ergibt. Für 69 % der Befragten stellt der Zugang zu diesen Mitteln ein großes Hindernis bei der Implementierung von HR-IT-Lösungen dar. Auf der Gesamtkalkulation im Business Case steht einerseits der für HR-IT-Systeme benötigte Investitionsaufwand. Im Allgemeinen setzt sich dieser aus Hardware und aus Kosten für Infrastruktur (Server, Arbeitsstationen, Kabel), Kosten für Softwarelizenzen und Kosten für Transition und Implementierung (einschließlich des Redesigns und der Implementierung neuer Prozesse und Schulungen für die Benutzer) sowie Kosten für unternehmensspezifische Anpassung zusammen, ggf. kommen Kosten für nötige Schnittstellen mit anderen Systemen hinzu. Die andere Seite der Gesamtkalkulation weist die Erträge aus. Diese können in Einsparungen bei der HR-Funktion oder bei der Wartung und Verwaltung der derzeitigen Systeme, in einem höheren Mehrwert für das Business und in Einsparungen liegen, die sich aus der neuen Vorgehensweise ergeben (beispielsweise Synergievorteile infolge gemeinsamen Einkaufs von Diensten Dritter). Ein Großteil sowohl der Kosten als auch der Erträge hängt nicht direkt mit HR-IT-Anwendungen zusammen, sondern bezieht sich auf die neue Vorgehensweise (Organisation und Prozesse).

Vor allem in dezentral strukturierten Unternehmen stellt sich die Frage, wer die Investitionen übernimmt und wer von den Einsparungen profitiert. Hier können sich merkwürdige Konstellationen ergeben. Welcher Unternehmensbereich, welcher Geschäftsbereich, welches Land wird oder muss die meisten Einsparungen vornehmen? Wer profitiert am meisten? Es ist gut möglich, dass die Gesamtsumme der Kosten und Erträge für den Konzern insgesamt positiv ist, aber dies nicht für alle Unternehmensbereiche gilt. Wie verteilen sich dann die Kosten und Erträge so, dass jeder bereit ist, seinen finanziellen Beitrag zu leisten?

Die Frage der Verteilung der Kosten und Erträge beschäftigt zumeist jedoch nicht nur die HR-Funktion selbst, sondern auch die Führungsetage des Konzerns. Sind wir bereit, uns für das allgemeine Interesse zu entscheiden oder lassen wir den geschäftsbereichsspezifischen Vorteilen den Vorzug? Das Problem bei dieser Frage ist, dass für umfangreiche HR-IT-Investitionen häufig ein Finanzrahmen notwendig ist, der den Umfang eines oder mehrerer Geschäftsbereiche übersteigt, während sich diese Investitionen erst lohnen, wenn die Systeme flächendeckend eingesetzt werden. Nur dann lassen sich Synergievorteile erzielen (wie beispielsweise Shared Services), die im Verhältnis zu den Investitionen stehen. Die dezentralen Einheiten sind also bei den Investitionen und der Nutzung der Vorteile aufeinander angewiesen. Diese gegenseitige Abhängigkeit kann selbstverständlich auch eine wirksame Waffe im politischen Prozess sein.

2.4 Wie setze ich HR-IT-Lösungen optimal ein?

Die Untersuchung, aber auch Praxiserfahrungen von PA haben ergeben, dass viele Unternehmen bei Auswahl und Implementierung der geeignetsten HR-IT-Lösung nicht sorgfältig genug vorgehen. Entscheidungen in diesem Zusammenhang hängen häufig von den Möglichkeiten eines Pakets und der Empfehlung von Lieferanten ab. Nur 40 % der Befragten haben im Vorfeld die Systemanforderungen scharf definiert, die Kosten präzise erhoben, die Auswirkungen auf ihre Prozesse untersucht und sich nach Maßnahmen und Erfahrungen anderer Unternehmen erkundigt.

Die Implementierung von HR-IT-Systemen ist ein komplexer Vorgang. Einerseits müssen die richtigen inhaltlichen Entscheidungen getroffen werden. Viel schwieriger ist jedoch die Schaffung ausreichender Akzeptanz für die neuen Vorgehensweisen, die das gewählte System mit sich bringt. Beide Aspekte müssen daher in einem integrierten Vorgehen zur Sprache kommen. Im Vordergrund steht die Frage, in welcher Weise der zu durchlaufende Prozess Akzeptanz und Commitment für die gewählte Lösung schafft und wie Widerstände rechtzeitig erkannt und ausgeräumt werden.

In der Beratungspraxis von PA haben wir ein Vorgehen entwickelt, das sich in politisch komplizierten Situationen bei großen (multinationalen) Unternehmen bewährt hat (Abb. 2.12).

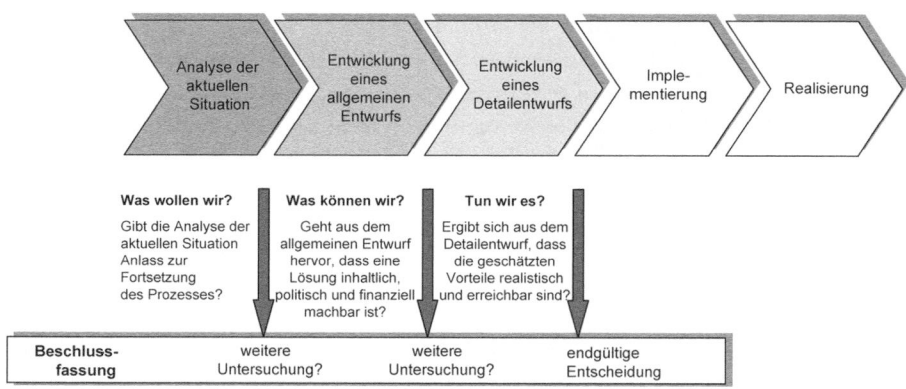

Abb. 2.12: Vorgehen zum Einsatz von HR-IT-Lösungen

2.4.1 Analyse der aktuellen Situation

Am Ende dieser Phase soll ein realistisches Bild der aktuellen Situation vorliegen, einschließlich einer Einschätzung des Verbesserungspotenzials, das sich durch umfassenderen oder besseren Einsatz von HR-IT-Lösungen erzielen lässt. In Phase 1 lassen sich die in Abbildung 2.13 aufgeführten Maßnahmen unterscheiden.

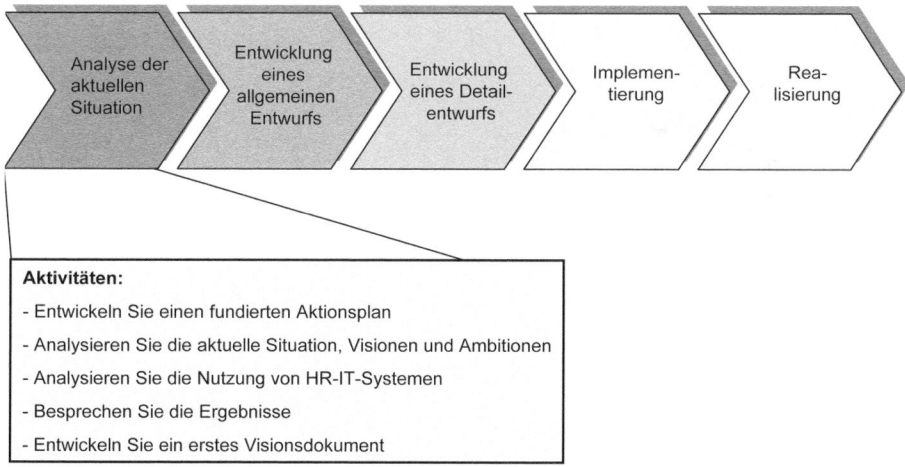

Abb. 2.13: Maßnahmen zur Analyse der aktuellen Situation

Entwickeln Sie einen fundierten Aktionsplan

Viele Unternehmen können nicht ohne weiteres mit einer Analyse beginnen. Dort muss zunächst Übereinstimmung über Ziel und Umfang der Untersuchung erreicht werden. Die Entwicklung eines fundierten Aktionsplans ist nur scheinbar eine Selbstverständlichkeit. In der Praxis zeigt sich, dass die Erstellung eines solchen Plans gar nicht so leicht ist. Schon allein die Frage, ob es sinnvoll wäre, über besseren oder intensiveren Einsatz von HR-IT-Lösungen nachzudenken, führt in vielen dezentral organisierten Unternehmen zu heftigen Diskussionen. Beeinflussen die neuen Systeme die gewohnte Art des Arbeitens? Werden Wünsche ausreichend berücksichtigt? Muss ich bestehende Systeme aufgeben? Gibt es im Prozess ausreichend Entscheidungspunkte, den Prozess abzubrechen oder fortzusetzen?

In vielen Unternehmen erfolgt die Berichterstattung der HR-Manager von Geschäftsbereichen in hierarchischer Form an das Linienmanagement dieses Bereichs. Der HR-Leiter im Konzern sorgt dann für die funktionale Koordination. Wie ein Politiker muss er versuchen, die gemeinsamen Interessen zu formulieren, die Zustimmung aller dafür zu erhalten, und er muss die Bereitschaft generieren, diese Interessen auch wirklich durchzusetzen. In der Praxis kann dieser Prozess Monate dauern, während eher zentral organisierte Unternehmen viel schneller Konzepte für neue Vorgehensweisen entwickeln, sie in praktische Modelle und Systemanforderungen umsetzen und schließlich auch implementieren. In der Praxis lassen sich drei Situationen unterscheiden.

- Das Unternehmen ist in der Lage, den Kurs relativ zentral zu formulieren und Unternehmensbereiche zu beeinflussen. Es wird ein deutlicher Business Case mit klar definierten qualitativen und quantitativen Vorteilen erstellt. Die zentrale Organisation finanziert das Projekt oder finanziert es zumindest vor. Solche Unternehmen schaffen in relativ kurzer Zeit den Wechsel zu einer neuen Vorgehensweise und damit einhergehenden Vorteilen.

- Das Unternehmen findet nur nach zähem Ringen einen gemeinsamen Kurs und stößt dabei auf großen Widerstand bei den dezentralen Geschäftsbereichen. Es gibt keine zentralen Budgets für Gemeinschaftsprojekte, sondern man ist von dezentralen Beiträgen abhängig. Projekte in diesen Unternehmen benötigen lange Zeit der Entscheidungsfindung. Es wird zwar ein Business Case erstellt, aber letztlich fällt die Entscheidung eher aufgrund des politisch Machbaren statt aus funktionalen oder betriebswirtschaftlichen Gründen.

- Das Unternehmen kann nur nach zähem Ringen einen gemeinschaftlichen Kurs entwickeln, ist jedoch aufgrund der zentralen Finanzierung verschiedener Projekte in der Lage, kleine Schritte vorwärts zu gehen und tut das auch. Politisch heiklen Fragen und Entscheidungen geht man mehr oder weniger aus dem Weg – in der Hoffnung, sie mögen sich im stets fortschreitenden Veränderungsprozess abschwächen. Der Akzent liegt bei diesen Unternehmen stärker auf Qualitätsverbesserung als auf Kosteneinsparung. In vielen Fällen wird kein ausdrücklicher Business Case erstellt. Dass der Einsatz von HR-IT-Systemen Vorteile mit sich bringt, wird implizit vorausgesetzt.

In allen drei Situationen hat sich in der Praxis als vorteilhaft herausgestellt, den Prozess politisch neutral mit einer Analyse der Visionen, Wünsche und Ambitionen der Beteiligten sowie der aktuellen Vorgehensweise und den dabei eingesetzten Systemen zu beginnen. Anhand der Ergebnisse dieser Analyse zeigt sich, ob die Meinungen über den Einsatz von HR-IT-Systemen stark divergieren oder weitgehend übereinstimmen. Das Ergebnis ist dann Input für einen detaillierten Aktionsplan der nächsten Phase. In dezentral organisierten Unternehmen erleben die Beteiligten, dass sie den Prozess mit ihrem Input lenken können und er ihnen nicht aufgedrängt wird. In eher zentral organisierten Unternehmen sehen die Beteiligten, dass ihre Meinung geschätzt und im weiteren Prozess berücksichtigt wird. Um feststellen zu können, wer auf welche Weise am Prozess beteiligt werden sollte und wo für die Veränderung die größten Gefahren liegen, sollte bereits in dieser Prozessphase eine Risikoanalyse zur Veränderungsproblematik erstellt werden.

Analysieren Sie die aktuelle HR-Organisation und die Visionen und Ambitionen der Beteiligten

Anhand von Interviews und eines Scans lassen sich Visionen und Ambitionen der am Prozess beteiligten Personen erheben. Interviewpartner sind sowohl zentrale als auch dezentrale HR-Mitarbeiter und Linienmanager. Die folgenden Themen für die Interviews sind möglich:

- Für welche Aufgaben wird momentan die meiste Zeit aufgewendet?
- Was läuft gut, was läuft nicht gut? Was steht auf der Liste mit Verbesserungspunkten ganz oben?
- Wie ist die HR-Abteilung derzeit organisiert, mit wie vielen Personen?
- Inwieweit werden HR-Prozesse zurzeit von IT-Systemen unterstützt?
- Wo ist eine weitere Unterstützung erwünscht?
- Wie sieht die Vision für die HR-Funktion und die Art und Weise aus, wie diese ausgeübt werden soll?
- Welche Rollen sind für HR-Abteilung, Linienmanagement und Mitarbeiter im HRM vorgesehen? Werden diese zurzeit wie gewünscht erfüllt?
- Wie sieht die Vision für Manager und Employee Self Services aus?
- Wie sieht die Vision für Shared Services aus?

Bisweilen stellt sich heraus, dass die beteiligten HR-und Linienmanager nur wenig Vorstellung der Anwendungsmöglichkeiten von HR-IT-Systemen haben. In diesem Fall kann es von Vorteil sein, Unternehmen zu besuchen, die in diesem Bereich bereits weiter entwickelt sind. Obwohl sich dadurch zweifellos Diskussionen über die Vergleichbarkeit des Referenzunternehmens mit dem eigenen Unternehmen ergeben, fördern solche Besuche das gezielte Nachdenken über die eigenen Ambitionen. Um die Vision für die Möglichkeiten der neuen Technologie deutlicher darzustellen, setzt PA häufig den selbst entwickelten e-HR Ambition Scan ein (Abb. 2.14). Die Beteiligten erhalten einen elektronischen Fragebogen mit Aussagen im Bereich der verschiedenen HR-Prozesse.

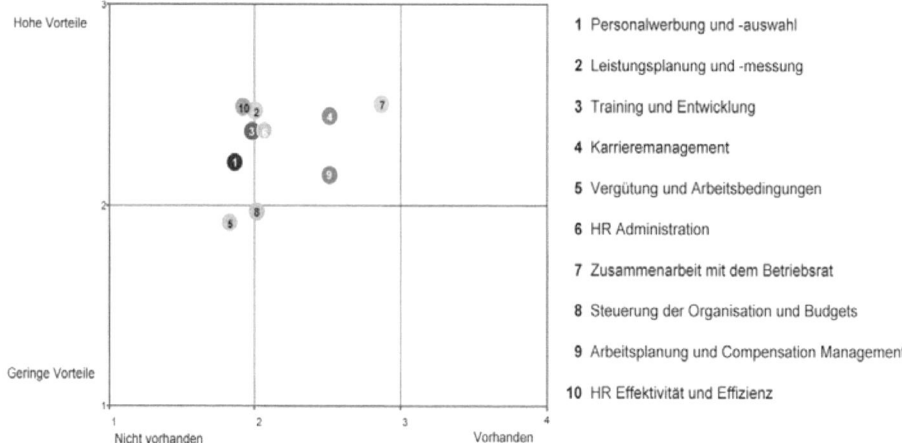

Abb. 2.14: Analyse der Meinungen des e-HR Ambition Scans

Pro Aussage geben die Beteiligten an, inwieweit diese Vorgehensweise in ihrem Unternehmen existiert und welche Vorteile diese Arbeitsweise mit sich bringen könnte. Außer einer Erhebung der Meinungen erhalten die Beteiligten durch die Beantwortung des Fragebogens auch eine gute Übersicht über die Möglichkeiten, die HR-IT-Lösungen bieten können. Auf diese Weise wird das Wissen auf den gleichen Stand gebracht, was den inhaltlichen Diskussionen zugute kommt. Dank der Konsolidierung lassen sich die Meinungen der verschiedenen Parteien leicht miteinander vergleichen (Linienmanagement gegenüber HR-Managern, zentral gegenüber dezentral usw.) und thematisieren.

Analysieren Sie die derzeitige Nutzung von HR-IT-Systemen

Ausgehend von konkreten Bedürfnissen oder Problemen wurden in vielen HR-Abteilungen oft unabhängige Softwarepakete angeschafft. Vor allem in größeren und dezentral organisierten Unternehmen fehlt in vielen Fällen eine Übersicht der insgesamt verwendeten Systeme. Um zu vermeiden, dass diese zu gegebener Zeit einer integrierten HR-IT-Anwendung im Wege stehen oder um die bereits vorhandenen Systeme optimal zu nutzen, sollte eine solche Übersicht jedoch vorliegen. Dazu verwendet PA einen digitalen Fragebogen, der pro HR-Prozess die verwendeten Anwendungen, ihren Zweck und Einsatz erhebt und außerdem zeigt, ob die Anwendungen den Wünschen entsprechen (Abb. 2.15) und auf welcher technischen Plattform sie laufen.

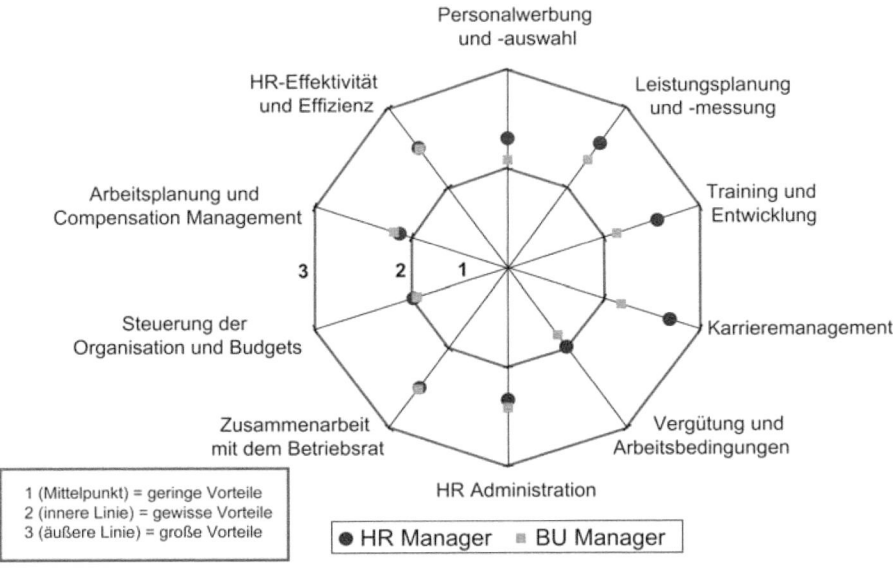

Abb. 2.15: Konsolidierung der Antworten aus dem e-HR Ambition Scan

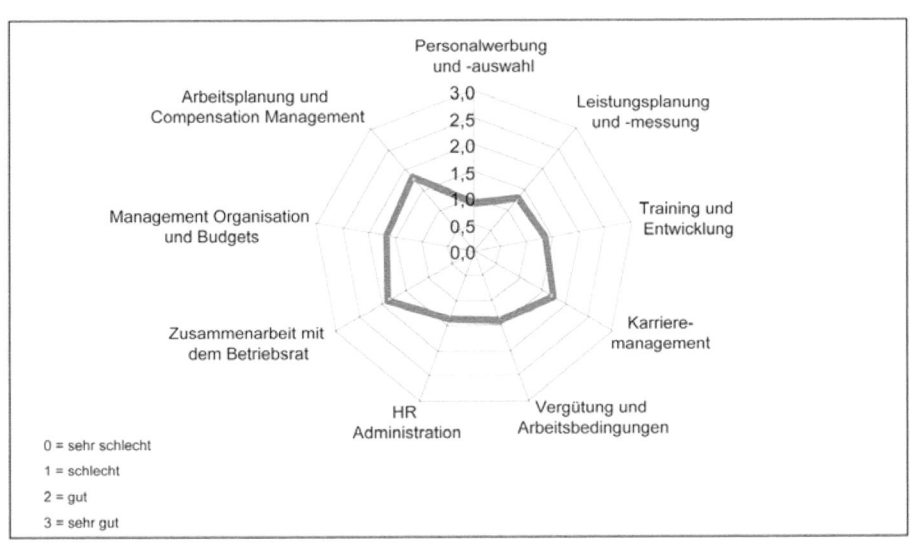

Abb. 2.16: Maß, in dem die derzeit eingesetzten Anwendungen die Bedürfnisse der HR-Funktion decken

Entwickeln Sie ein Visionsdokument

Die in den vorigen Schritten gesammelten Informationen werden objektiv in einem Workshop mit allen Beteiligten dargestellt und präsentiert. Unterschiede und Übereinstimmungen bei den Meinungen und Ambitionen werden diskutiert. In diesem Workshop wird deutlich, wie die verschiedenen Parteien am Prozess beteiligt sind. Sind sie positiv kritisch eingestellt und auf das Erreichen der gemeinsamen Vorteile aus oder sind sie vor allem abwehrend? Wie sind die Beziehungen untereinander? Welches Commitment muss mindestens vorhanden sein, um gemeinsam fortfahren zu können? Mit einer objektiven Präsentation der Ergebnisse lassen sich diese Aspekte sachlich an- und besprechen. Anhand der Ergebnisse dieser Diskussion soll ein Visionsdokument mit Schlussfolgerungen entwickelt werden, mit dem alle (oder eine möglichst große Gruppe) einverstanden sind:

- die derzeitige Organisation und Vorgehensweisen im Bereich HR,

- die Herausforderungen, mit denen Personalmanagement und HR-Funktion im Unternehmen konfrontiert sind,

- die festgestellten Probleme und Verbesserungspunkte,

- Ambitionen für die Zukunft,

- die Rolle der HR-IT-Systeme darin,

- weitere Maßnahmen zur Realisierung dieser Ambitionen.

Selbstverständlich muss das Dokument auch aufzeigen, an welchem Punkt die Ambitionen divergieren. Nachdem die Beteiligten dieses Visionsdokument genehmigt haben, können sie es mit ihrem jeweiligen Linienmanagement besprechen. Außer inhaltlicher Unterstützung dient ein solches Dokument in vielen Unternehmen auch als Voraussetzung zur Finanzierung der nächsten Projektphase. Das Visionsdokument ist auch deshalb wichtig, weil es die Verbindung zwischen den am Prozess beteiligten Personen und Parteien herstellt und für alle ein Symbol dafür ist, dass sich die Prüfung lohnt, ob bessere und umfassendere Nutzung von HR-IT-Lösungen erwünscht ist. Sollte es nach der ersten Phase nicht möglich sein, ein Visionsdokument zu entwickeln, weil die Meinungen zu weit auseinander liegen, stellt sich die Frage, ob eine Fortsetzung des Projekts sinnvoll ist. Nur bei sehr straffer und zentraler Leitung würde das Projekt dann noch Erfolgschancen haben.

2.4.2 Entwicklung eines allgemeinen Entwurfs

In dieser Phase wird das Visionsdokument so ausgearbeitet, dass ein allgemeiner Entwurf über die neuen IT-unterstützten Vorgehensweisen und Organisation im Bereich HR entsteht. Dadurch erhalten alle Beteiligten ein gutes Bild: Sie können Entscheidungen für Vränderungen treffen, so dass eine Implementierung der neuen Vorgehensweisen und Organisation erfolgreich verlaufen kann. Anhand eines allgemeinen Entwurfs (und des darin enthaltenen Business Cases) kann ein fundierter Beschluss über die Frage gefasst werden, ob es sinnvoll ist, mit dem nächsten Schritt fortzufahren. In dieser Phase werden die in Abbildung 2.17 dargestellten Maßnahmen ergriffen.

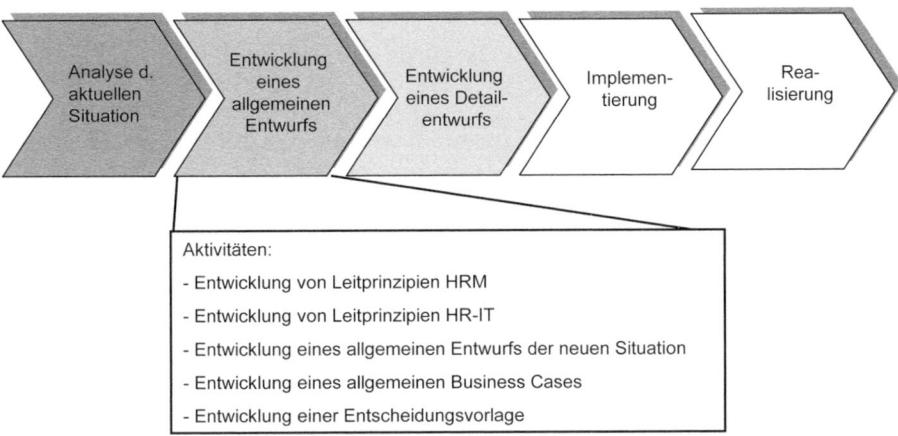

Abb. 2.17: Maßnahmen zur Entwicklung eines allgemeinen Entwurfs

Entwicklung der Leitlinien des HRM

Der breite und umfassende Einsatz von HR-IT-Systemen hat meist große Folgen für die Art und Weise, wie HR-Prozesse ablaufen und wie die HR-Funktion organisiert werden soll. Diese Konsequenzen sollten daher möglichst frühzeitig im Prozess dargestellt werden. In diesem Zusammenhang ist es von Vorteil, HR-Leitlinien zu definieren. Dabei handelt es sich um Aussagen zu den Grundlagen der HR-Organisation und ihrer Prozesse. Bei jeder Leitlinie sollte angegeben werden, wie die HR-Prozesse gestaltet werden müssen, um diese Grundsätze zu unterstützen und welche Rolle HR-IT-Systeme dabei spielen sollen. Was sind die wichtigsten Leitlinien?

- *Rolle des Linienmanagements im HRM.* Was bedeutet es, wenn das Linienmanagement für das HRM verantwortlich ist? Was erwarten wir vom Linienmanagement bei der Durchführung der HR-Prozesse?

- *Rolle der Mitarbeiter im HRM.* Für welche Aspekte des Personalmanagements sind die Mitarbeiter selbst verantwortlich?

- *Rollen der HR-Funktion.* Wie könnte die HR-Funktion ihre beiden Basisrollen (HR Business-Partner und HR Service Provider) optimal erfüllen? Welche Subrollen lassen sich unterscheiden (strategischer Partner, Controller, Change Agent, Einkaufsspezialist, Helpdesk, Administrator, Experte, HR-Infrastrukturmanager usw.)?

- *Strukturierung von HR-Prozessen.* Wie strukturieren wir die HR-Prozesse (individuelle Vorbereitung, Interaktion Linienmanagement-Mitarbeiter, Verarbeitung der Daten, siehe das Phasenmodell in Abschnitt 2.1)?

- *Standardisierung und Harmonisierung von Prozessen.* Inwieweit streben wir an, im Unternehmen möglichst die gleichen Arbeitsweisen einzusetzen? Wo lassen wir Abweichungen zu?

- *Nutzung von Skaleneffekten.* Inwieweit und an welcher Stelle können wir Größenvorteile nutzen?

- *Zusammenhang von Prozessen.* Inwieweit gründen wir unsere HR-Prozesse (von der Personalwerbung und -auswahl bis hin zum Outplacement) auf die gleichen Kompetenzdefinitionen, um sie optimal aufeinander abzustimmen?

- *Automatisierung von Prozessen.* Inwieweit sollen unsere HR-Prozesse automatisiert werden und auf welche Prozessphasen (siehe erster Abschnitt dieses Kapitels) bezieht sich die Automatisierung?

- *Make or buy?* Anhand welcher Kriterien entscheiden wir, ob wir bestimmte Prozesse selbst durchführen oder sie an Dritte auslagern?

Diese Grundsätze müssen in Workshops mit den beteiligten HR-Managern durchgearbeitet werden. Was bedeuten die von uns getroffenen Entscheidungen in diesen Bereichen? Welche Konsequenzen ergeben sich daraus? Wie gehen wir mit diesen Konsequenzen um? Sollten sie für uns zu weit gehen, können wir dann ein phasenbasiertes Zeitfenster definieren? Wenn in diesen Fragen Übereinstimmung erreicht wird, entsteht ein gemeinsamer Bezugsrahmen, auf den im Falle schwieriger Entscheidungen immer wieder zurückgegriffen werden kann.

Entwickeln Sie Leitlinien im Bereich von HR-IT-Lösungen

Vor diesem Hintergrund hat sich auch bewährt, für die eher technischen Aspekte von HR-IT-Lösungen klare Vorgaben zu definieren. Einerseits müssen sie mit der allgemeinen IT-Politik des Unternehmens (Netzwerk, Plattformen, einzusetzende Systeme), andererseits aber auch mit den genannten HR-Leitlinien verknüpft sein. So kann die optimale Nutzung von Skaleneffekten beispielsweise zur Bildung von Shared Services führen, woraus sich die Notwendigkeit der Standardisierung der Systeme ergibt. Über welche Leitlinien sollte man sich aussprechen?

- *Organisation der Stammdaten.* Wie organisieren wir die Verwaltung der Stammdaten? Wie verhindern wir doppelte Eingabe gleicher Daten? Wie gewährleisten wir Konsistenz bei Verwendung gleicher Definitionen?

- *Beziehungen zu anderen, Nicht-HR-Prozessen.* Auf welche Weise und wo müssen HR-Prozesse mit Hilfe der IT mit Nicht-HR-Prozessen verknüpft sein (beispielsweise Fertigungsplanung, Finanzadministration usw.)?

- *Zugänglichkeit.* Welche Beteiligten müssen direkten Zugriff auf verschiedene HR-IT-Anwendungen erhalten (und auf welche Weise)?

- *Offenheit.* Inwieweit müssen HR-IT-Systeme direkten Datenaustausch mit Systemen von Dritten ermöglichen? Wie gehen wir mit Sicherheitsfragen um?

- *Kompatibilität.* Inwieweit müssen sich HR-IT-Systeme in die bestehende IT-Landschaft der Unternehmen einfügen? Welche strategischen Vorgaben müssen sie erfüllen? Wie lassen sich bereits vorgenommene Investitionen in Hard- und Software optimieren? Auf welche Lieferanten beschränken wir uns?

- *Standardisierung.* Nutzen wir hauptsächlich die Standard-Funktionalitäten der HR-IT-Pakete oder passen wir sie weitgehend an unsere eigenen Wünsche an?

- *Anwendungsbereich.* In welchem Umfang wird das HR-IT-System im Unternehmen eingesetzt (zentral/dezentral, ein Geschäftsbereich/mehrere oder alle Geschäftsbereiche, ein Land/mehrere Länder usw.) und welche Konsequenzen ergeben sich daraus (Sprache, Währung, Unterstützung usw.)?

- *Flexibilität.* Wie leicht muss sich das System an sich verändernde Umstände anpassen lassen? Wie schnell und wie leicht muss sich das System erweitern lassen, wenn sich der Bereich (beispielsweise im Falle einer Fusion oder eines An- oder Verkaufs von Geschäftsbereichen) ändert?

- *Web-basiert.* Inwieweit müssen Anwendungen über Internet zugänglich sein?

- *Sicherheit.* Welche Anforderungen stellen wir an die Sicherheit der anzuschaffenden und zu implementierenden Anwendungen?

Durch die Besprechung dieser Aspekte in einem oder mehreren Workshops (möglichst auch in Gegenwart des HR-IT-Systemverwalters) lassen sich klare Vorgaben definieren, denen die künftigen Pakete entsprechen müssen.

Entwicklung eines allgemeinen Entwurfs der neuen Situation

In diesem Prozessschritt werden die vorher definierten Vorgaben in einen allgemeinen Entwurf des HR-Prozess- und Organisationsmodells und der HR-IT-Infrastruktur umgesetzt. Unter einem allgemeinen Entwurf wird ein grober Bauplan verstanden, der die Umrisse der neuen Vorgehensweisen, die damit zusammenhängende HR-Organisation und die Art und Weise, in der sie von HR-IT-Systemen unterstützt werden müssen, aufzeigt. Diese Konkretisierung der Vorgaben ist eine wichtige Phase im Prozess, weil so für alle Beteiligten ein deutliches Bild der Endsituation und der Konsequenzen entsteht. Die Erfahrung zeigt, dass dieser Schritt vielen Beteiligten die Augen öffnet und die Diskussion auf die Frage bringt, die viele von ihnen beschäftigt: Was bedeutet das für meine Position, meinen Einfluss, meine Zukunft und mein Maß an Selbständigkeit?

Entwicklung eines allgemeinen Business Cases

Anhand des allgemeinen Entwurfs lässt sich ein erster Hinweis auf das Potenzial der mit der neuen Vorgehensweise zu erreichenden Vorteile sowie der Kosten geben, die Anschaffung und Implementierung eines HR-IT-Systems mit sich bringen. In vielen Fällen sind nicht gleich alle Daten, die zur Erstellung eines guten Business Cases notwendig sind, im Unternehmen vorhanden, sondern müssen erst gesucht und zusammengetragen werden. Meist ist die Administration nicht auf die Erstellung unternehmensweiter (geschäftsbereichsübergreifend) Kennzahlen eingerichtet, oft werden HR-spezifische Daten (beispielsweise der Zeitaufwand von HR-Managern oder der Output von HR-Prozessen) überhaupt nicht erfasst. Außerdem sind die richtigen Referenzdaten nicht immer zugänglich.

Über die mit HR-IT-Lösungen einhergehenden Vorteile sind viele Erfolgsgeschichten im Umlauf. Inwieweit sind sie wahr? Inwieweit lässt sich die in anderen Unternehmen praktizierte Arbeitsweise unmittelbar auf mein Unternehmen übertragen? Was war die Ausgangslage im Referenzunternehmen? Da die Lösung dieser Fragen viel Energie und Zeit kosten kann, unterscheidet PA bei seinem Vorgehen zwei Schritte für die Erstellung eines zunächst allgemeinen Business Case und in der nächsten Phase eines detaillierteren Business Case, der anhand des Detailentwurfs validiert werden kann. Der allgemeine Business Case soll einen guten Überblick über die Kosten und Erträge vermitteln – die finanzielle Grundlage der *go/no-go*-Entscheidung am Ende dieser Phase. Für die Entwicklung eines allgemeinen Business Cases gehen Sie anhand der folgenden Schritte vor:

1. Entwickeln Sie ein Format zur Unternehmensanalyse!

2. Sammeln Sie Informationen!

3. Entwickeln Sie Szenarien!

4. Analysieren Sie die Informationen!

Schritt 1: Entwickeln Sie ein Format zur Unternehmensanalyse

Viele erforderliche Informationen müssen bei den beteiligten Unternehmensbereichen so einheitlich erhoben werden, dass später ein Vergleich möglich ist. Aus diesem Grund empfiehlt sich die Entwicklung eines Formats zur Analyse, das möglichst auf digitalem Wege verschickt und ausgefüllt werden kann, so dass sich Konsolidierungen und Analysen der Daten schnell vornehmen lassen. Vor allem spezielle Excel-ähnliche Tabellenformate eignen sich dafür. Diese Tabelle muss möglichst benutzerfreundlich und leicht auszufüllen sein – alle Begriffe müssen klar und eindeutig definiert sein.

Welche Informationen sind für den Business Case interessant?

- Anzahl der in der HR-Abteilung beschäftigten Personen und FTEs,

- Anzahl der vorübergehend beschäftigten Personen und FTEs,

- HR-Rollen dieser Personen (Generalist, Spezialist, Administrator),

- Zeitaufwand dieser Personen pro definiertem HR-Prozess und pro Rolle,

- Die mit allen vorgenannten Aspekten zusammenhängenden Personalkosten,

- Kosten für von Dritten eingekaufte Dienste pro definiertem HR-Prozess,

- Kosten für eingesetzte HR-IT-Systeme und Infrastruktur,

- Output der definierten HR-Prozesse (z.B. Anzahl der Bewerbungsgespräche, besetzten Stellen, verarbeiteten Datenänderungen, Kündigungen usw.),

- der Trend hinsichtlich Arbeitsbelastung (bleibt diese voraussichtlich in den nächsten zwei Jahren gleich, wird sie ab- oder zunehmen?).

Schritt 2: Sammeln Sie Informationen

Hier stellt sich die Frage, wer die Angaben ausfüllen soll. Viele Mitarbeiter werden es angesichts noch unbekannter Prozessergebnisse als bedrohlich erachten, detaillierte Informationen über eigenen Zeitaufwand und Output zu erteilen. Daher sollte erwogen werden, die Informationen nach Rücksprache mit den betroffenen Mitarbeitern von den Führungskräften der HR-Abteilung ausfüllen zu lassen. Besondere Umstände, die zu einem falschen Bild der Zahlen führen können (beispielsweise längerer krankheitsbedingter Arbeitsausfall in der HR-Abteilung, zusätzliche Werbekampagnen oder Firmenschließungen mit vielen Kündigungen) sind mit anzugeben. Auch wenn der Fragebogen noch so klar formuliert wurde, können sich beim Ausfüllen Fragen ergeben. Sie sollten deshalb eine Person für die schnelle Beantwortung dieser Fragen zur Verfügung stellen. Die erhaltenen Informationen sollten außerdem noch kurz mündlich mit den HR-Führungskräften der betreffenden Unternehmensbereiche durchgegangen werden, um eventuelle Missverständnisse auszuräumen oder nähere Erläuterungen zu geben.

Außer diesen internen Informationen müssen auch die Kosten für Anschaffung und Implementierung des HR-IT-Systems erhoben werden. Da in dieser Phase des Prozesses noch keine definitive Entscheidung für ein System gefallen ist, müssen die Kosten von mehreren Paketen eingeschätzt werden. Um einen guten Vergleich zu gewährleisten, muss selbstverständlich für jedes Paket (oder eine Kombination von Paketen) die vollständige erwünschte Funktionalität abgedeckt sein. Für diese Einschätzung sind die folgenden Kosten zu berücksichtigen:

- Hardware (Server, Workstations, Rechenzentren usw.),

- Software (jährliche Lizenzgebühren, Lizenzen pro Benutzer, Konfiguration der Software, Programmierung der Schnittstellen usw.),

- Implementierung (funktionaler Entwurf, Detailentwurf, Umsetzung organisatorischer Veränderungen, Schulungskosten usw.),

- Verwaltung und Pflege vor und während des festgelegten Zeitraums.

Mögliche Quellen für diese Informationen sind Lieferanten von Paketen und unabhängige Beratungsunternehmen. Neben diesen Kosteninformationen müssen auch externe Informationen über an anderer Stelle entstandene Kosten und Vorteile für den Einsatz von HR-IT-Anwendungen eingeholt werden. So soll von verschiedenen Quellen ein möglichst realistisches Bild entstehen. Mögliche Informationsquellen sind Lieferanten von HR-IT-Systemen, Kundenorganisationen dieser Lieferanten, unabhängige Beratungsunternehmen, Fachliteratur usw. Für Daten über den Umfang und die Kosten von HR-Abteilungen werden nationale und internationale Vergleichsinformationen zum Kauf angeboten.

Schritt 3: Entwickeln Sie Szenarien

Unsere Erfahrungen zeigen, dass sich ein Vergleich von Daten aus mehreren Szenarien empfiehlt. Dabei lassen sich drei Dimensionen unterscheiden:

- Szenarien für das Erreichen des organisatorischen Endzustands (Maß der Automatisierung von HR-Prozessen, Manager und Employee Self Services ja oder nein, Shared Services ja oder nein, usw.) oder Zwischenschritte

- Szenarien für die einzusetzenden IT-Anwendungen (beispielsweise vollständiger Einsatz eines HR-ERP-Systems, Einsatz von einigen Modulen eines HR-ERP-Systems, Verwendung von Einzellösungen mit Schnittstellen)

- Szenarien für die in Aussicht gestellten Kostenvorteile (beispielsweise Personalabbau von 25 %, 20 %, oder 15 %).

Diese Szenarien lassen sich leicht in einer Tabelle miteinander vergleichen (siehe nachfolgend Punkt E). Sie vermitteln einen guten Überblick über Ergebnisse der verschiedenen Optionen, die angestrebt werden können.

Schritt 4: Analysieren Sie die Informationen

Die in den Formularen gesammelten Informationen werden konsolidiert und in Grafiken und Tabellen dargestellt. Dabei sollte sowohl eine Analyse der einzelnen betroffenen Unternehmensbereiche als auch des Unternehmens insgesamt erstellt werden, da auf diese Weise die Aussagekraft der Daten zunimmt.

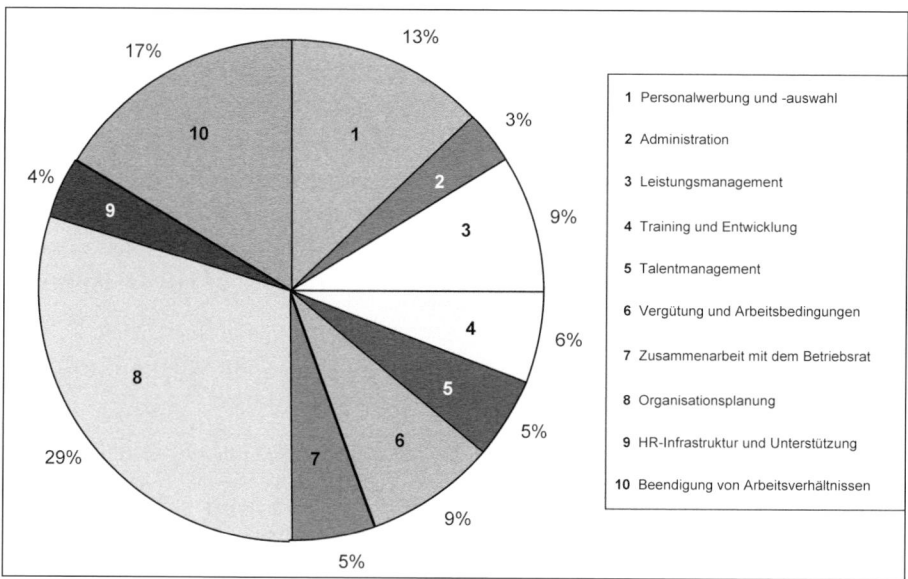

Abb. 2.18: Zeitaufwand insgesamt (in %) pro Prozess

Die Vorteile für bessere und umfassendere Nutzung von HR-IT-Systemen lassen sich in vier Kategorien unterteilen:

- *Kosteneinsparungen durch Personalabbau.* Es handelt sich sowohl um direkte Einsparungen durch die Automatisierung von Tätigkeiten, die zuvor von Mitarbeitern übernommen wurden, als auch um Einsparungen auf organisatorischer Ebene (Einführung effizienterer Organisation und Arbeitsprozesse – beispielsweise Einführung eines HR Shared Services Centers oder Auslagerung von Tätigkeiten)

- *Kosteneinsparungen im Bereich von HR-IT.* Diese beziehen sich auf Lizenzen, Kosten für Verwaltung und Pflege bestehender HR-IT-Systeme, die aufgrund der Anschaffung eines neuen HR-IT-Systems oder durch die Standardisierung von HR-IT-Systemen wegfallen.

- *Einkaufsvorteile.* Diese entstehen dann, wenn die Einführung eines HR-IT-Systems eine bessere Nutzung von Skaleneffekten ermöglicht (beispielsweise Einführung eines HR Shared Services Centers).

- *Business Benefits.* Dabei handelt es sich um die pro Mitarbeiter zu erreichende Produktivitätssteigerung (weniger krankheitsbedingte Arbeitsausfälle, bessere Motivation der Mitarbeiter, schnellere Besetzung von freien Stellen usw.).

Die letzte Gruppe der Vorteile hat die größte Wirkung: Produktivitätssteigerung von 0,25 % ermöglicht bei einem internationalen Großkonzern ein Vielfaches der Einsparungen bei den anderen drei Gruppen zusammen). Aber gleichzeitig ist sie auch die umstrittenste Gruppe, da sich der direkte Zusammenhang zwar annehmen, aber nur schwer nachweisen lässt. Deshalb sollte diese Gruppe zwar genannt, aber nicht quantifiziert werden.

Entwickeln Sie eine Entscheidungsvorlage

Durch die Verbindung der Szenarien entsteht ein übersichtliches Bild, aufgrund dessen die Entscheidung getroffen werden kann, ob das Projekt fortgesetzt werden soll oder nicht. Außer dem Zahlenmaterial müssen natürlich auch qualitative Vorteile für breitere und umfassende Nutzung von HR-IT-Lösungen genannt werden (Tabelle 2.2).

Tabelle 2.2: Qualitative Vorteile für breitere und umfassende Nutzung von HR-IT-Lösungen

Endzustand	Transaktionale SSC unterstützt durch Paket X	Transaktionale SSC unterstützt durch Paket Y	Multi-funktionales HR-SSC unterstützt durch ... Paket X	Multi-funktionales HR-SSC unterstützt durch ... Paket Y
Konservatives Szenario:				
Personalkostensenkung um 10 %	€ ...	€ ...	€ ..	€ ...
Verringerung der IT-Kosten um 25 %	€ ...	€ ...	€ ...	€ ...
Senkung der Einkaufskosten um 10 %	€ ...	€ ...	€ ...	€ ...
Realistisches Szenario:				
Personalkostensenkung um 17,5 %	€ ...	€ ...	€ ...	€ ...
Verringerung der IT-Kosten um 50 %	€ ...	€ ...	€ ...	€ ...
Senkung der Einkaufskosten um 15 %	€ ...	€ ...	€ ...	€ ...
Optimistisches Szenario:				
Personalkostensenkung um 25 %	€ ...	€ ...	€ ...	€ ...
Verringerung der IT-Kosten um 75 %	€ ...	€ ...	€ ...	€ ...
Senkung der Einkaufskosten um 20 %	€ ...	€ ...	€ ...	€ ...

In vielen Unternehmen muss die dargestellte Tabelle für die einzelnen Länder oder Geschäftsbereiche ausgearbeitet werden. In vielen Fällen kann für das Unternehmen insgesamt ein positiver Business Case erstellt werden, während sich bei den einzelnen Unternehmensbereichen sehr unterschiedliche Auswirkungen mit allen zugehörigen Diskussionen zeigen. Die Phase des allgemeinen Entwurfs ist wichtig.

Alle Beteiligten, sowohl das Management der HR-Funktion als auch das Linienmanagement, müssen nach dieser Phase ausdrücklich bestätigen, dass sie die beschriebene Endsituation anstreben und die Konsequenzen tragen wollen. Dies ist ein entscheidender *go-/no-go* Meilenstein im Prozess. Wenn die Weichen zu diesem Zeitpunkt klar gestellt werden, lässt sich vermeiden, dass man zu späterem Zeitpunkt zur Feststellung gelangt, viele Investitionen umsonst getätigt zu haben.

2.4.3 Entwicklung eines Detailentwurfs

Nach dieser Phase wird der allgemeine Entwurf in ein detailliertes Bild der neuen, von HR-IT-Anwendungen unterstützten Organisation und Prozesse im HR-Bereich gezeichnet. Außerdem fällt in dieser Phase die Entscheidung für das Softwarepaket – ein detaillierter Implementierungsplan wird erstellt. Dank der detaillierteren Übersicht kann der allgemeine Business Case auf seine Richtigkeit hin geprüft und bei Bedarf ergänzt werden. Anhand dieser Informationen muss dann das Management die definitive *go-/no-go-Entscheidung* fällen. Die in dieser Phase zu ergreifenden Maßnahmen sind in Abbildung 2.19 dargestellt.

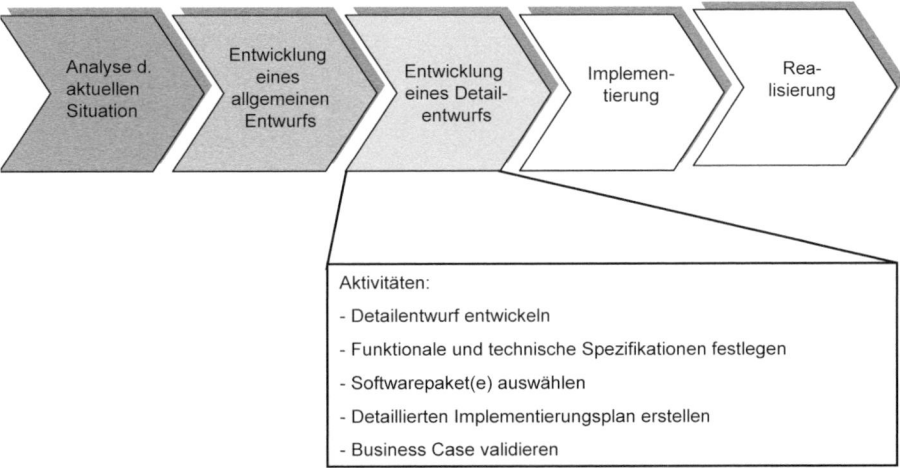

Abb. 2.19: Maßnahmen bei Entwicklung des Detailentwurfs

Detailentwurf entwickeln

In dieser Prozessphase werden die in der vorigen Phase formulierten Prozessbeschreibungen näher detailliert, bis sich die Vorgehensweisen herausstellen, die den Wünschen am meisten entsprechen. Dabei werden auch die *Best Practices* hinzugezogen, die in vielen verfügbaren Softwarepaketen verarbeitet sind. Das Projektteam setzt sich in dieser Phase mit den Möglichkeiten dieser Pakete auseinander. Dazu können verschiedene Lieferanten gebeten werden, die Möglichkeiten ihrer Softwarepakete in Präsentationen und Workshops darzulegen. Aber auch Besuche in anderen Unternehmen, die ihre HR-Prozesse bereits automatisiert haben, sind ein geeigneter Weg zur Informationsbeschaffung.

Funktionale und technische Spezifikationen festlegen

Sobald ein Prozess ausreichend ausgearbeitet ist und den Wünschen des Unternehmens entspricht, können die sich daraus ergebenden Spezifikationen abgeleitet werden. Dazu gehören beispielsweise die Anforderungen der Benutzer an das zu wählende System. Funktionale Spezifikationen beziehen sich auf inhaltliche professionelle HR-Anforderungen, die das zu wählende Paket erfüllen muss, Anforderungen an die Verknüpfung von Daten und Prozessen, Anforderungen hinsichtlich des automatisierten Verlaufs von Prozessen (Workflow), Anforderungen an die Zugänglichkeit und Sicherheit sowie Anforderungen an die Benutzerfreundlichkeit, usw. Die Formulierung dieser Spezifikationen sollte möglichst in Zusammenarbeit von HR-Funktionären und IT-Spezialisten erfolgen. Dieser Prozessschritt hat allerdings nicht nur ein inhaltliches Ziel. Er dient zugleich dazu, die Benutzergruppen mit ihrem Input und Kommentar in den Prozess einzubinden. Die technischen Systemanforderungen müssen von IT-Spezialisten entwickelt werden. Dabei geht es um Fragen im Zusammenhang mit Hardware, Betriebssystem, Datenbank, Client-/Server-Umgebung usw. Gemeinsam mit den Funktionsanforderungen dient dieser Anforderungskatalog als Input für die Auswahl der gewünschten Systeme.

Softwarepaket(e) auswählen

Die Liste mit funktionalen und technischen Spezifikationen ist Grundlage für Auswahl und Kauf eines HR-IT-Pakets oder mehrerer Pakete, die später die HR-Prozesse unterstützen sollen. In vorangegangenen Prozessschritten haben die Beteiligten die Softwarepakete der Lieferanten und ihre Einsatzmöglichkeiten kennen gelernt. Durch Besuche bei anderen Unternehmen hat man sich über die Erfahrungen dieser Unternehmen mit Paketen und Lieferanten informieren können. Meist entsteht im Laufe dieser Schritte eine so genannte *long list* – eine Liste mit möglicherweise geeigneten Paketen. Es ist unmöglich, alle Pakete detailliert zu betrachten. Deshalb wird erst eine Vorauswahl getroffen, indem die auf der *long list* stehenden Lieferanten um Informationen dazu gebeten werden, inwieweit ihre Pakete die definierten Kriterien erfüllen. Außer den funktionalen und technischen Spezifikationen werden auch verschiedene Business-Szenarien entwickelt. Dabei handelt es sich um detaillierte Beschreibungen von Prozessen und Situationen im HR-Bereich und ihre entsprechenden Datendefinitionen zur Prüfung der Softwarepakete auf ihre Möglichkeiten. Diese Szenarien müssen einen relativ vollständigen Querschnitt der HR-Prozesse beschreiben. Letztlich sollten vier bis acht Pakete übrig bleiben, die in den nächsten Schritten eingehender betrachtet werden.

Anhand der funktionalen und technischen Anforderungen und der Business-Szenarien werden die Bewertungsfaktoren für die Paketauswahl festgelegt:

- *Inhalt:* Inwieweit erfüllt das Paket die funktionalen Spezifikationen und Business-Szenarien?

- *Technik:* Inwieweit passt das Paket in die vorhandene technische Architektur?

- *Zuverlässigkeit:* Inwieweit erfüllt das Paket unter allen Umständen langfristig die gestellten Anforderungen?

- *Installation und Verwaltung:* Wie leicht lässt sich das Paket installieren und verwalten?

- *Unterstützung:* Welches Maß und welche Art der Unterstützung bietet der Lieferant?

- *Kontinuität:* Insbesondere finanzielle Stabilität des Lieferanten.

- *Referenzen:* Erfahrungen anderer Benutzer mit dem Lieferanten.

Außer der absoluten Gewichtung werden auch die Aspekte innerhalb dieser Kategorien gewichtet. Anschließend wird eine *Invitation to Tender*, Aufforderung zur Unterbreitung eines Angebots, erstellt. Sie besteht aus einer Liste mit funktionalen und technischen Spezifikationen, den Business-Szenarien und einigen offenen Fragen in Bezug auf die kommerziellen Aspekte des Pakets. Wichtig ist, dass alle Angebote die richtigen Informationen enthalten. Deshalb sollten die Lieferanten vorab gut instruiert werden. Zur Beurteilung der Angebote wird ein Auswahlteam aus den Benutzern von HR-und Vertretern der IT-Abteilungen zusammengestellt.

Jeder Beurteiler gibt an, welche Punkte des Angebots näherer Erläuterung durch die Lieferanten bedürfen. Außer einer allgemeinen Beurteilung kann jeder Beurteiler gebeten werden, bestimmte Punkte näher zu detaillieren. In einem oder mehreren Workshops werden die Bewertungen besprochen und anhand dessen eine *short list* erstellt. Dabei handelt es sich um eine Liste mit ein bis drei Lieferanten, aus denen letztlich ein Lieferant ausgewählt wird. Die Lieferanten auf dieser Liste werden gebeten, eine *hands-on*-Präsentation/Demonstration ihres Pakets anhand der beschriebenen Business-Szenarien zu geben. Die gesammelten Informationen werden schließlich zusammengefügt und bilden die Grundlage für die definitive Entscheidung. Mit dem gewählten Lieferanten werden anschließend Vertragsverhandlungen geführt. Darin kommen außer Lieferung und eventuellen Anpassungen (Customization) des gewünschten Pakets oder der Module des Pakets auch die Unterstützung bei Installation und Implementierung, das Training der Benutzer, Garantien für Zuverlässigkeit und Leistungen des Systems, Unterstützung und Service sowie der endgültige Preis zur Sprache.

Detaillierten Implementierungsplan erstellen

Da nun Detailentwurf und System bekannt sind, kann ein detaillierter Implementierungsplan erstellt werden. Implementierungsprozesse sind nicht unproblematisch und lassen sich längst nicht in allen Unternehmen wie geplant realisieren. Manchmal ergeben sich unvorhergesehene IT-Probleme (wie beispielsweise größere Schwierigkeiten bei der Entwicklung von Schnittstellen, unternehmensspezifische Anpassungen oder Datenkonversionen). Manchmal aber erweist sich auch das zugesicherte Commitment für die neue Vorgehensweise als halbherzig. Auch Mängel bei den Projektmanagementqualitäten sind bisweilen die Ursache für den Misserfolg eines solchen Projekts. In vielen Fällen sind große Budgetüberschreitungen und nicht eingehaltene Zeitpläne die Folge.

Ein Standardrezept für die Implementierung eines neuen HR-IT-Pakets gibt es angesichts der Diversität von Unternehmen nicht. Ohne den Anspruch zu hegen, sie sei in allen Fällen geeignet, hat PA jedoch die Erfahrung gemacht, dass die folgende Vorgehensweise gute Ergebnisse bewirken kann:

1. Entwickeln Sie ein Template und einen Standard-Implementierungsplan.

2. Führen Sie in einem Unternehmensbereich oder in einem Land ein Pilotprojekt durch.

3. Passen Sie die Vorlage und den Implementierungsplan an.

4. Implementieren Sie die Vorlage schrittweise in Unternehmensbereichen oder Ländern.

Schritt 1: Entwickeln Sie ein Template und einen Standard-Implementierungsplan

Ein Template ist eine detaillierte Standardbeschreibung der Art und Weise, in der die HR-Prozesse in der neuen Situation und Konfiguration mit der neuen Software verlaufen werden. Im Grunde handelt es sich dabei um die definitive Ausarbeitung des Detailentwurfs auf einem Niveau, das eine umgehende Implementierung ermöglicht. Das Template kommt in Workshops mit Benutzern und Lieferanten des Softwarepakets zustande. Wenn die vorangegangenen Phasen sorgfältig erarbeitet wurden, sollten sich jetzt keine großen Überraschungen im Hinblick auf fehlende Funktionalitäten im Paket ergeben. Das Template enthält konkrete Beschreibungen aller Prozesse in all ihren Subvarianten (beispielsweise genaue Beschreibung aller möglichen Datenänderungsprozesse in der Personaladministration) einschließlich der zugrunde gelegten Datendefinitionen.

Außerdem wird in dieser Phase ein Standard-Implementierungsplan festgelegt. Dazu müssen grundlegende Entscheidungen für die Art der Implementierung getroffen werden. Implementieren wir die neue Organisation, die Prozesse und Systeme erst in einem Land oder einem Geschäftsbereich oder in allen Einheiten gleichzeitig? Implementieren wir sie in vollem Umfang oder beginnen wir mit einem oder wenigen Prozessen daraus? Wie verhindern wir, dass in den verschiedenen Einheiten alle Verfahren wieder neu bedacht werden müssen und wie nutzen wir die entsprechenden Erfahrungen optimal? Wie verhindern wir, dass jeder Geschäftsbereich das gewählte Paket zu sehr an die eigenen Vorlieben anpassen will? Wie sorgen wir für eine gute Vorbereitung der Benutzer (HR-Funktion, Linienmanagement und Mitarbeiter) auf die Arbeit mit dem Paket? Wie gehen wir mit den unterschiedlichen Ausgangssituationen in den verschiedenen Unternehmensbereichen um?

Der Standard-Implementierungsplan ist das Drehbuch, von dem im Laufe des Prozesses Teil-Drehbücher abgeleitet werden können. Der Plan enthält eine detaillierte Beschreibung aller zu durchlaufenden Schritte, Meilensteine und Entscheidungspunkte, der Projektorganisation, der erforderlichen Finanzmittel, der Art der Fortgangsüberwachung und Budgetkontrolle, der verschiedenen Beteiligten pro Schritt, der Art der Kommunikation in Richtung Unternehmen usw. Vorlage und Standard-Implementierungsplan gewährleisten gemeinsam die kontrollierbare und für alle Beteiligten transparente Implementierung und die optimale Finanzverwaltung des Projekts.

Schritt 2: Führen Sie in einem Unternehmensbereich oder in einem Land ein Pilotprojekt durch

Anschließend wird das Template anhand des beschriebenen Implementierungsplans in einer deutlich begrenzbaren Einheit oder in einem Land implementiert. Die Lernerfahrungen werden sorgfältig evaluiert und dokumentiert. Jetzt wird deutlich, ob und wie viele Änderungen am Template und am Standard-Implementierungsplan vorgenommen werden müssen.

Schritt 3: Passen Sie die Vorlage und den Implementierungsplan an

Aufgrund der Erfahrungen aus dem Pilotprojekt werden Template und Implementierungsplan bei Bedarf angepasst und auf die Situation in den verschiedenen Ländern oder Geschäftsbereichen zugeschnitten. Das Template wird im Laufe des Prozesses möglichst in Standardform implementiert. Nur wenn dies aufgrund der Gesetzgebung (Unterschiede in den Ländern) oder aufgrund wichtiger Unterschiede zwischen Geschäftsbereichen notwendig ist, wird das Template angepasst. Grundsätzlich sollte der Plan jedoch mit möglichst wenigen Anpassungen implementiert werden. Notwendige oder erwünschte Änderungen erfolgen ausschließlich nach einer detaillierten Begründung und werden auf hoher Unternehmensebene genehmigt. Das gilt auch für die im Standard-Implementierungsplan festgelegte Art der Implementierung.

Schritt 4: Implementieren Sie die Vorlage schrittweise in Unternehmensbereichen oder Ländern

Anhand der Erfahrungen aus vorangegangenen Schritten werden die neuen HR-IT-unterstützten Organisations- und Arbeitsprozesse anhand des festgelegten

Zeitplans in den anderen Unternehmensbereichen und Ländern implementiert. Selbstverständlich muss man in dieser Phase, nach Rücksprache mit der IT-Abteilung, auch über die Organisation der Verwaltung und über die Pflege der zu implementierenden Systeme nachdenken. Dieser Punkt wird bei aller Konzentration auf die Implementierung bisweilen vernachlässigt, mit allen dazugehörigen Folgen.

Business Case validieren

Nachdem alle Informationen bekannt sind, wird der bereits erstellte allgemeine Business Case validiert. Bleibt dieser positiv, kann ein Entscheidungsdokument formuliert und dem HR- und Unternehmensmanagement zur Genehmigung vorgelegt werden. Wird der Business Case negativ, ist zu prüfen, welche Maßnahmen zu ergreifen sind, um zu einem positiven Ergebnis zu gelangen. Nach der Genehmigung kann die Implementierung beginnen. Dieser *way of no return* muss daher allen Beteiligten klar und deutlich kommuniziert werden.

2.4.4 Implementierung

In dieser Phase wird die neue HR-IT-unterstützte Organisation mit ihren Vorgehensweisen wie vorgesehen implementiert. Veränderungs- und Projektmanagement gehen hier Hand in Hand und erfüllen eine entscheidende Rolle für das Gelingen des Projekts. Der beschriebene Prozess ist eine gute inhaltliche Grundlage für das Gelingen des Projekts, auf die immer wieder zurückgegriffen werden kann:

- Bei Zweifeln über die gewünschte neue Vorgehensweise kann man auf die HR-Leitlinien und den allgemeinen Entwurf zurückgreifen.

- Bei Zweifeln über die IT-Aspekte kann man auf die IT-Leitlinien zurückgreifen.

- Bei Zweifeln über die Gestaltung im Detail ist der Rückgriff auf die Leitlinien und das Template möglich.

- Alle Absichten wurden in einem Business Case formuliert. Dieser ist der Ausgangspunkt für die Entscheidungen, die in den nächsten Phasen des Projekts getroffen werden müssen.

- Dank des phasenweise aufgebauten Implementierungsplans lassen sich aus den bisher gemachten Erfahrungen optimal Lehren ziehen.

Es empfiehlt sich, die Grundsätze, nach denen man vorgeht, regelmäßig in der Kommunikation an alle Beteiligten zu wiederholen und sie in Folgegesprächen als Evaluationsrahmen zu verwenden. Außerdem muss auch immer wieder geprüft werden, ob die im Business Case beschriebenen Vorteile auch wirklich erzielt werden. Die vorangegangenen Schritte haben ferner eine gute Grundlage im Bereich der Veränderungsproblematik gelegt. Alle wichtigen Stakeholder wurden in diese Schritte einbezogen und konnten an den entscheidenden Punkten ihre Stimme einbringen. Damit ergab sich auch die Gelegenheit, Befürworter und Kritiker des Projekts kennen zu lernen. Dank gezielter Informationsversorgung sind sie über die Entscheidungen und kommende Schritte im Bilde. Das verantwortliche Management hat zudem zu verschiedenen Entscheidungspunkten im Prozess seine Zustimmung ausgesprochen und fungiert nun als Hauptsponsor für das Projekt.

Mit Hilfe der Stakeholder-Analysen wurde für jede beteiligte Gruppe ein Plan formuliert, wie und wann sie am Prozess zu beteiligen ist, um so ein optimales Commitment für die neue Organisation und Vorgehensweise zu erreichen. Die gesamte Kommunikation wurde darauf abgestimmt. Im Falle mangelnder Mitwirkung oder bei kontraproduktiven Tätigkeiten kann auf die Beschlüsse des HR- und Business Managements zurückgegriffen werden. Diese Beteiligten müssen daher optimal über Fortgang und eventuelle Probleme informiert werden. Bei Bedarf müssen sie ihre Verantwortung wahrnehmen, indem sie Beschlüsse erneut bekräftigen oder indem sie unmissverständlich darlegen, dass sie Abweichungen vom Template oder vom Implementierungsplan nicht hinnehmen werden.

2.4.5 Realisierung

In der Übergangszeit und in der ersten Zeit nach der Implementierung werden zweifellos noch Kinderkrankheiten auftreten. Daher darf die Aufmerksamkeit unmittelbar nach der Implementierung der neuen Situation nicht nachlassen. Dazu sollte eine Projektorganisation aufrecht erhalten werden, die darüber wacht, ob die beabsichtigten Vorteile auch wirklich erzielt werden. Die im Business Case beschriebenen qualitativen und quantitativen Vorteile sind dafür ein geeigneter Evaluationsrahmen. Dabei ist zu berücksichtigen, dass nicht alle Vorteile auf einmal realisiert werden können – dies kann bisweilen Jahre dauern, wie die Praxis zeigt.

Abhängig vom Unternehmen und von der dort praktizierten Sozialpolitik kann es beispielsweise lange dauern, bevor der Personalbestand wirklich auf die gewünschte Anzahl reduziert werden konnte. Zweifellos werden im Zusammenhang mit festgestellten Unvollkommenheiten weitere Änderungsvorschläge zum ursprünglichen Entwurf entwickelt. Auch für die Beurteilung und Genehmigung dieser Änderungen muss ein Verfahren zur Verfügung stehen.

2.5 Schlussfolgerungen

Der Großteil der Unternehmen nutzt bereits HR-IT-Systeme. In den meisten Fällen ist dieser Einsatz jedoch funktional begrenzt. HR-IT-Lösungen bieten viele Möglichkeiten, die Qualität des Personalmanagements bei gleichzeitiger Kostensenkung zu erhöhen. Der Einsatz von HR-IT-Systemen kann Führungskräfte und Mitarbeiter dabei unterstützen, eine aktivere Rolle im Personalmanagement zu spielen.

Die technischen Möglichkeiten zur weitgehenden Automatisierung des Personalmanagements sind vorhanden. Der umfassende Einsatz von HR-IT-Systemen erfordert jedoch organisatorische und prozessseitige Veränderungen im HRM. HR-IT-Lösungen haben einen deutlich standardisierten, harmonisierten und bündelnden Charakter. Die einheitliche Durchführung von HR-Prozessen anhand identischer Definitionen und Systeme an einem Ort erfordert in vielen Fällen vollständige Neuausrichtung bestehender Prozesse, Neudefinition von Verantwortungsgebieten, Integration in ein größeres Ganzes, Aufgabe eigener Arbeitsweisen und Systeme sowie Neudefinition und Umstrukturierung von Positionen und Funktionen. Es wundert daher nicht, dass die Einführung von HR-IT-Systemen Diskussionen hervorruft und vor allem veränderungsspezifische Fragen einer breiteren und umfassenderen Einführung im Wege stehen.

Der umfassende Einsatz von HR-IT-Systemen erfordert eine Vision für HRM, HR-Organisation und ihre Prozesse. Zusammen mit den genannten Herausforderungen in Veränderungsfragen braucht es für die Implementierung von HR-IT-Systemen umfassende Kenntnisse, Führungsqualitäten und Steuerungsfähigkeit des verantwortlichen HR-Managers.

3 HR Shared Services: Starkes Konzept mit vielen Stolpersteinen

Dieses Kapitel besteht aus drei Teilen. In der Einleitung werden die Grundzüge eines HR Shared Services Center (HR SSC) zusammengefasst. Im zweiten Abschnitt nehmen wir die besonderen Herausforderungen und Erfolgsfaktoren von HR SSC unter die Lupe. Der dritte Abschnitt ist dem *Wie* und *Was* einer erfolgreichen Implementierung gewidmet. In diesem Kapitel wird häufig auf ein von *PA* Consulting Group bei einem großen Finanzinstitut in Großbritannien durchgeführtes SSC Projekt verwiesen, das aufgrund seiner Ergebnisse als eines der erfolgreichsten Beratungsprojekte des Jahres 2003 durch die britische Management Consultancies Association ausgezeichnet wurde.

3.1 Einführung in HR Shared Services Center

3.1.1 Was ist ein Shared Services Center?

Die Grundlagen eines Shared Services Center

Lassen Sie uns zunächst das allgemeine Konzept eines Shared Services Center (SSC) näher betrachten, bevor wir uns den besonderen Eigenschaften eines HR SSC zuwenden. In den achtziger und neunziger Jahren des vorigen Jahrhunderts restrukturierten sich viele Unternehmen in Geschäftsbereiche/Divisionen, die sich auf spezifische Produkt-Markt-Kombinationen konzentrierten. Auf diese Weise sollten schnellere und flexiblere Reaktionen auf die Veränderungen des Marktes, größere Nähe zum Kunden und bessere Steuerbarkeit, Wendigkeit und stärkerer Fokus erreicht werden. Viele primäre Prozesse wurden dezentralisiert. Das Gleiche geschah mit den unterstützenden Dienstleistungen wie IT, Finanzen, Kommunikation, HR, Einkauf, Facility Management, Rechtsabteilung usw.

Jeder Geschäftsbereich/jede Division hat, so der Gedanke, bei unterstützenden Dienstleistungen einen bestimmten Bedarf – die unterstützenden Dienste sollten genau darauf abgestimmt sein. Ein Geschäftsbereich/eine Division in der Wachstumsphase hat andere Fragen als eine Unternehmenseinheit, für die Kostensenkung an erster Stelle steht. Außerdem ging man davon aus, dass diese Unterstützung am besten in eigener Regie erfolgen sollte, damit man auch selbst die Prioritäten festlegen konnte und nicht von einer zentralen Stabsabteilung abhängig war, auf die man keinen direkten Einfluss ausüben konnte.

Jeder Geschäftsbereich/jede Division entwickelte für sich eine Palette eigener unterstützender Dienste, die für die Erreichung der eigenen Zielsetzungen als notwendig galten. Dadurch wurden die ehemaligen Stabsdienste einerseits stärker in den täglichen Betrieb des Geschäftsbereichs/der Division einbezogen.

Andererseits aber führte dies aus Perspektive des gesamten Unternehmens zu erheblicher Fragmentierung, Redundanz und (Kosten)Ineffizienz bei der Organisation dieser Dienste. Kenntnisse wurden nicht mehr untereinander ausgetauscht, ähnliche Initiativen wurden in verschiedenen Konzernbereichen gleichzeitig ins Leben gerufen – mit anderen Worten: Das Rad wurde mehrfach neu erfunden. Geschäftsbereiche/Divisionen wollten selbst über alle Funktionen im eigenen Haus verfügen, auch wenn sie sie nicht täglich benötigten. Die Folge war suboptimaler Mitteleinsatz. Solange man sich in einer Wachstumsphase befand, wurden die Folgen von den Geschäftsbereichen/Divisionen nicht als problematisch erfahren. Alle Aktivitäten standen im Zeichen von Unterstützung der Wachstumsziele – und dies rechtfertigte ein gewisses Maß an Ineffizienz.

Diese Einstellung änderte sich in vielen Unternehmen, als das Wachstum stagnierte und Kostensteuerung und optimierte Geschäftsprozesse (Operational Excellence) wieder ganz oben auf der Tagesordnung standen. Dies war der Anlass, Dopplungen sowohl bei primären als auch bei unterstützenden Aktivitäten kritischer zu betrachten. Oft stellte sich dann heraus, dass sich trotz großer Unterschiede zwischen Geschäftsbereichen/Divisionen viele der unterstützenden (und auch primären) Prozesse sehr ähnelten.

So entstand in den neunziger Jahren das Konzept des SSC, das die genannten Nachteile vermeiden sollte, ohne den Grundsatz autonomer Geschäftsbereiche/Divisionen zu berühren. Das SSC soll die Durchführung unterstützender Dienstleistungen oder primärer Geschäftsprozesse für alle Einheiten in einem Konzern bündeln. Die Steuerung bleibt bei den jeweiligen Geschäftsbereichen/Divisionen. Das Konzept des SSC unterscheidet sich deutlich von einer Zentralisierung der Aufgaben. Während bei Zentralisierung die Steuerung und Durchführung von zentraler Stelle erfolgt, wird bei dem SSC nur die Durchführung in die Hände der gemeinsamen Organisation gelegt – der Geschäftsbereich/die Division behält letztlich die Kontrolle.

Möglich wurde dieses Vorgehen durch die Verfügbarkeit unterstützender IT-Lösungen für zuverlässigen, schnellen und preisgünstigen Datenaustausch: Solche Lösungen sind integrierte Informationssysteme (Enterprise Resource Planning/ERP-Systeme), Kundenkontaktsysteme (Customer Relationship Management/CRM-Anwendungen), Prozessautomatisierung (Workflow-Systeme), Call Center-Technologie, Wissensmanagement- und Dokumentenverarbeitungssysteme und Internet/Intranet Anwendungen. Damit ein Dienstleistungsmodell auf Basis eines SSC reibungslos funktioniert, sind intensiver Datenaustausch sowie regelmäßige Abstimmung und Koordination zwischen SSC und Geschäftsbereichen/Divisionen nötig. Ohne Informationstechnologie wären die Koordinationskosten so hoch, dass sie die Kosteneinsparungen *auffressen* würden.

Die Steuerung des SSC durch Geschäftsbereiche/Divisionen erfolgt anhand eines formalisierten Kunden-Lieferanten-Verhältnisses. Der Geschäftsbereich/die Division kauft als Kunde ein bestimmtes Dienstleistungspaket vom SSC zu vereinbarten Kosten, Qualitätskriterien und Lieferzeiten. Die Bedingungen für diese Dienstleistungen werden jährlich ausgehandelt und in einem Servicevertrag zwischen beiden Parteien dokumentiert (Service Level Agreement/SLA). Ferner werden sie regelmäßig von beiden Parteien geprüft und kontrolliert. So sind hohes Engagement und große Kundenorientierung für die Dienstleistungen des Partners gewährleistet – ein Faktor, der im alten Modell zentraler Stabsabteilungen fehlte.

Mit der Bildung des SSC ändert sich auch der Charakter der Zusammenarbeit radikal. Im Gegensatz zur hauptsächlich intern gelenkten Stabsabteilung arbeitet ein SSC wie eine kommerzielle und kundenorientierte Einheit, die sich auf Erreichung der Ergebnisse konzentriert, die ausdrücklich mit den Geschäftsbereichen/Divisionen vereinbart und vertraglich festgelegt wurden. Unternehmenseinheiten können und dürfen von einem SSC das Gleiche erwarten wie von einem externen Lieferanten. Der Unterschied zum wirklichen Kunden-Lieferanten-Verhältnis besteht darin, dass ein Geschäftsbereich/eine Division nicht immer die Freiheit hat, auf Wunsch auch mit anderen Lieferanten zu arbeiten – das Prinzip der Konkurrenz funktioniert hier nicht wirklich.

Die Bündelung unterstützender Dienste (und auch primärer Geschäftsprozesse) in einem SSC hat verschiedene Vorteile:

- Kosteneinsparungen durch Skaleneffekte, Einkaufsvorteile, höhere Produktivität, Beseitigung von Redundanzen, Prozessoptimierung

- Steuerung und Umsetzung der gewünschten Veränderungen in den Geschäftsprozessen durch Standardisierung, höhere Transparenz, bessere Integration, höhere Flexibilität der Organisation, bessere und konsistentere strategische Informationen

- Qualität und bessere Dienstleistungen durch kundenorientierteres Vorgehen, höhere Professionalisierung, Investitionen in bessere Instrumente und Infrastruktur.

Wie bereits erwähnt können sowohl Teile primärer Prozesse als auch unterstützende Aktivitäten und besondere Dienstleistungen in einem SSC untergebracht werden. Das wichtigste Kriterium für die Erbringung bestimmter Dienstleistungen in einem SSC ist, dass sie generisch genug sind und sich präzise in einem SLA beschreiben lassen (Strikwerda)[1]. In der Praxis sehen wir, dass sich ein SSC eher für unterstützende Dienste anbietet als für primäre Prozesse, da diese generischer sind und geringeren Einfluss auf die Kernziele des Unternehmens haben.

Zusammengefasst können wir ein SSC wie folgt definieren (Strikwerda, 2004)[2]:

---

1   J. Strikwerda, Shared Service Centers. Van kostenbesparing naar waardecreatie, Van Gorcum, Assen, 2004.
2   Ebd.

»Ein SSC ist eine ergebnisverantwortliche Einheit in der internen Organisation eines Konzerns, die anhand eines Vertrags und zum Verrechnungspreis spezialisierte Dienstleistungen an Betriebseinheiten dieses Konzerns liefert.«

Verhältnis zu Implementierung von IT-Systemen und Outsourcing

Die Einführung des SSC wird häufig in einem Atemzug mit der Implementierung von IT-Systemen und Outsourcing genannt. Zunächst einmal möchten wir darauf hinweisen, dass es sich bei Outsourcing und SSC um Organisationsformen handelt, während HR-IT-Systeme Mittel sind, die in diesen Organisationsformen eingesetzt werden.

Implementierung von IT-Systemen

Die Entwicklung im SSC wird in hohem Maße erst durch die Verfügbarkeit der Informationstechnologie ermöglicht. Die Praxis zeigt, dass umfassende SSC Operationen nur auf Grundlage wohldurchdachter IT-Architektur erfolgen können. Sie ist die Voraussetzung für Qualität und Geschwindigkeit der Dienstleistungen (unmittelbarer Zugriff auf alle kundenrelevanten Informationen, Fortsetzung von laufenden Vorgängen), für Kontrolle und Steuerung der Dienstleistungen (Workflow Management, Berichte und Steuerungsinformationen) und für Einsparpotenzial (Automatisierung von Aufgaben, Stelleneinsparungen durch HR Self Service). Darüber hinaus benötigen IT-Systeme ein hohes Maß an Standardisierung der Prozesse – in vielen Fällen sogar die Zielsetzung, die mit der Einführung eines Systems angestrebt wird, was die Einführung eines SSC erheblich erleichtert.

Outsourcing

Die Implementierung eines SSC vereinfacht die Auslagerung von Dienstleistungen. Das Kunden-Lieferanten-Verhältnis zu einem SSC als selbständig operierende Einheit in einem Konzern lässt sich mit dem zu einem externen Dienstleis-ter vergleichen. Nachdem Aktivitäten und Dienstleistungen in einem SSC ge-   bündelt wurden, stellt sich die Frage, ob diese Dienstleistungen oder ein Teil da-von nicht preisgünstiger und effizienter und mit noch besserer Nutzung der   Skaleneffekte von einem externen Partner erbracht werden können. Das SSC könnte für verschiedene Kunden arbeiten und so Fixkosten und weitere Investi-tionskosten über mehrere Parteien verteilen.

Natürlich ist es leichter, ein bestehendes und gut funktionierendes SSC auszulagern (zu einem guten und transparenten Preis mit begrenzten Risiken), statt Prozesse in die Hände von Dritten zu geben, die noch einer deutlichen Verbesserung bedürfen und deren Erträge, Kosten und Risiken unklar sind. Daher wird in der Praxis oft folgende Reihenfolge für Auslagerungsmaßnahmen eingehalten:

1. Vereinfachung, Standardisierung und Automatisierung von Prozessen,

2. Bündelung von Prozessen in einem SSC,

3. Auslagerung eines SSC an eine externe Partei.

Der Vorteil dieses schrittweisen Vorgehens ist, dass man auf vorangegangene Ergebnisse aufbauen kann und so die Übersicht über Erträge, Kosten und Risiken des jeweils nächsten Schrittes behält. Dennoch bevorzugen einige Unternehmen, mehrere Schritte zu kombinieren, um den Prozess zu beschleunigen.

Shared Services Center für die HR-Funktion

SSC für die unterstützenden Dienste begann als Modell vor allem für die Finanzbuchhaltung: Verwaltung, Rechnungstellung, Debitoren- und Kreditorenbuchhaltung, Steuern, Konsolidierung. Grund dafür waren viele routinemäßige Aufgaben, hohes Maß an Dopplungen bei diesen Aufgaben in der (internationalen) Organisation und immer bessere Verfügbarkeit verschiedener Softwareanwendungen, die diese Bündelung unterstützten. Kosteneinsparungen durch effizientere Bearbeitung der Routineaufgaben, bessere Bereitstellung von Finanzinformationen und schnellere Konsolidierung waren in vielen Fällen die wichtigsten Triebfedern für die Einführung eines Finance SSC. Außerdem konnten viele Finanzprozesse wegen ihres generischen Charakters trotz verschiedener Anforderungen von nationalen Behörden an die Finanzverwaltung relativ leicht standardisiert werden. Dadurch konnten bei der Bündelung der Aufgaben in einem Finance SSC die Skaleneffekte optimal genutzt werden.

Auch die IT-Funktion setzte schnell auf SSC. Das hing vor allem mit der Entscheidung der Großunternehmen – vor dem Hintergrund zunehmender Internationalisierung – zusammen, unternehmensweit standardisierte IT-Systeme für betriebskritische Anwendungen einzusetzen. Sobald diese Systeme standardisiert sind, ist der nächste logische Schritt, auch Entwicklung, Einkauf, Implementierung und Wartung zu standardisieren und über ein SSC Größen- und Kostenvorteile zu nutzen.

Ab Mitte der neunziger Jahre wurde SSC auch als eine Möglichkeit zur Verbesserung von Qualität und Kosten der HR-Dienstleistungen eingesetzt. Der Umstand, dass die HR-Funktion erst in späterem Stadium der SSC Entwicklung angegliedert wurde, hängt mit verschiedenen Faktoren zusammen:

- *Mangelnde Eindeutigkeit der Dienstleistungen.* Die HR-Dienstleistungen lassen sich – je nach Vision in diesem Bereich – auf sehr unterschiedliche Weise gestalten und weisen daher äußerst vielfältige Arbeitsweisen auf. Das hängt sowohl mit dem starken persönlichen Einfluss durch die HR-Fachkräfte als auch mit den besonderen Erwartungen des Linienmanagements zusammen. Standardisierung und damit auch Bündelung sind viel schwieriger umzusetzen.

- *Unklarheit über Rollenverteilung und Zuständigkeiten.* Human Resource Management (HRM) ist grundsätzlich die Aufgabe von Linienmanagern und Mitarbeitern mit der HR-Funktion in einer Unterstützungs- und Dienstleistungsrolle. In der Praxis sind diese Rollen jedoch nicht immer sehr deutlich abgegrenzt. Da das Linienmanagement HRM nicht immer angemessen durchführt, fühlen sich HR-Manager häufig in einer *erzieherischen* und sogar einer Ersatzrolle. Reine Dienstleistungskonzepte wie das SSC scheinen dann immer weniger die Lösung zu sein. Mehr noch: Sowohl die HR-Funktion als auch das Linienmanagement wollen die HR-Mitarbeiter möglichst nahe an den Geschäftsprozessen halten und nicht *weit weg an zentraler Stelle* platzieren.

- *Relativ späte Entwicklung von HR-IT-Systemen.* Die Entwicklung im SSC wird in hohem Maße erst durch die Verfügbarkeit der Informationstechnologie ermöglicht. Diese IT ist für das HRM erst gegen Ende der neunziger Jahre wirklich interessant geworden (*e-HRM-Boom*).

- *Es fehlt oft ein genaues Bild der Gesamtkosten für die HR-Funktion.* Dadurch fehlt auch häufig ein starker Impuls zu Rationalisierung, Standardisierung und Kostenbegrenzung.

- *Die HR-Funktion muss stärker die landesspezifischen Aspekte wie nationale Gesetzgebung, Sprache und Kultur berücksichtigen.* So gibt es große Unterschiede bei den Arbeitsgesetzen in verschiedenen Ländern: Mitarbeiter müssen meist vor Ort angeworben werden, nationale und sogar regionale, kulturspezifische Elemente spielen eine wichtige Rolle bei der Durchführung von HRM Prozessen. Außerdem beherrschen nicht alle Mitarbeiter die englische Sprache, so dass viele ihrer Fragen in der eigenen Sprache beantwortet werden müssen. Die Standardisierung im HRM über Ländergrenzen hinweg ist dadurch nicht oder weniger selbstverständlich.

- *Bei Finance SSC ist nur eine begrenzte Anzahl von Managern und Mitarbeitern im Finanzbereich betroffen.* Durch eine Änderung der HR-Prozesse sind meist alle Mitarbeiter betroffen. Insbesondere der direkte Kontakt über ein Call Center ist beim HR SSC in aller Regel notwendig.

3.1.2 Gründe für die Entscheidung von Unternehmen für HR Shared Services

Die Vorteile, die Unternehmen mit der Einführung eines HR SSC erzielen wollen, unterscheiden sich nicht wesentlich von den Vorteilen, die man mit SSC für andere unterstützende Dienste erzielen will – Kosten-, Steuerungs- und Qualitätsvorteile. Beim konkreten Inhalt dieser erwarteten Vorteile zeigen sich jedoch einige für die HR-Funktion spezifische Akzente. Nachstehend betrachten wir die am häufigsten genannten Vorteile.

Kosteneinsparungen

Realisierung von niedrigeren Kosten der HR-Funktion

Häufig passt die Realisierung von Kosteneinsparungen der HR-Funktion in ein unternehmensweites Kostensenkungsprogramm, das auch für die HR-Funktion spezielle Einsparziele vorsieht. Obwohl Kosteneinsparungen für die HR-Funktion nicht immer der vorherrschende Grund für die Einführung eines HR SSC sind, ist dieser Vorteil doch sehr greifbar und konkret. Einsparungen von 30 bis 40 % bei den Betriebskosten für die HR-Funktion sind nicht ungewöhnlich. Ein von *PA* betreutes Bankinstitut hat beispielsweise 38 % der Betriebskosten eingespart.

Ein Teil der Einsparungen wird durch Personalkürzungen erzielt, da Prozesse effizienter gestaltet und weitgehend automatisiert werden. Außerdem werden Duplizierungen abgebaut und höhere Arbeitsproduktivität (durch Skaleneffekte) erreicht. Bei dem Bankinstitut führte dies zur Reduzierung des Personalbestands der HR-Funktion um 44 % (1350 FTE für HR-Mitarbeiter auf eine Population von 75.000 Mitarbeitern zu 750 HR-Mitarbeitern). Weitere Einsparungen wurden bei Softwarelizenzen und -pflegekosten, durch bessere Nutzung der Investitionsgüter (Software, HR-Instrumentarium), durch Einkaufsvorteile (höhere Rabatte und Eliminierung von Dopplungen im gebündelten Einkauf) sowie durch Senkung der externen Ausgaben (dank besserer Organisation werden Aufgaben intern durchgeführt) erzielt. HR SSC ist allerdings aufgrund nicht zu unterschätzender Investitionen nicht der geeignete Weg, wenn kurzfristige Kosteneinsparungen erzielt werden sollen. Nach der Ausgangsinvestition kam der Return on Investment für die Einrichtung des HR SSC im Bankinstitut nach drei Jahren.

Realisierung von niedrigeren Kosten für das Linienmanagement

Hier gilt es, die häufig verborgenen, aber sehr umfangreichen Kosten für das Linienmanagement zu reduzieren, die mit der Zeit zusammenhängen, die das Linienmanagement für HRM-Aufgaben aufwenden muss.

Steuerungsvorteile und Unterstützung von betrieblichen Veränderungen

- *Schaffung größerer Einheit, Eindeutigkeit, Konsistenz und Transparenz* in der Arbeitsweise des Unternehmens durch Standardisierung und Bündelung der bestehenden Vielfalt von Prozessen und Vorgehensweisen. Der konkrete Anlass dafür kann beispielsweise eine Fusion oder Übernahme sein oder auch eine Entwicklung hin zu einem integrierten Unternehmen (*One Company*). Die Bündelung von Prozessen in einem HR SSC bewirkt eine strukturelle Verankerung der durchgeführten Standardisierung.

- *Realisierung von Synergieeffekten* in bestimmten HR-Prozessen. Ein Beispiel ist die Schaffung eines internen Arbeitsmarkts über die Grenzen von Geschäftsbereichen/Divisionen hinweg mit einem internen Mobilitäts- oder Auswahlzentrums. Dadurch werden freie Stellen nicht nur schneller besetzt, sondern man kann auch flexibler auf akuten Personalbedarf und/oder auf die Lösung von Problemen mit Personalüberschüssen reagieren. Außerdem werden die Karrieremöglichkeiten für Mitarbeiter im Unternehmen erheblich verbessert. Damit lassen sich auch Spitzentalente besser anwerben und halten.

- *Realisierung besserer Versorgung mit Managementinformationen* durch die Standardisierung von HR-Prozessen und -Systemen sowie durch die Arbeit mit nur einem HR-Informationssystem, das vom HR SSC verwaltet wird.

- *Realisierung strategischer Flexibilität:* Dank der Erbringung unterstützender Dienste, auch der HR-Funktion, in einem SSC wird es für den Konzern einfacher, neue Geschäftsbereiche/Divisionen zu gründen, bestehende Einheiten zu veräußern oder neu erworbene Unternehmen zu integrieren.

- *Effizientere Gestaltung der operativen HR-Aufgaben.* Dadurch wird mehr Zeit für die strategischen Unterstützungs- und Entwicklungsaufgaben der HR-Funktion frei. Einige HR-Berater können sich dann, sofern sie über die notwendigen Fertigkeiten, Kompetenzen und Glaubwürdigkeit verfügen, zu einem HR Business-Partner entwickeln.

Verbesserung der Qualität der Dienstleistungen

- *Realisierung von höherem Serviceniveau für interne Kunden* – Geschwindigkeit, Erreichbarkeit, Kundenorientierung, Preis, Angebot, Controlling, Transparenz – und höhere Kundenzufriedenheit. Der Beitrag der HR-Funktion, den das Linienmanagement nicht immer als besonders greifbar empfindet, wird nun deutlich transparenter und messbar. Bei der genannten Bank verdoppelte sich die Kundenzufriedenheit nach Einführung des HR SSC.

- *Realisierung höherer Qualität der HR-Dienstleistungen* durch Spezialisierung, Professionalisierung und Einführung von Best Practices. Aufgrund des relativ geringen Volumens bei der Nachfrage nach speziellen Dienstleistungen ist es schwierig, in jedem Geschäftsbereich/jeder Division ausreichend inhaltliches Know-how aufzubauen oder andernorts entwickelte Best Practices in die Praxis umzusetzen. Die Bündelung sowohl der Fragen auf der Nachfrageseite als auch des Sachverstands der HR-Funktion in einem SSC bewirkt eine Qualitätssteigerung.

- *Bessere Steuerung von externen Lieferanten* und systematische Überwachung der Servicequalität der Lieferanten durch die Bündelung von Nachfrage und

Steuerung. So entstehen nicht nur bessere Verhandlungsposition und niedrigere Kosten, sondern auch Gewährleistung für die Qualität der Dienstleistungen. Vor allem bei umfassender Auslagerung von Aufgaben an externe Partner, wie Personaladministration oder Personalwerbung und -auswahl, ist dies ein wichtiger Faktor. Wie bereits im ersten Kapitel beschrieben, erfolgt diese Steuerung häufig direkt über den HR Business-Partner. In den Fällen, in denen das SSC als Hauptlieferant für die Durchführung verantwortlich ist, obliegt ihm auch die Steuerung.

3.1.3 Erscheinungsformen und Anwendungsbereiche von HR Shared Services

HR SSC können in der Praxis in den unterschiedlichsten Formen gestaltet sein. Die jeweilige Form hängt von der Art des Unternehmens und den speziellen HR-Diensten ab, die im SSC untergebracht werden.

Häufig werden nur operative HR-Dienstleistungen an ein HR SSC übertragen. Strategie- und Kursentwicklung sowie Entscheidungen in diesen Bereichen können nicht übertragen werden. Die Verantwortung dafür bleibt beim (Spitzen) Management des Konzerns oder der Geschäftsbereiche/Divisionen, vom HR Business-Partner unterstützt. Es ist wichtig, beim Denken über das Aufgabenpaket des SSC zwischen Serviceaufgaben und normierenden/regulierenden Aufgaben zu unterscheiden, um Zuständigkeitskonflikte zu vermeiden. Die erste Aufgabengruppe wird anhand einer Kunden-Lieferanten-Beziehung durchgeführt – Linienmanagement und Mitarbeiter des Unternehmens sind die Kunden. In dieser Rolle kann das SSC für Aspekte wie Kundenfreundlichkeit, Kosten, Qualität, Geschwindigkeit beurteilt werden. Wenn ein SSC auch normierende und regulierende Aufgaben erfüllt (beispielsweise Durchführung von HR Audits oder Überwachung der Einhaltung von Vorschriften), liegt kein Kunden-Lieferanten-Verhältnis zu diesen Gruppen mehr vor.

Sie sind in diesem Fall der Untersuchungsgegenstand, Auftraggeber und Kunde ist nun die Unternehmensleitung. Ein solcher Rollenwechsel kann auf Kosten des Vertrauensverhältnisses gehen. Solche Rollenprobleme gilt es unbedingt zu vermeiden. Die durchführenden normierenden/regulierenden Aufgaben sollten daher beim HR Business-Partner untergebracht werden. Wird das SSC im Rahmen dieser Tätigkeiten um die Übernahme von ausführenden Aufgaben ersucht, sollte den Kunden deutlich gemacht werden, dass das SSC nur bestimmte Aufgaben (Zusammentragen und Analyse von Daten) übernimmt und die Interpretation und Schlussfolgerungen dem HR Business-Partner überlässt. Im Folgenden werden wir einige Dimensionen beschreiben, in denen sich SSC voneinander unterscheiden. In Abschnitt 3.3 werden wir näher darauf eingehen, welche Form sich am besten für welche Situation eignet.

Transaktionale gegenüber auf Know-how gründenden HR SSC

Bei transaktionalen HR SSC geht es vor allem um standardisierte Verarbeitung eines großen Volumens verwaltungsmäßiger Routineaufgaben im HR-Bereich. Beispiele sind die Personaladministration oder ein HR Helpdesk, bei dem relativ einfache Fragen von Führungskräften und Mitarbeitern zu den unterschiedlichsten HR-Angelegenheiten und -Regelungen beantwortet werden. Das Geschäftsmodell entspricht einer Art großer *Verwaltungsfabrik*, in der es vor allem um schnelle, akkurate und effiziente Verarbeitung einer großen Menge standardisierter Aktivitäten geht. Der Pluspunkt liegt bei den Größen- und Effizienzvorteilen und damit in der Kostensenkung pro produzierter Dienstleistungseinheit. Diese transaktionalen SSC werden auch als *Center of Scale* bezeichnet.

Bei Expertise-orientierten HR SSC liegt der Akzent auf der Bündelung hochwertiger und detaillierter Kenntnisse für Beratung und Dienstleistungen. Dabei handelt es sich um Fragen, deren Bearbeitung spezielle Kenntnisse voraussetzt und die sich nicht so leicht standardisieren lassen. Die Qualität der Beratungen und formulierten Lösungen ist ein wichtiger Faktor. Auf diese SSC kann bei Fragen zum Thema Vergütungen, Lernen und Entwicklung, Leistungsbeurteilungen, Führungskräfteentwicklung, Unternehmensentwicklung, Karrieremanagement, Anwerbung und Auswahl von Managern und Fachkräften usw. zurückgegriffen werden. Diese Wissenszentren sind im Allgemeinen von geringerem Umfang als transaktionale SSC. Expertise-orientierte HR SSC arbeiten direkt für den Kunden und dürfen nicht mit den *Denk- und Entwicklungs*-Einheiten verwechselt werden, die Strategie, Prozesse und Instrumente für einen bestimmten HR-Bereich entwickeln. Letztere werden auch als *Center of Excellence* bezeichnet. Sie versorgen das HR SSC mit Kenntnissen und Know-how, so dass sich das HR SSC voll und ganz auf die optimale Durchführung seiner Aufgaben konzentrieren kann. Diese *Center of Excellence* sind als verlängerter Arm der HR Business-Partner Funktion zu betrachten. Sowohl die Expertise als auch die transaktionalen HR SSC können in einem Unternehmen vorkommen und Teil eines integrierten Dienstleistungs- und Geschäftsmodells für das HRM sein.

Physische gegenüber virtuellen HR SSC

Viele HR SSC sind physisch an einem Ort gebündelt. Die Mitarbeiter sitzen gemeinsam an einem Ort und bedienen von dort aus die internen Kunden. Die IT-Infrastruktur ermöglicht für einen Großteil der Fragen die ortsungebundene Erledigung. Für Fragen, in denen der persönliche Kontakt nötig ist, können ein Counter oder Besprechungsräume eingerichtet werden. Verfügt das Unternehmen über mehrere Niederlassungen an weit auseinander liegenden Orten, ist auch die Gründung lokaler Nebenstellen möglich. Diese operieren dann zwar an einer anderen Stelle, fallen jedoch direkt unter die Leitung des HR SSC. Mit dieser Linie der physischen Verteilung (von einer zentralen Leitung aus) gelangt man zur Idee virtueller HR SSC. Alle Mitarbeiter bleiben an ihrem ursprünglichen Ort, arbeiten jetzt aber mit Hilfe der IT und Kommunikationstechnologie in einem Team zusammen. Bei solchen Teams sind Leitung und Schaffung einer gemeinsamen, kundenorientierten Kultur eine viel schwierigere Aufgabe, als wenn die Mitarbeiter an einem Ort zusammensitzen.

Nationale gegenüber internationalen HR SSC

Da viele HR-Aufgaben an die nationale Gesetzgebung, Sprache und Kultur gebunden sind, bieten sich in erster Linie national agierende HR SSC an. Das bedeutet jedoch nicht, dass internationale HR SSC ausgeschlossen wären. Ihr Aufgabenfeld könnte sowohl in transaktionalen als auch in spezialisierten Dienstleistungen liegen. Internationale HR SSC eignen sich für besondere HR-Dienstleistungen für internationale Zielgruppen, wie High Potentials, Expatriates und Spitzenmanager. Mögliche Aufgabenfelder sind Führungskräfteentwicklung, Training, Werbung, Vergütung, Relokation.

Aber auch die Personaladministration mit dazugehörigen Kundenkontakten kann auf internationaler Ebene bearbeitet werden. Das erfordert mehrsprachige SSC Mitarbeiter, die Kunden in der jeweiligen Muttersprache betreuen können und sich ausreichend mit der lokalen Gesetzgebung auskennen. So delegiert ein internationaler Chemiekonzern alle transaktionalen HR-Fragen in Europa an ein HR SSC in Spanien. Vergleichbar wird in einem internationalen Unternehmen der Telekommunikationsbranche die Region Nordeuropa von den Niederlanden und Südeuropa von Spanien aus bedient. Ein internationales Technologieunternehmen bündelt transaktionale Aufgaben für Europa in Großbritannien: administrative Verarbeitung aller Datenänderungen, Verarbeitung der Payroll, Administration von Employee Benefits und Unterstützung des HR ERP-Systems.

Cost Center gegenüber Profit Center

Diese Unterscheidung bezieht sich auf das wirtschaftliche Modell eines HR SSC. In einem Cost Center erfolgt die Steuerung anhand der Gesamtkosten. Dafür wird ein Gesamtbudget erstellt, das voraussichtliche Dienstleistungen an Kunden zum Kostenpreis spiegelt. Die meisten Unternehmen entscheiden sich für diesen Typ, da er die größte Nähe zur Gewohnheit und die geringsten Reibungsverluste hat. Dieser Typ geht oft mit dem Prinzip zentraler Dienstleistungszentren einher.

Beim Modell des Profit Center fungiert das HR SSC als Geschäftsbereich, der sich selbst tragen muss und möglichst Gewinne einfahren soll. Dies ist dann sinnvoll, wenn das HR SSC auch für Dritte tätig wird. In diesem Fall können verschiedene Mechanismen greifen, um Dienstleistungen und Preise an die Kunden weiterzuberechnen.

Das Konzept eines Profit Center kann jedoch nur dann richtig funktionieren, wenn die abnehmenden Geschäftsbereiche/Divisionen frei entscheiden können, ob sie die Dienste des HR SSC in Anspruch nehmen wollen oder nicht. Dieses Modell erzeugt allerdings auch große Spannungen, da hier ein Wettbewerbselement in die gegenseitigen Arbeitsbeziehungen eintritt. So werden sich Geschäftsbereiche/Divisionen fragen, ob sie nicht zu viel für die geleisteten Dienste zahlen und ob ihr Gewinn nicht zugunsten eines anderen Profit Center abgeschöpft wird – mögliche Folge ist ein Klima des Misstrauens. Es darf auf keinen Fall so sein, dass das HR SSC im Zuge eigener Wertschöpfungsziele seine Unterstützungsfunktion aus dem Auge verliert. Das HR SSC hat eine Funktion im Ganzen und ist niemals ein Ziel an sich.

3.1.4 Wie funktioniert ein HR SSC?

Ein HR SSC hat keine isolierte Position, sondern muss in ein integrales Modell der HR-Dienstleistungen eingebettet sein. Der Prozess zur Erstellung des HR-Dienstleistungsmodells (Service Delivery-Plan und Service Level Agreement) wurde bereits im ersten Kapitel über den HR Business-Partner erläutert. Im Folgenden werden wir ein Beispiel eines HR-Dienstleistungsmodells mit einem HR SSC in zentraler Position skizzieren. Dadurch können wir Zusammenhang und interne Wirkungsweise des HR SSC aufzeigen.

Abbildung 3.1 zeigt ein generisches HR-Dienstleistungsmodell, in welchem viele Unternehmen ihre eigenen Situation erkennen werden. Unterschiede liegen jedoch in Aktivitäten und Zuständigkeiten, die die einzelnen Unternehmen im HR SSC unterbringen, in der Gestaltung der Dienstleistungs- und Zugangskanäle sowie der Arbeitsbeziehungen untereinander. So ging beispielsweise die von *PA* betreute Bank bei der Einführung des HR SSC-Konzepts recht radikal vor. Nahezu alle HR-Mitarbeiter wurden dem HR SSC zugewiesen, einschließlich der generalistischen HR-Berater. Das Prinzip lokaler HR-Berater, die operative oder taktische Aufgaben in den Geschäftsbereichen/Divisionen verrichteten, wurde abgeschafft. Pro Geschäftsbereich/Division (zwischen 5.000 und 10.000 Mitarbeiter) gibt es nur noch einen HR Business-Partner, der sich mit den strategischen HR-Fragen für den Geschäftsbereich bzw. die Division befasst. In vielen anderen Unternehmen möchte man nicht so weit gehen und behält lokale HR-Stellen, um das lokale Linienmanagement bei der Durchführung operativer und taktischer HRM-Fragen zu unterstützen.

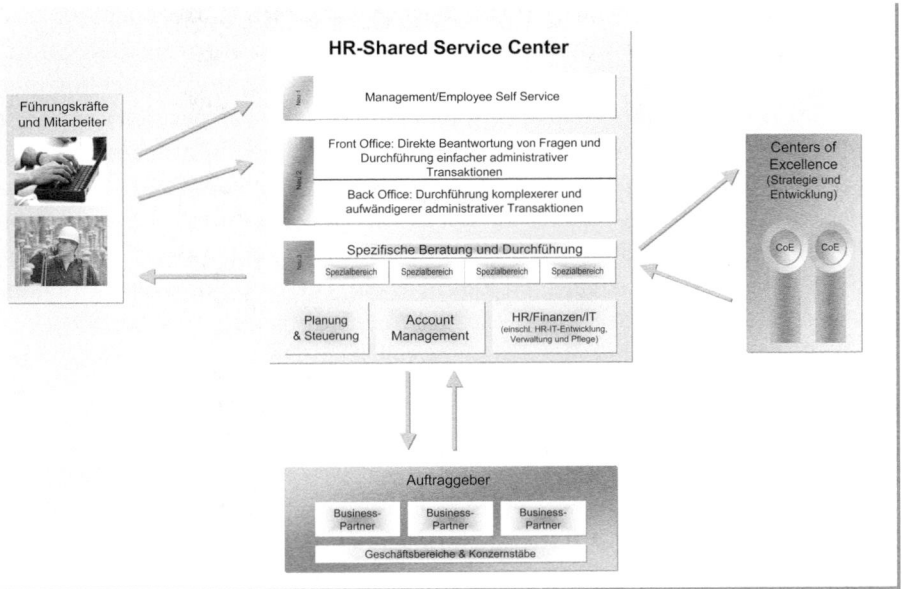

Abb. 3.1: Modell von HR-Dienstleistungen

Weitere Rollen im Dienstleistungsmodell

In diesem Dienstleistungsmodell finden sich neben dem HR SSC noch drei weitere Rollen:

- die Auftraggeber: Management der Geschäftsbereiche/Divisionen und des Gesamtkonzerns,
- die Kunden: Mitarbeiter und Linienmanager, die die HR-Dienstleistungen in Anspruch nehmen,
- die strategischen Entwicklungseinheiten, auch Centers of Excellence genannt.

Im Folgenden werden wir diese Akteure näher betrachten: Wie sind die Rollen und Zuständigkeiten verteilt, wie verhalten sie sich zum HR SSC und zueinander?

Auftraggeber

Bei den Auftraggebern handelt es sich um Managementteams der autonomen Geschäftsbereiche/Divisionen oder Konzernstäbe – Hauptkunden der HR-Dienstleistungen. Sie werden von einem HR Business-Partner vertreten, der verschiedene strategische HR-Aufgaben wahrnimmt: Unterstützung des Managements des Geschäftsbereichs/der Division bei der Gestaltung der HR-Strategie, beim Einkauf aller Mittel, die zur Umsetzung der HR-Strategie notwendig sind, und bei der Überwachung der Anwendung dieser Mittel und der Umsetzung der

Strategie. Der HR Business-Partner unterstützt das Geschäftsbereichs-/Divisionsmanagement bei der Umsetzung der Unternehmensziele in eine HR-Strategie und in den genauen Bedarf an HR-Dienstleistungen und -Unterstützung. Auch die Konzernleitung hat einen eigenen HR Business-Partner, den Corporate HR-Leiter. Seine Aufgabe ist es, für die Entwicklung einer unternehmensweiten HR-Strategie im Gesamtzusammenhang zu sorgen (siehe Kapitel 1). Anschließend kauft der Business-Partner die Dienstleistungen beim HR SSC zu den im Vorfeld festgelegten Bedingungen (Preis, Qualität, Lieferzeit usw.) und innerhalb des vom Konzern festgelegten Rahmens ein. Diese vereinbarten Bedingungen werden in einem Service Level Agreement festgelegt. Das Service Level Agreement ist ein Prüfstein, an dem alle geleisteten Dienste regelmäßig gemessen und bei Bedarf korrigiert werden.

Kunden

Mitarbeiter und Führungskräfte können sich für Transaktionen und Fragen direkt und generell ohne Vermittlung eines lokalen HR-Beraters an das HR SSC wenden. Die Kanäle, über die sich Kunden mit dem HR SSC in Verbindung setzen können, können pro Unternehmen verschieden sein. Bei der bereits genannten Bank hat man sich für die traditionellen Kanäle entschieden: Telefon, E-Mail oder Brief. Für verschiedene Informationen und Antworten auf häufig gestellte Fragen steht auch ein HR-Portal zur Verfügung. Bei technisch hoch entwickelten Unternehmen verläuft der Kontakt zwischen Mitarbeitern/Führungskräften und dem HR SSC hauptsächlich über das HR-Portal mit direktem Zugang zu den darunter liegenden Systemen. Alle Transaktionen müssen von den Mitarbeitern und Führungskräften über das HR-Portal angestoßen werden. Die HR Self Service-Potenziale wurden maximal ausgeschöpft – das Portal ist übersichtlich und kundenfreundlich gestaltet.

Da Mitarbeiter und Führungskräfte häufig unterschiedliche Fragen haben, stellen manche Unternehmen zwei getrennte Servicekanäle zur Verfügung. Über den einen Kanal können Führungskräfte ihre Fragen beispielsweise über das Führen von Mitarbeitergesprächen, Kündigungsrecht, krankheitsbedingten Arbeitsausfall oder zur Personalbesetzung stellen, während sich die Mitarbeiter über einen anderen Kanal zu Fragen beispielsweise über Rente, Urlaubsansprüche oder Gehaltsabrechnungen erkundigen können. Wenn HR Self Service-Anwendungen die Dienstleistungen stark unterstützen, haben die Mitarbeiter und Führungskräfte über ihr eigenes Portal auch Zugang zu besonderen speziell für sie relevanten Anwendungen und Informationen.

Außerdem können Mitarbeiter und Führungskräfte die HR-Dienstleistungen nutzen, die das HR SSC mit den Geschäftsbereichen/Divisionen vereinbart und im Service Level Agreement festgelegt hat. So kann ein Linienmanager direkt mit dem HR SSC-Maßnahmen zur Personalwerbung einleiten, sobald das Management der Division die Besetzung der Stelle genehmigt hat. Diese Prozesse verlaufen am effizientesten, wenn sie vollständig von IT-Anwendungen wie einem Workflow Management unterstützt werden. Vom HR SSC erbrachte Dienstleistungen können jeden Aspekt im Mitarbeiterlebenszyklus betreffen, wie Abschluss eines Arbeitsvertrags, Wechsel zu einer anderen Stelle, Anmeldung zu einem Training oder Schulungsprogramm usw.

Centers of Excellence

In dem Modell der genannten Bank sind in den Centers of Excellence (CoE) alle strategischen Planungen und Entwicklungsaufgaben untergebracht. Es können mehrere CoE mit jeweils eigenem HR-Spezialgebiet vorhanden sein. Sie entwickeln in ihrem jeweiligen HR-Feld die strategischen Linien, die Best Practices, die Instrumente und bewirken auch deren Umsetzung in die Praxis durch die HR SSC. Die CoE arbeiten bei der Kursentwicklung eng mit der Konzern HR-Leitung und den HR Business-Partnern der Geschäftsbereiche/Divisionen zusammen.

Im Organigramm sind sie als Stabsstellen meist gleich unter der Konzern HR-Leitung angeordnet. Da in diesen Zentren Spitzenkräfte in einem bestimmten HR-Fachbereich tätig sind, werden sie meist auch von den Spezialisten der HR SSC für komplexe oder spezifische Fragen angesprochen. In diesem Modell sollten die Dienstleistungen nicht direkt an interne Kunden geliefert werden. Bei einer weniger umfangreichen HR-Abteilung ist es jedoch denkbar, dass sie für diesen Bereich ihrer Aufgabe Teil eines HR SSC sind und somit auch einen Großteil ihrer Zeit der Dienstleistung für Kunden widmen. In diesem Fall müssen alle strategischen HR-Aufgaben klar und deutlich abgegrenzt sein. Sie unterstehen dann direkt der Konzern HR-Leitung oder dem/den HR Business-Partner(n).

Ansiedlung der Innovation

In diesem Zusammenhang stellt sich auch die Frage, wo die Innovation erfolgen soll – im HR SSC, bei der (Konzern-)HR-Leitung oder bei dem/den HR Business-Partner(n)? Generell lässt sich sagen, dass alles, was der Optimierung bestehender Dienstleistungen dient, vorzugsweise beim HR SSC untergebracht werden sollte. Die Kosten dafür lassen sich ohne größere Probleme in der Rechnung an die Geschäftsbereiche/Divisionen verrechnen. Strukturelle Erneuerungen sind jedoch Sache der HR-(Konzern-)Leitung und des/der Business-Partner(s).

Dienstleistungsebenen

Im dargestellten Modell ist das HR SSC für alle HR-Dienstleistungen an interne Kunden zuständig – sowohl für die transaktionalen als auch für die auf Knowhow basierten Dienstleistungen. Das HR SSC erbringt seine Dienstleistungen direkt an die Mitarbeiter und Führungskräfte. Um diesen Prozess möglichst effizient zu gestalten, werden Kundenfragen an das HR SSC nach Komplexität und nötiger Unterstützung sortiert. So entstehen drei Teilströme von Kundenfragen, die jeweils von einer eigenen Dienstleistungsebene abgedeckt werden: HR Self Service, Bedienung und spezialisierte Beratung.

Dienstleistungsebene 1: HR Self Service über e-HRM

Dieser Service eignet sich für einfache Standardfragen und Basistransaktionen. Das HR-Portal ist so eingerichtet, dass Mitarbeiter und Führungskräfte leicht Antworten auf ihre Fragen finden und einfache Transaktionen selbst durchführen können. Das HR-Portal enthält passive Informationen (beispielsweise relevante Antragsformulare, strategische Richtlinien und Vorschriften, Antworten auf häufig gestellte Fragen) und aktive Anwendungen (Änderung persönlicher Daten, Eingabe von Reisekostenabrechnungen, Cafeteriasystem für Entgeltbestandteile).

Dienstleistungsebene 2: Behandlung von Standardvorgängen

Auf dieser Ebene werden Fälle bearbeitet, die aufgrund ihrer Komplexität nicht im HR Self Service zu regeln sind und persönliche Betreuung erfordern. Andererseits sind sie ausreichend generisch, um standardisiert behandelt zu werden – schnelle und effiziente Verarbeitung großer Datenmengen zu geringen Kosten pro Einheit. In diesem Dienstleistungskanal unterscheidet man meist zwei sich ergänzende Dienstleistungseinheiten: ein Front Office oder Call Center, das Fragen und Transaktionen unmittelbar beantwortet und durchführt, und ein Back Office, das arbeitsaufwändigere administrativen Aufgaben erfüllt.

Im Front Office landen über eine zentrale Telefonnummer alle Telefongespräche von internen Kunden. Der Front Office-Mitarbeiter nimmt die telefonisch gestellte Kundenfrage an, analysiert und qualifiziert sie und registriert sie im Kundenkontaktsystem. Handelt es sich um eine generische Frage oder um eine einfache Transaktion, antwortet der Front Office-Mitarbeiter selbst. Dazu stehen ihm strukturierte Listen mit Fragen und Antworten und Suchfunktionen im System zur Verfügung. Außerdem hat er direkten Zugang zu elektronischen Personendaten und kann selbst einfache Datenänderungen vornehmen. Fragen oder Transaktionen, die nicht unmittelbar bearbeitet werden können, weil sie zu viel Verarbeitungszeit erfordern oder zu spezifisch sind, werden über einen elektronischen Arbeitsauftrag an das Back Office oder die dritte Dienstleistungsebene (spezialisierte Beratung) weitergeleitet.

Das Back Office konzentriert sich auf zeitaufwändigere administrative Verarbeitung. Es erhält seine Aufträge vom Front Office oder direkt vom Kunden, wenn es sich um Briefe, E-Mails oder Fragen handelt, die über den HR Self Service von Mitarbeitern eingeleitet wurden. Back Office-Mitarbeiter werden jedoch generell nicht direkt telefonisch von Kunden angesprochen. Diese Vorgehensweise erlaubt den Fokus auf schnelle und effiziente Abwicklung administrativer Aufgaben. Da der Status der ausstehenden Fragen und Aufträge sowohl vom Front und Back Office als auch von Spezialisten in einem Kundenkontaktsystem festgehalten wird, kann das Front Office seine Kunden jederzeit über den Stand der Dinge informieren.

Dienstleistungsebene 3: Spezialisierte Beratung und Unterstützung

Hier werden die komplexeren Fragen behandelt, die vertieftes Fachwissen und auch mehr Zeit erfordern. In diesem Bereich arbeiten Spezialisten, die sich auf die Fragen konzentrieren können, für die sie ihr Spezialwissen einsetzen, ohne durch Routinefragen abgelenkt zu werden, die auch qualifizierte Generalisten bearbeiten können.

Auswirkungen auf die Kosten

Diese Unterteilung in verschiedene Dienstleistungsebenen hat auch große Auswirkungen auf die Kosten. Die Kosten pro Einheit werden vor allem von den Lohnkosten bestimmt. Für den HR Self Service liegen die Kosten pro Einheit relativ niedrig, für die Behandlung von Standardfragen ein wenig höher und am höchsten für die spezifische Beratung und Verarbeitung. Für Kosten- und Effizienzgesichtspunkte sollten alle Bemühungen dahin gehen, einen möglichst großen Anteil der Dienstleistungen auf den ersten beiden Ebenen zu bearbeiten.

Weitere Aspekte bei der finalen Entscheidung und Einrichtung der Dienstleistungskanäle

Bei der finalen Entscheidung und Einrichtung der Dienstleistungskanäle spielen jedoch nicht nur Kosten und Effizienz eine Rolle. Auch Kundenorientierung, Organisationskultur, Qualität und technische Infrastruktur müssen hier bedacht werden. So muss man sich beispielsweise fragen, inwieweit die HR Self Service-Möglichkeiten von Mitarbeitern und Führungskräften geschätzt und angenommen werden. Haben alle Mitarbeiter Zugang zum Internet? Jedes Unternehmen muss die für seine Situation optimale Mischung an Kanälen ermitteln.

Einzelfälle

Management/Employee Self Service

Eine Führungskraft startet die Lohnrunde. Über sein Portal hat der Manager direkten Zugang zu allen Beurteilungsdaten der Mitarbeiter seines Teams. Das System zeigt auch an, welcher Gesamtbetrag vor dem Hintergrund der Budgets und strategischen Richtlinien seines Geschäftsbereichs/seiner Division für eine Gehaltserhöhung infrage kommt, und bietet die Möglichkeit, verschiedene Simulationen für die genaue Verteilung vorzunehmen. Nach Abschluss der Lohnrunde und nachdem die Führungskraft die definitiven Beträge in das System eingegeben hat, werden sie automatisch in die zentrale Personaladministration übernommen.

Beantwortung von Fragen

Ein Mitarbeiter hat eine Frage zu seiner Gehaltsabrechnung und ruft die zentrale Nummer des HR SSC an. Der Anruf wird vom Front Office-Mitarbeiter im Kundenkontaktsystem registriert. Der Front Office-Mitarbeiter ruft die Daten aus der Personaladministration auf und erklärt dem Mitarbeiter die Berechnungsmethode. Anschließend schickt er die Daten per E-Mail an den betreffenden Mitarbeiter, der sie nochmals in aller Ruhe ansehen kann. Der Front Office-Mitarbeiter schließt den Anruf im Kundenkontaktsystem als *erledigt* ab und notiert das Ergebnis.

Handelt es sich um eine sehr spezielle Frage, beispielsweise zur Klärung von Steuerfragen bei grenzüberschreitendem Arbeiten, registriert der Front Office-Mitarbeiter die Frage im System. Das Workflow Management leitet die Frage automatisch an einen Spezialisten weiter. Am nächsten Tag sendet der Front Office-Mitarbeiter die ausgearbeitete Antwort des Spezialisten an den Mitarbeiter und schließt den Anruf im System als *erledigt* ab. Hat der Mitarbeiter mehrere Fragen zum Steuerthema, die sich besser im Gespräch mit dem Spezialisten beantworten lassen, kontaktiert der Spezialist den Mitarbeiter, behandelt die Fragen entweder telefonisch oder vereinbart einen Termin am Counter oder in einem Besprechungsraum des SSC. Der Spezialist meldet den Anruf im System als *erledigt* und hält das Ergebnis fest.

Durchführung einer Datenänderung

Ein Mitarbeiter möchte Erziehungsurlaub beantragen. Der Front Office-Mitarbeiter füllt mit dem Mitarbeiter telefonisch ein Antragsformular aus, das zur weiteren Bearbeitung an das Back Office weitergeleitet wird. Der Back Office-Mitarbeiter durchläuft alle notwendigen Schritte, erhält über das Workflow Management die erforderlichen Genehmigungen, verarbeitet die Datenänderungen in der Administration und informiert den Mitarbeiter über das Endergebnis. Sollte sich der Mitarbeiter zwischenzeitlich telefonisch nach dem Stand seines Antrags erkundigen, kann jeder Front Office-Mitarbeiter im System erkennen, in welcher Bearbeitungsphase sich der Antrag befindet und dem Mitarbeiter Auskunft erteilen.

Unterstützung beantragen

Eine Führungskraft braucht Rat für einen disziplinarischen Konflikt mit einem Mitarbeiter. Der Front Office-Mitarbeiter leitet diese Frage an einen Berater weiter, der sich mit der Führungskraft in Verbindung setzt und in einem ersten Telefongespräch mit der Führungskraft das Problem analysiert. Bei Bedarf kann ein zweites Telefongespräch geplant oder ggf. eine persönliche Begegnung mit der Führungskraft und dem Mitarbeiter vereinbart werden.

Fragen, die auf der falschen Ebene gestellt werden

Ein Mitarbeiter beantragt eine Bahncard und ruft dazu das Front Office an, ohne erst die HR Self Service-Möglichkeiten auszuschöpfen. Der Frontoffice-Mitarbeiter führt den Mitarbeiter durch das Portal zum elektronischen Antragsformular, das der Mitarbeiter ausfüllen muss. Bei Bedarf hilft der Front Office-Mitarbeiter dem Mitarbeiter beim Ausfüllen des Formulars.

An sich sieht das dargestellte Dienstleistungsmodell relativ logisch aus. Die Herausforderung liegt jedoch darin, das Modell konkret mit Inhalt zu füllen und so zu gestalten, dass es im jeweiligen Unternehmen auch in der Praxis optimal funktionieren kann. Für viele (HR-) Organisationen handelt es sich dabei um eine vollständig neue Vorgehensweise. Alles muss in einem viel größeren Maßstab organisiert und gesteuert werden – bei der Wechselwirkung zwischen den verschiedenen Parteien, die nun aus der Entfernung miteinander arbeiten müssen, kann einiges schief gehen. Was früher vor allem von guten persönlichen Beziehungen und gegenseitigem Vertrauen abhing, hängt in diesem Modell vor allem von gut entwickelten Prozessen, unmissverständlichen Absprachen, präzise definierten Zuständigkeiten und guter IT-Infrastruktur ab. In Abschnitt 3.3 werden wir detailliert auf die Voraussetzungen für reibungsloses Funktionieren eingehen.

Ausbau der internen Managementstruktur

Zur Unterstützung der Dienstleistungen des HR SSC muss auch die interne Managementstruktur ausgebaut werden. Dabei lassen sich drei wichtige Rollen unterscheiden:

Zuständiger für Kundenbeziehungen: Dieser direkte Ansprechpartner für den HR Business-Partner inventarisiert den Bedarf, erstellt gemeinsam mit dem HR Business-Partner das Service Level Agreement und überwacht den Status.

Zuständiger für Management, Planung und Steuerung: Diese Rolle konsolidiert die Service Level Agreements mit den verschiedenen Geschäftsbereichen/Divisionen, formuliert vor diesem Hintergrund operative Ziele und Arbeitsplanung für das HR SSC, setzt diese in messbare Leistungsindikatoren um, sorgt für die Durchführung der operativen Aufgaben, kümmert sich um das tägliche Management, überwacht die Ergebnisse insgesamt und greift bei Bedarf korrigierend ein.

Unterstützungsfunktion: Diese eigene interne Stabsabteilung sorgt für alle unterstützenden Dienste, die für den reibungslosen Betrieb des HR SSC als Organisationseinheit erforderlich sind: eigene Finanzverwaltung, Personalangelegenheiten, IT und Infrastruktur.

3.1.5 Die Schritte zur Implementierung eines HR SSC

Bei erfolgreichen Implementierungen von HR SSC zeigt sich, wie wichtig strukturiertes, methodisches und durchdachtes Vorgehen ist. Das Implementierungsmodell, das *PA* zugrunde legt, ist in Abbildung 3.2 dargestellt.

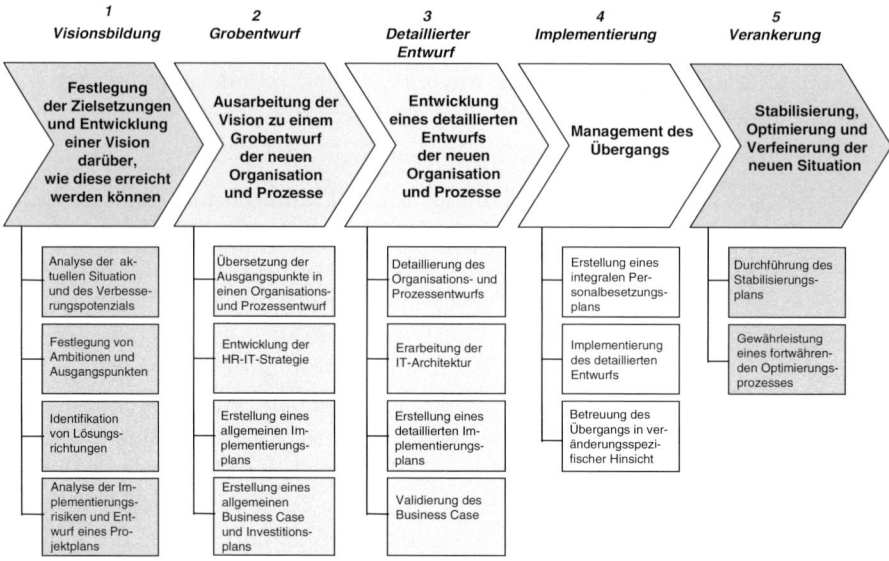

Abb. 3.2: Implementierungsmodell eines HR SSC

In diesem Modell verläuft die Implementierung in aufeinander folgenden Phasen von grob zu fein, um das Konzept in jeder Phase ein wenig mehr zu vertiefen. Nach jeder Phase gibt es einen Meilenstein (Go-/No-Go-Entscheidung). Dadurch verliert man nicht den Überblick über den Prozess und bleibt auf dem gewünschten Kurs. Außerdem wird dadurch vermieden, dass in der Anfangsphase zu sehr in Detailfragen und Ausarbeitungen investiert wird, wenn noch nicht einmal geklärt ist, ob ein HR SSC für dieses Unternehmen überhaupt die interessanteste Lösung ist. Wir unterscheiden die folgenden Phasen:

Phase 1: Bildung einer Vision

Der konkrete Anlass für die Neuausrichtung der HR-Funktion ist häufig, dass HR-Management-Zielsetzungen nicht (angemessen) erreicht werden, Unzufriedenheit über die Art der Unterstützung oder das Kostenniveau der HR-Funktion herrscht. Darum beginnt diese Phase häufig mit einer Analyse der Ausgangssituation der HR-Funktion, der aktuellen HR-Dienstleistungen und ihrer Kosten, um anhand der Ergebnisse das Verbesserungspotenzial einzuschätzen. Darüber hinaus werden in dieser Phase auch die wichtigsten Herausforderungen für die HR-Funktion inventarisiert und die Ambitionen für HR-Management im Unternehmen definiert: »Was erwartet das Unternehmen – jetzt und in Zukunft –

von HRM im Allgemeinen und von der HR-Funktion im Besonderen, was bedeutet das für das Dienstleistungsmodell der HR-Funktion?« Anhand der Analyseergebnisse und der formulierten Ambitionen können die Vorgaben und richtungweisende Leitlinien für die Gestaltung von HRM und HR-Funktion zusammengestellt werden.

Anschließend werden alternative Dienstleistungsmodelle entwickelt und in Grundzügen miteinander verglichen – darunter auch das Modell eines HR SSC. In dieser Phase lässt sich das Szenario eines HR SSC quantitativ und qualitativ gut mit anderen Szenarien und Optionen vergleichen, wie mit einer intensiven Zusammenarbeit zwischen Geschäftsbereichen ohne wirkliches *Sharing*, mit der Standardisierung von Prozessen ohne ihre Bündelung an einem Ort oder mit unterschiedlichen Formen von HR Business Process Outsourcing. Dabei sollten die Implikationen dieser Szenarien für Prozesse, Mitarbeiter, Organisation, Kultur, Standorte und Systeme sorgfältig analysiert sowie die Risiken anhand der Rahmenbedingungen betrachtet werden. Außerdem sollte geprüft werden, ob einer Einführung keine grundsätzlichen Hindernisse entgegenstehen. Die erste Analyse eines bestimmten Dienstleistungsmodells oder alternativer Modelle ist häufig Gegenstand einer speziellen Machbarkeitsstudie.

Kommt man zu einem positiven Ergebnis bei der Betrachtung eines HR SSC, kann grünes Licht für die weitere Ausarbeitung in der nächsten Phase gegeben werden. Das Ergebnis dieser Phase kann darin bestehen, dass in der Führungsspitze des Unternehmens der Konsens über eine weitere Analyse der Option eines HR SSC erzielt wird. Vor diesem Hintergrund wird dann ein Projektplan für die nächsten Schritte erstellt.

Phase 2: Grobentwurf

In dieser Phase wird das HR SSC-Konzept anhand der Ergebnisse der ersten Phase zu einem konkreten Modell weiter ausgearbeitet. Die Funktionsweise dieses Modells ist klar und übersichtlich dargestellt. Bausteine des HR SSC, das im Rahmen des allgemeinen Entwurfs konkret entwickelt wird, sind: Bedienungskonzept, Umfang der vom HR SSC zu liefernden Produkte und Dienstleistungen, betroffene Geschäftsbereiche/Divisionen, Steuerung, Maß der Automatisierung, Personalbesetzung, gewünschte Kultur und Kompetenzen, Implementierungsstrategie. Zudem wird ein allgemeiner Implementierungsplan erstellt. Für das ausgearbeitete Konzept – oder für einige Varianten davon – wird ein detaillierter Business Case mit konkreten Zahlen zu Investitionen und Erträgen und einer Zeitprojektion erstellt. Ziel ist die Genehmigung des Investitionsplans durch die Führungsebene und der definitive Beschluss, ein HR SSC einzurichten.

Phase 3: Detaillierter Entwurf

In dieser Phase erhält die Organisation des HR SSC ihre konkrete Gestalt. Dazu gehört detaillierte Ausarbeitung der verschiedenen Organisationskomponenten und ihres Verhältnisses untereinander: Prozesse, Personal, Organisation, IT, Standort, physische Infrastruktur, Rechtsform und organisatorische Einbindung. Außer einem detaillierten Konzept des HR SSC wird auch ein detaillierter Implementierungsplan inklusive Validierung und bei Bedarf Korrektur des Business Case erarbeitet. Außerdem müssen in diesen Phasen zu konkreten Punkten der Ausarbeitung Entscheidungen getroffen und Prioritäten gesetzt werden. Am Ende dieser Phase gibt der Konzernvorstand grünes Licht für die definitive Implementierung.

Phase 4: Implementierung

In dieser Phase werden die neue Organisationsstruktur und die Prozesse implementiert und die neue IT-Infrastruktur geliefert. Außerdem werden die Mitarbeiter in ihren neuen Funktionen und Rollen geschult.

Phase 5: Verankerung

In dieser Phase werden die neu eingeführte Organisationsstruktur und ihre Prozesse stabilisiert und weiter verankert. Bei Bedarf werden einzelne Punkte noch verfeinert. Das HR SSC muss jetzt in der Lage sein, seine eigenen Leistungen zu messen und bei Bedarf zu korrigieren und sie fortwährend selbst zu verbessern. Außerdem muss kritisch überwacht werden, ob die neuen Arbeitsweisen und die Technologie zur Zufriedenheit funktionieren und ob die beabsichtigten Vorteile aus dem Business Case erzielt werden.

Diese Implementierung ist ein umfassender Veränderungsprozess, der für alle Beteiligten tiefe Einschnitte mit sich bringt. Alte Denk- und Arbeitsweisen müssen zugunsten von neuen losgelassen werden. Bekannte Sicherheiten und Orientierungspunkte verschwinden, die Karten der bestehenden Machtverhältnisse werden neu gemischt. Daher darf das beschriebene Phasenmodell nicht als rein mechanische Übung betrachtet werden. Vielmehr ist die bewusste Einbeziehung der verschiedenen Beteiligten in jede Phase des Prozesses eine notwendige Voraussetzung für das Gelingen. In Abschnitt 3.3 werden wir dieses Modell detailliert ausarbeiten und die wichtigsten Herausforderungen in jeder Phase eingehender betrachten.

3.1.6 Welche Unternehmen arbeiten an der Einführung von HR SSC?

In den Vereinigten Staaten und in Großbritannien ist die Einführung von HR SSC bereits weit fortgeschritten. Viele große internationale Unternehmen verfügen bereits über ein funktionierendes HR SSC, einige dieser Unternehmen denken bereits an die nächsten Schritte, wie weitere Internationalisierung, Kommerzialisierung (Profit Center und Arbeiten für Dritte) und/oder an ein vollständiges Outsourcing ihres HR SSC.

In Kontinentaleuropa sind noch nicht so viele HR SSC in Betrieb. Wir sehen jedoch, dass Unternehmen zunehmend darüber nachdenken, mit der Implementierung beschäftigt sind oder kurz vor dem Abschluss der Implementierung stehen. Dieser Unterschied in der Geschwindigkeit lässt sich wie folgt erklären:

- Angelsächsische Unternehmen und Länder sind in den meisten Managementfragen die Trendsetter. Zudem wird hier in größerem Ausmaß nach neuen Managementmodellen geforscht. Das gilt auch für das Konzept der SSC, das in den Vereinigten Staaten entstanden ist und über Großbritannien schließlich auch den europäischen Kontinent erreicht hat.

- Angelsächsische Unternehmen sind stärker aktions- und ergebnisorientiert und setzen weniger auf Dialogkultur. Die Reduzierung des Personalbestands stößt dort auf weniger grundsätzliche Hindernisse. Deshalb können umfassende Veränderungen, einschließlich SSC, schneller umgesetzt werden. Auf dem europäischen Kontinent erfordert der Prozess mehr Zeit, weil mehr Interessengruppen und eine strengere Sozialgesetzgebung zu berücksichtigen sind.

- Häufig kennzeichnen sich angelsächsische Unternehmen auch durch größere kulturelle Homogenität unter zentraler Leitung, so dass es weniger Mühe kostet, alle Beteiligten hinter sich zu scharen.

In Europa sind die operativen HR SSC vor allem bei multinationalen Konzernen etabliert. Bei diesen Unternehmen zeigt sich häufig auch eine Tendenz zu internationalen SSC: Die verschiedenen europäischen Länder werden von einem HR SSC mit mehrsprachigen Mitarbeitern bedient. Auch wenn sich bereits viele Unternehmen mit dem Konzept eines HR SSC befassen, zeigt sich dennoch, dass nicht alle Unternehmen in der Lage sind, ein solches HR SSC schnell und reibungslos einzuführen. Anhand der Implementierungsgeschwindigkeit lassen sich verschiedene Kategorien von Unternehmen unterscheiden:

- Unternehmen, die in relativ kurzer Zeit (weniger als 18 Monate) ein HR SSC implementieren und erfolgreiche Ergebnisse verbuchen. Kennzeichnend für diese Unternehmen sind folgende Faktoren:
  - ▶ starker zentraler Impuls, initiiert von der Unternehmensspitze, die diesem Projekt hohe Priorität mit angemessener Aufmerksamkeit und nötigem Budget verleiht,
  - ▶ relativ hohe Homogenität der Organisationskultur,
  - ▶ starke (hierarchische oder funktionale) Steuerung in der HR-Säule,
  - ▶ solider Business Case in Bezug auf qualitative und quantitative Vorteile und die feste Überzeugung des Business Managements (sowohl auf Konzern- als auch auf Geschäftsbereichs-/Divisionsebene), dass diese Vorteile erreicht werden müssen (beispielsweise die Notwendigkeit von Kosteneinsparungen).

- Unternehmen, die die Implementierung schrittweise und relativ langsam verlaufen lassen, aber stetig auf das Endergebnis hinarbeiten (das sich häufig über mehrere Jahre erstreckt). Kennzeichnend für den Veränderungsprozess in dieser Unternehmensgruppe sind folgende Faktoren:
  - ▶ lange Unternehmenstradition mit vielen lokalen Gewohnheiten,
  - ▶ dezentrale Organisationsstruktur, viele Akquisitionen ohne wirkliche Integration,
  - ▶ tief verwurzelte *dezentrale* Tradition, die Bewegung hin zu *One Company* hat erst vor kurzem eingesetzt,
  - ▶ mäßiges Interesse der Unternehmensleitung (die sich vor allem um andere Fragen kümmert) und mäßiges Dringlichkeitsgefühl (es muss zwar etwas geschehen, ist aber nicht wirklich kritisch),
  - ▶ relativ geringes Maß an zentraler Steuerung, die Geschäftsbereiche/Divisionen sehen zwar die Vorteile, scheuen sich jedoch, die eigenen Arbeitsweisen aufzugeben und einen finanziellen Beitrag zu unternehmensweiter und schneller Implementierung zu leisten,
  - ▶ eher lockere (funktionale) Steuerung in der HR-Säule, so dass die HRM-Konzernleitung nur begrenzten Einfluss auf die dezentralen HR-Organisationen ausüben kann,
  - ▶ Geschäftsbereiche/Divisionen wollen unmittelbar in alle Entscheidungen eingebunden werden,
  - ▶ das Projekt wird aus zentralen Entwicklungsbudgets finanziert.
- Unternehmen, in denen sich die Schaffung eines HR SSC als sehr schwierig gestaltet und bereits in frühem Stadium erhebliche Hindernisse auftreten. In manchen Unternehmen werden diese Projekte vorübergehend auf Eis gelegt – mit dem Vorhaben, sie zu einem späteren Zeitpunkt, sobald die Zeit reif dafür ist, wieder aus der Schublade zu holen. In anderen Unternehmen setzt man zwar die Implementierung fort, aber mit kleineren Teilen des Projekts, die sich als durchführbar erweisen. Kennzeichnend für diese Unternehmen sind folgende Faktoren:
  - ▶ beschränkte zentrale Entscheidungsmacht, wirkliche Macht liegt bei den dezentralen Einheiten,
  - ▶ Geschäftsbereiche/Divisionen geben dem Konzept ein Lippenbekenntnis, gehen aber in Stellung, sobald sie Eingriffe in ihre Autonomie befürchten,
  - ▶ schwache (funktionale) Steuerung in der HR-Säule, so dass die HRM-Konzernleitung nur wenig Einfluss auf die dezentralen HR-Organisationen hat. Außerdem besteht nur ein geringes Interesse für eine Standardisierung und Bündelung von HR-Prozessen, von der HR-Funktion aus regt sich heftiger Widerstand,
  - ▶ die HRM-Konzernleitung hat nur wenig formale Mittel, um den Widerstand zu brechen, es fehlt an Führungsstärke und Mut an der Spitze der HR-Säule,
  - ▶ das HR SSC ist zu sehr als ein HR-Projekt positioniert

▶ der Aufbau eines HR SSC genießt nur geringe Priorität, weil beispielsweise die gesamte Energie auf die Verbesserung der primären Prozesse ausgerichtet ist (statt auf die unterstützenden Dienste),

▶ sehr viele laufende Projekte, keine wirkliche Strategie bezüglich der wirklich wichtigen Dinge.

Angesichts dieser Feststellungen ist es daher in der Phase der Visionsbildung besonders wichtig, ein gutes Bild darüber zu entwerfen, was man bei der Implementierung eines HR SSC erwarten darf. Wie man dabei vorgehen kann, werden wir in Abschnitt 3.3 detaillierter darstellen.

3.2 Herausforderungen und Erfolgsfaktoren von HR SSC

Betrachtet man das theoretische Konzept und die Vorteile eines HR SSC und hört man die Erfolgsgeschichten, so scheint ein HR SSC für große Unternehmen die ideale Lösung zu sein. Beeindruckt von Erfolgsstorys – häufig mit spektakulären Ergebnissen (Kostensenkung, Kundenzufriedenheit, Geschwindigkeit) – haben viele Großkonzerne Initiativen ins Leben gerufen, um *etwas* im Zusammenhang mit einem HR SSC zu unternehmen.

Die Praxis zeigt jedoch erhebliche Unterschiede in Geschwindigkeit und Erfolg bei Einführung und erzielten Vorteilen. Manchen Unternehmen gelingt die Einführung eines SSC ohne Probleme, für andere Unternehmen ist sie ein mühsamer Prozess. Die Erfolgsgeschichten sind zwar korrekt, aber sie sagen mehr über die Eignung eines HR SSC für das betreffende Unternehmen als über die Eignung eines HR SSC für andere Unternehmen. Untersucht man die Hürden in der Praxis, stößt man immer wieder auf die folgenden drei Aspekte:

● Manche Unternehmen kommen nicht über die Phase der strategischen und finanziellen Entscheidungsfindung hinaus.

● Manche Unternehmen erreichen mit diesem Modell in der Praxis nicht die erwarteten Vorteile.

● Bei manchen Unternehmen bleibt der Implementierungsprozess stecken oder nimmt viel mehr Zeit und Finanzen in Anspruch als geplant.

In diesem Zusammenhang lassen sich drei Cluster mit Herausforderungen für eine erfolgreiche Anwendung unterscheiden:

● strategische und finanzielle Entscheidungsfindung,
● Entwurf oder in der Praxis funktionierendes Modell,
● Implementierungsprozess.

In diesem Abschnitt werden wir versuchen, diese Herausforderungen stärker herauszuarbeiten. In Abschnitt 3.3 werden wir dann einige Möglichkeiten aufzeigen, mit denen sich diese Herausforderungen besser bewältigen lassen.

3.2.1 Strategische und finanzielle Entscheidungsfindung

Unter strategischer Entscheidungsfindung verstehen wir Entscheidungen anhand der Antworten auf die *Warum*-Fragen: »Warum sollten wir mit einem HR SSC arbeiten und wie profitieren wir davon?" Unter finanzieller Entscheidungsfindung verstehen wir Entscheidungen anhand der Antworten auf die *Wie viel*-Fragen: »Wie viel bringt es uns? In welchem Zeitraum? Wie viel müssen wir investieren? Wie viel kostet es uns? Wie hoch sind die Kosten und Erträge im Laufe der Zeit? Wie finanzieren wir das und wer zahlt was?« Die strategische und finanzielle Entscheidungsfindung steht am Beginn des Projekts und umfasst die ersten beiden Implementierungsschritte – Visionsbildung und allgemeiner Entwurf.

Damit diese Entscheidungsfindung gut verläuft, sind sowohl inhaltliche als auch prozessbezogene Aspekte von großer Bedeutung. Auf inhaltlicher Ebene müssen anhand aller relevanten Informationen die richtigen Entscheidungen getroffen und die richtigen Weichen gestellt werden. Auf Prozessebene muss der Entscheidungsfindungsprozess adäquat gesteuert werden, so dass Entscheidungen schell genug getroffen werden können und man außerdem auf ausreichend Zustimmung und Unterstützung der wichtigsten Stakeholder zählen kann.

Sowohl auf inhaltlicher als auch auf Prozessebene sind die Verantwortlichen vor viele Herausforderungen gestellt, Probleme können sich an vielen Stellen ergeben.

Inhaltliche Aspekte

Um die richtigen strategischen und finanziellen Entscheidungen treffen zu können, braucht man umfangreiche Informationen, wie:

* eine klare Vision der Unternehmensspitze über das *Was* und *Wie* des Steuerungsmodells (Welche Rollen haben die Verantwortlichen in den Geschäftsbereichen/Divisionen, im Konzern, in den unterstützenden Diensten und wie passt das Konzept eines HR SSC dazu?),
* eine klare Vision der Unternehmensspitze für Rolle und Beitrag der HR-Funktion zu den Geschäftszielen,
* eine integrale Vision für die Gestaltung der HR-Funktion, so dass sie diese Rolle und diesen Beitrag optimal erfüllen kann,
* ein klares Bild dazu, wie ein HR SSC und alternative Modelle (beispielsweise HR Business Process Outsourcing) in diese Gestaltung passen und welche Vorteile sie bringen können,
* ein klares Bild der aktuellen Funktionsweise der HR-Funktion in Bezug auf Kosten, Leistungen und Output,
* ein klares Bild der gewünschten Situation (HR SSC) und was sie in Bezug auf Kosten und Erträge bedeutet,

- eine übersichtliche Inventarisierung der Risiken bei der Implementierung eines HR SSC und ihr möglicher Einfluss.

Bei strategischen Vorgaben fehlt es in vielen großen Unternehmen an einer klaren und von vielen geteilten Vision für das übergreifende Steuerungsmodell und die Rolle und Gestaltung der HR-Funktion. Diese Vision muss in vielen Fällen erst erarbeitet werden – das erfordert strukturierte Vorgehensweise mit erheblichem Aufwand an Zeit und Mühe. Solange jedoch keine Klarheit über das übergreifende Steuerungsmodell des Unternehmens besteht, ist eine konkrete Diskussion über ein (HR) SSC wenig sinnvoll.

Für das Sammeln von unumstößlichen Fakten über die aktuellen Kosten, Leistungen und das Output der HR-Funktion stehen nur in wenigen Unternehmen akkurate und aktuelle Informationen zur Verfügung. Die Ursache für das Fehlen dieser Daten liegt darin, dass diese Daten nicht erfasst werden, dass unterstützende Systeme fehlen, die diese Daten liefern könnten, dass die einzelnen Geschäftsbereiche unterschiedliche Definitionen verwenden, dass die Daten in den verschiedenen Administrationen nicht konsequent geführt werden und dass die Geschäftsbereiche Einblick in die eigenen Kosten und Leistungen verwehren. Häufig kostet es viel Zeit und Mühe, um ein zuverlässiges Bild der aktuellen Situation entwerfen zu können – manchmal bleibt es auch einfach bei Annahmen.

Dennoch gehen auch viele Unternehmen ohne diese Vorbereitungen mit einem HR SSC an die Arbeit. Dazu einige Beispiele: Man baut ein HR SSC als eigenständige Lösung auf, ohne ein Gesamtmodell für die HR-Dienstleistungen zu formulieren, in dem das SSC seinen eigenen Platz hat. Stattdessen schließt man sich der allgemeinen Ansicht an, dass HR SSC ihren Nutzen bereits ausreichend in der Praxis bewiesen haben, so dass man es für überflüssig hält, ihren Nutzen für das eigene Unternehmen gesondert nachzuweisen. Man macht sich nicht die Mühe, einen detaillierten Business Case zu formulieren, sondern verlässt sich auf grobe Schätzungen. Es gibt kein klares Bild darüber, wie die HR-Organisation aussehen wird und wie sie funktionieren soll, sondern man macht sich auf gut Glück an die Arbeit und lässt sich vom Ergebnis überraschen. Diese Vorgehensweise ist nicht gerade eine Grundlage für seriöse, solide Managemententscheidungen und führt selten zum Erfolg.

Die Kernfrage für den Inhalt der Entscheidungsfindung lautet: »Wie kann ich herausfinden, ob ein HR SSC für mein Unternehmen wünschenswert und machbar ist?« Diese Frage sollte möglichst früh gestellt und beantwortet werden, ohne dass allzu große Kosten und Mühen aufgewendet werden müssen. Die Antwort liegt in der Formulierung einer klaren und integralen Vision für das HRM und die HR-Dienstleistungen sowie in der Erstellung einer soliden Machbarkeitsstudie und eines Business Case. Die konkreten Schritte dazu werden in Abschnitt 3.3 behandelt.

Prozessebene

Obwohl für die Entscheidungsfindung unverzichtbar ist, dass die Unternehmensspitze das Konzept eines HR SSC vollständig unterstützt, können Entscheidungen darüber nicht einfach von der Spitze aus getroffen werden. Sie erfordern vielmehr Engagement und Unterstützung des dezentralen Managements der Geschäftsbereiche/Divisionen und des HR-Managements. Komplizierender Faktor ist, dass die Diskussion über die Bildung eines HR SSC zumeist als Bedrohung der eigenen Autonomie und Verantwortung erfahren wird. Auch wenn die vollständige Verantwortung im Modell bei den Geschäftsbereichen/Divisionen als Kunde und Lenker des HR SSC bleibt, sehen das Management und die HR-Funktion der Geschäftsbereiche/Divisionen dies häufig als Kontrollverlust für eigene Durchführungsprozesse und daran beteiligtes Personal. In Gesprächen wird der Widerstand deutlich sichtbar – ein Faktor, der die Einheit im Denken in hohem Maße erschwert.

In vielen Fällen ist ein schwieriger Entscheidungsfindungsprozess Anzeichen und Vorbote eines ebenso mühsamen Implementierungsprozesses. Welche Faktoren sind für den Schwierigkeitsgrad dieser Diskussion ausschlaggebend?

- *Kräfteverhältnis und Rollenverteilung zwischen zentralem und dezentralem Management*: In manchen Unternehmen haben dezentrale Einheiten nur eine beratende Stimme. In anderen Unternehmen verfügen sie über ein Veto-Recht. Damit muss jeder einzelne betroffene Geschäftsbereich gesondert von der Teilnahme überzeugt werden.

- *Vision, Führungsstärke und Tatkraft*, die das HR-Management praktiziert, um Widerstände zu überwinden und eine Einheit im Denken zu schaffen.

- *Organisatorische Komplexität*: Wie viele verschiedene Beteiligte spielen eine Rolle und haben Einfluss auf den Entscheidungsfindungsprozess? Dabei kann es sich um die Anzahl der betroffenen Geschäftsbereiche/Divisionen oder um die verschiedenen Entscheider pro Geschäftsbereich/Division handeln.

- *Maß, in dem andere am Entscheidungsfindungsprozess beteiligt werden sollen*: Inwieweit will und muss man verschiedene Gruppen von Beteiligten in den Entscheidungsfindungsprozess einbeziehen, wie beispielsweise Linienmanager, Personalvertreter oder Vertreter der HR-Gemeinschaft?

In der Praxis kann der Entscheidungsfindungsprozess in einigen Unternehmen völlig festgefahren sein, obwohl aus der Perspektive des allgemeinen Unternehmensinteresses nachvollziehbare Logik und klarer Business Case vorliegen. Man gerät über Grundsatzfragen in eine Pattsituation, so dass grundsätzliche Entscheidungen über die Einrichtung der HR-Funktion auf unbefristete Zeit ausgesetzt werden. Es kommt auch vor, dass Unternehmen sehr unterschätzen, wie schwer es ist, die Entscheider zu überzeugen. Sie meinen, die Zustimmung aller sei ihnen sicher, wenn nur eine gute inhaltliche Analyse vorliege, oder dass nach anfänglichem Protest doch noch die Zustimmung komme. Meist rächt es sich jedoch, wenn man sich zu wenig oder zu spät darauf konzentriert, ausreichende Akzeptanz und Zustimmung zu schaffen. Früher oder später entwickeln sich diese Grundsatzdiskussionen dann doch. Daher sollten sie von Anfang an in aller Offenheit und Klarheit geführt und abgeschlossen werden, damit sie nicht im Verlauf der Implementierung mit voller Wucht erneut hervorbrechen.

Aus diesem Grund muss man im Vorfeld genau wissen, wie Entscheidungsfindungsprozesse im Unternehmen verlaufen, und eine Strategie entwickeln, um etwaige Probleme zu vermeiden. Die Kernfragen in Bezug auf den Entscheidungsfindungsprozess lauten: »Welche neuralgischen Punkte sind im strategischen und finanziellen Entscheidungsfindungsprozess zu erwarten, wie ist damit adäquat umzugehen? Wie erreiche ich eine Einheit im Denken bei allen Stakeholdern?« Die Antworten finden sich in Folgendem:

- Gleich zu Anfang muss eine gute Analyse der wichtigsten Faktoren erstellt werden, die den Entscheidungsfindungsprozess im Unternehmen beeinflussen, vor allem das Geschäftsmodell und die Unternehmenskultur. Anhand dieser Analyse können mögliche neuralgische Punkte vorhergesehen und Wege entwickelt werden, effektiv mit ihnen umzugehen. Diese Analyse sollte möglichst während des Visionsbildungsprozesses erstellt werden.

- Es muss außerdem eine Analyse des breiteren Spielfelds der Beteiligten, ihrer Haltung gegenüber dem HR SSC-Konzept, ihrer besonderen Befürchtungen und ihres möglichen Einflusses erstellt werden – parallel oder gemeinsam mit der Analyse des Entscheidungsfindungsprozesses.

- Anhand dieser Analysen muss ein adäquater Entscheidungsfindungsprozess gestaltet werden, der verdeutlicht, wer auf welche Weise und wann in den Prozess einzubeziehen ist. Von größter Bedeutung ist in diesem Zusammenhang, dass die Führungsspitze (sowohl das Business als auch das HR-Management) eine Vorreiterrolle übernimmt – für die Gestaltung in allen Phasen des SSC-Projekts, vor allem aber während der kritischen Entscheidungsprozesse zur Schaffung von Vision und globalem Entwurf.

Die praktische Umsetzung wird in Abschnitt 3.3 bei der Ausarbeitung der verschiedenen Phasen erläutert.

3.2.2 Entwurf oder ein in der Praxis funktionierendes Modell

Bei einigen Unternehmen führt die Einführung eines HR SSC schnell zu den gewünschten Vorteilen bei Kosten und Qualität. Dieser Erfolg erhöht die Bereitschaft, die nächsten Schritte für die Bündelung der Tätigkeiten zu untersuchen. Bei anderen Unternehmen stellt sich heraus, dass das Konzept doch nicht so funktioniert wie erwartet oder dass die *Kinderkrankheiten* unerwartet lange anhalten. In einigen Fällen funktioniert alles noch schlechter als vorher. Hier lautet die Kernfrage: »Wie entscheiden sich Unternehmen für den richtigen Entwurf in Bezug auf das Funktionieren des HR SSC und wie sorgen sie dafür, dass es in der Praxis auch wirklich gut funktioniert?« Verschiedene Faktoren spielen eine Rolle, wenn die gewählte Lösung nicht richtig funktioniert:

- Dienstleistungsmodell nicht genügend durchdacht und ausgearbeitet:
  - ▶ »Mit den zugrunde gelegten Kalkulationsverfahren kostet es mich als Business Manager viel mehr als früher. Dann organisiere ich es lieber selbst.«
  - ▶ »Das Angebot von HR-Produkten und -Dienstleistungen ist viel geringer als bisher.«

- Rollen und Verantwortungen von Kunde und Lieferant unzureichend verdeutlicht und verankert:
  - ▶ Ein Manager eines Geschäftsbereichs/einer Division will den gleichen maßgeschneiderten Service und die Berichterstattung, die er bisher von seiner dezentralen HR-Funktion gewohnt war, und setzt das HR SSC unter Druck, diese Leistungen ohne Mehrkosten zu erbringen.

- Fehlen der richtigen Betriebsprozesse und der unterstützenden Technologie:
  - ▶ Die HR SSC-Mitarbeiter verfügen nicht über die aktuellsten Informationen, um Kunden unmittelbar bedienen zu können.
  - ▶ Die Verarbeitungskapazität des HR SSC wurde unterschätzt. Die HR SSC-Mitarbeiter werden mit Fragen überhäuft.
  - ▶ Die Wartezeiten für die Beantwortung von Fragen sind im Vergleich zu früher erheblich gestiegen.
  - ▶ Interne Kunden bleiben im Ungewissen, ob und wann ihre Frage behandelt wird und müssen immer wieder anrufen, um sich nach dem Status zu erkundigen.
  - ▶ Die Kunden müssen ihr Problem mehrmals erklären, bevor sie mit dem richtigen Ansprechpartner verbunden werden.
  - ▶ Jedes Mal, wenn sich ein Kunde telefonisch nach dem Status seiner Frage oder seines Problems erkundigt, muss er alles wieder von vorne erklären. Anscheinend werden keine Statusinformationen festgehalten.

- Fehlen einer neuen kundenorientierten Kultur und eines neuen Elans:
  - ▶ Das Service Level Agreement (SLA) wurde äußerst strikt und restriktiv interpretiert. Nur der im SLA festgelegte Mindestservice wird geliefert, jede Abweichung wird zusätzlich in Rechnung gestellt.
  - ▶ Die Kunden fühlen sich unverstanden, sie haben das Gefühl, wie eine Nummer behandelt zu werden, und erfahren kein wirkliches Engagement des HR SSC für ihre Probleme.

▶ Trotz des Prinzips, dass jeder SSC-Mitarbeiter generell alle Kunden bedient, entsteht schnell wieder die alte Aufgabenverteilung, bei der sich jeder um seine *eigenen* Kunden kümmert.

- Mangel an Aufmerksamkeit für richtigen Einsatz, Umschulung, Entwicklung und Betreuung der neuen HR SSC-Mitarbeiter:
  ▶ HR SSC-Mitarbeiter geben verschiedene Antworten auf dieselbe Frage.
  ▶ HR SSC-Mitarbeiter erfahren ihren neuen Job als Verarmung im Vergleich zur breiten Verantwortung von früher, mit sehr negativem Einfluss auf die Motivation des Teams.
  ▶ Unter den HR SSC-Mitarbeitern herrscht große Fluktuation.
  ▶ HR SSC-Mitarbeiter fühlen große Distanz zu den ihnen vorgelegten Fragen und Problemen und sind nicht mehr motiviert, sich stärker als unbedingt notwendig einzusetzen.

- Mangelndes Vertrauen auf Kundenseite als direkte Folge von strukturell mangelhaften Dienstleistungen oder durch überzogene Wahrnehmung von einzelnen Vorfällen:
  ▶ Führungskräfte haben kein Vertrauen in das HR SSC und nehmen die Sache selbst in die Hand, wenn sie beispielsweise eine Entlassung vornehmen müssen, und zwar mit allen damit verbundenen Risiken.
  ▶ Die dezentralen HR-Mitarbeiter vertrauen der gelieferten Qualität des HR SSC nicht und machen nach wie vor alles selbst.
  ▶ So entsteht eine *Schatten HR-Dienstleistung* in den Geschäftsbereichen/ Divisionen, während die Menge an Fragen und Aufträgen an das HR SSC sehr begrenzt bleibt und die erhofften Skaleneffekte ausbleiben.

Zusammenfassend: Alle diese Faktoren hängen mit einem unzureichend durchdachten Konzept der Organisation oder damit zusammen, dass der Veränderung von Verhaltensweisen und Einstellungen der verschiedenen Parteien nicht genügend Aufmerksamkeit gewidmet wurde. Es kommt also darauf an, bei der Erstellung eines Organisationskonzeptes und bei seiner tatsächlichen Implementierung diese möglichen neuralgischen Punkte herauszufiltern und eine explizite Lösungsstrategie für sie zu formulieren. Im folgenden Abschnitt, wenn wir die Phasen des allgemeinen und des detaillierten Entwurfs und die Implementierung näher betrachten, werden wir konkret darauf eingehen.

3.2.3 Implementierungsprozess

Unter dem Implementierungsprozess verstehen wir das gesamte Projekt für Aufbau und Inbetriebsetzung eines HR SSC, von der Formulierung des ersten Konzeptes bis zu dem Zeitpunkt, wenn das HR SSC mit voller Kraft läuft. Die Implementierung eines HR SSC ist nicht nur technisch ein überaus komplexes Projekt mit vielen Einzelschritten, Workstreams und gegenseitigen Abhängigkeiten. Auch im Hinblick auf Veränderungen ist es kompliziert, da viele Parteien mit unterschiedlichen Belangen daran beteiligt sind, wie beispielsweise die HR-Gemeinschaft, Linienmanager, Mitarbeiter, Arbeitnehmerverbände und strategische Entscheider.

Der Implementierungsprozess verläuft nicht in jedem Unternehmen gleich zügig und reibungslos. Manchen Unternehmen gelingt es, ein HR SSC in nicht einmal einem Jahr in Betrieb zu nehmen, bei anderen zieht sich dieser Prozess über mehrere Jahre hin. Einige Unternehmen erreichen das Endergebnis mit relativ geringen Investitionen, andere Unternehmen nur mit hohem Investitionsaufwand. In einigen Unternehmen erfolgt die Einrichtung des HR SSC in den finanziellen und zeitlichen Vorgaben, bei anderen Unternehmen werden die ursprünglichen Budgets und Zeitrahmen weit überschritten. Viele Unternehmen sehen ihr Projekt sogar scheitern oder müssen das ursprüngliche Konzept nach mühsamen Versuchen drastisch anpassen oder reduzieren.

Unternehmen lassen sich in dieser Hinsicht nicht ohne weiteres miteinander vergleichen. So ist ein Unternehmen komplexer als das andere mit jeweils eigener Ausgangslage. Aber auch bei vergleichbarer Komplexität und Ausgangslage lassen sich Unterschiede in Geschwindigkeit und Art feststellen, wie Unternehmen solche Projekte umsetzen. Hier lautet die Kernfrage: »Wie entscheiden sich Unternehmen für das richtige Vorgehen bei der Implementierung, so dass das Projekt schnell, ohne Verzögerungen und zu minimalem Kostenaufwand abgeschlossen werden kann?«

Ein mühsamer Implementierungsprozess, durch Verzögerungen und/oder steigende Kosten gekennzeichnet, kann die Folge von grundsätzlichen Fragen und Problemen sein. Diese lassen sich wie folgt gruppieren:

- Inhaltliche Fragen:
  - ▶ Grundsatzentscheidungen für das HR SSC werden nicht bei Projektbeginn getroffen, sondern geschoben, bis sie das gesamte Projekt lahm legen.
  - ▶ Es fehlt ein klares Bild der gewünschten Endsituation, so dass sich die Zielsetzungen im Laufe des Projekts verschieben.
- Finanzierungsfragen:
  - ▶ Es stehen nicht genügend Mittel zur Verfügung, um wirklich an die Arbeit zu gehen und tiefgehende Veränderungen zu bewerkstelligen. Die Ursache liegt häufig in einem unzureichenden Commitment der Unternehmensspitze für das Projekt.
- Steuerungsfragen:
  - ▶ Es werden endlose Diskussionen über die Gestaltung der neuen Prozesse geführt, Entscheidungen kommen nur mühsam zustande oder man diskutiert immer wieder bereits getroffene Entscheidungen.
  - ▶ Es werden viele Abweichungen und Ausnahmen bei den Prozessen zugelassen. Das führt zu komplizierten Lösungen und teuren Softwareanpassungen.

- Fragen in Bezug auf Veränderungsaspekte:
  - ▶ Immer wieder bildet sich Widerstand bei verschiedenen Schritten des Projekts, unter anderem seitens der Linienmanager, der HR-Gemeinschaft und der Personalvertreter.

- Fragen zum Projektmanagement:
  - ▶ Es stellt sich immer wieder heraus, dass das Projekt aufgrund seiner Größe oder Komplexität nur schwer zu übersehen und zu steuern ist.
  - ▶ Es fehlt ein klarer übergreifender Projektplan, es gibt nur einen schrittweise gestalteten Planungshorizont.
  - ▶ Die Projektschritte werden in der falschen Reihenfolge gesetzt. Dadurch werden viele Arbeiten doppelt ausgeführt, es muss viel korrigiert werden.

Will man diese Fehler vermeiden, müssen ein gut strukturierter Implementierungsprozess entworfen und die Grundregeln eines guten Projekt- und Veränderungsmanagements beherzigt werden. Die Art und Weise, in der ein Projekt angegangen wird, hat großen Einfluss auf Effizienz und Effektivität des Projekts. Wichtig ist, die Grundregeln für gutes Veränderungs- und Projektmanagement während der gesamten Projektlaufzeit anzuwenden. Vor allem bei den folgenden entscheidenden Weichenstellungen ist die Einhaltung dieser Regeln wichtig:

- In den Phasen der Visionsbildung und des allgemeinen Entwurfs: In den Momenten, in denen wichtige Grundsatzentscheidungen gefällt werden und Entscheider auf eine Linie gebracht werden müssen.

- In den Phasen des detaillierten Entwurfs: In den Momenten, in denen Entscheidungen für die Gestaltung der Prozesse getroffen werden müssen, und wenn der detaillierte Implementierungsplan entwickelt wird.

- Während der gesamten Implementierungsphase: In den Momenten, in denen der Projektplan vorgestellt wird und alle betroffenen Parteien auf dem Weg zur neuen Situation betreut werden müssen.

3.3 Implementierung von HR SSCs

In Abschnitt 2 dieses Kapitels wurden die folgenden Kernfragen formuliert:

- Wie können Unternehmen möglichst früh im Prozess herausfinden, ob ein HR SSC wünschenswert und machbar ist?

- Welche neuralgischen Punkte können Unternehmen im strategischen und finanziellen Entscheidungsfindungsprozess erwarten und wie können sie damit adäquat umgehen? Wie erreichen sie eine Einheit im Denken aller Stakeholder?

- Wie entscheiden sich Unternehmen für den richtigen Entwurf für das Funktionieren des HR SSC und wie sorgen sie dafür, dass es in der Praxis auch wirklich gut funktioniert?

Wie entscheiden sich Unternehmen für das richtige Vorgehen bei der Implementierung, so dass das Projekt schnell, ohne Verzögerungen und zu minimalem Kostenaufwand abgeschlossen werden kann?

In diesem Abschnitt werden Hilfestellungen zur Beantwortung dieser Fragen für Unternehmen gegeben. Dazu werden wir erneut alle Projektphasen durchgehen und pro Phase die möglichen Maßnahmen hervorheben, die zur Beantwortung der Fragen beitragen können. Im Rahmen dieses Kapitels können wir nicht auf alle Aspekte und Herausforderungen eines HR SSC-Projekts eingehen. Daher werden wir uns auf die Aspekte beschränken, die in der Implementierungsphase am deutlichsten hervortreten.

3.3.1 Phase der Visionsbildung

Der Prozess der Visionsbildung über den Nutzen eines HR SSC lässt sich auf unterschiedliche Weise einleiten. Er kann direkte Folge der Definition eines neuen Dienstleistungsmodells für die HR-Funktion sein (das seinerseits wieder die Folge einer neuen HR- und/oder Business-Strategie sein kann). Die Ausgangsfrage könnte dann etwa lauten: »Was möchten wir im Bereich der HR-Politik und/oder -Dienstleistungen erreichen und was müssen wir dafür tun?« Ein HR SSC kann dann als eine mögliche Lösung zur Sprache kommen. Das Konzept eines HR SSC kann selbst auch der Auslöser zur Reflexion über die Frage sein: »Wie passt ein HR SSC in die HR-Strategie und das HR-Dienstleistungsmodell unseres Unternehmens? Kann es uns nützen?«

In beiden Fällen müssen im ersten Schritt die Zielsetzungen und Vorgaben für das HRM im Allgemeinen und für die HR-Dienstleistungen im Besonderen klar und eindeutig formuliert werden. Sie sind dann die Kriterien, an denen das HR SSC-Konzept geprüft werden kann und ermöglichen eine auf Argumenten gründende Diskussion frei von einer eventuellen emotionalen Bindung. Der Begriff HR SSC könnte durch Assoziationen mit Zentralisierung, Bürokratisierung und Autonomieverlust bei einigen Teilnehmern negative Gefühle auslösen. Um zu vermeiden, dass die Diskussion gleich in einer Debatte zwischen Befürwortern und Gegnern versandet, sollte sich der Dialog vorzugsweise auf die Ziele und organisatorischen Vorgaben für die HR-Funktion konzentrieren.

Da das Konzept der SSC in direktem Zusammenhang mit der Grundsatzdiskussion über das Business- und Organisationsmodell steht (Wer hat welche Rolle und Befugnis im Unternehmen?), ist an erster Stelle immer die Grundsatzentscheidung der Unternehmensspitze notwendig. In der Praxis wird diese Grundsatzdiskussion jedoch nicht immer vor der Abwägung geführt, ob ein HR SSC gegründet werden soll oder nicht. In manchen Unternehmen ist die allgemeine

Politik der Unternehmensleitung zum SSC klar und unmissverständlich, die HR-Funktion muss diese Vision nur noch entsprechend umsetzen. Möglicherweise wurden bereits für andere unterstützende Dienste im Unternehmen (Finanzen oder IT-Abteilung) SSC eingerichtet, so dass man sich daran orientieren kann. In anderen Unternehmen steht die Bildung einer Vision durch die Unternehmensleitung für das SSC-Konzept noch aus, das Konzept eines HR SSC ist möglicherweise erst der Anlass.

Die erste Phase eines HR SSC-Prozesses besteht meist auch aus einer Phase der Visionsbildung, in der die wichtigsten Prozessverantwortlichen gemeinsam über die Notwendigkeit einer Veränderung, über die anzustrebenden Ambitionen und Vorgaben, über die Lösungsrichtungen und die damit einhergehenden veränderungsbezogenen Aspekte nachdenken. Das Ziel ist, eine für alle wichtigen Parteien akzeptable Vision für das HRM und die HR-Funktion zu erhalten. Meistens müssen in der Phase der Visionsbildung die in Abbildung 3.3 dargestellten Maßnahmen durchgeführt werden.

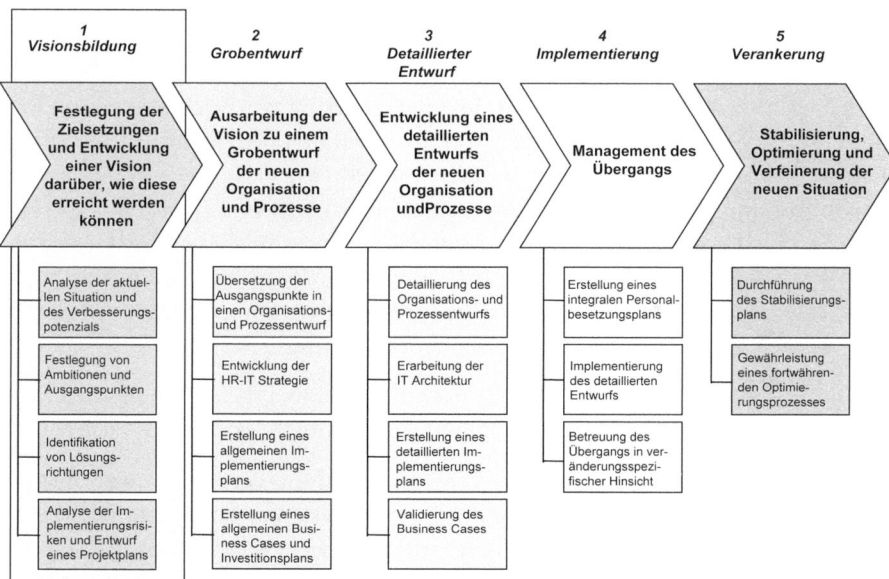

Abb. 3.3: Maßnahmen in der Phase der Visionsbildung

Analyse der aktuellen Situation und des Verbesserungspotenzials

In diesem Schritt müssen die Daten zur aktuellen Situation zusammengetragen und diskutiert werden, um zu einer Einschätzung des Verbesserungspotenzials zu gelangen. Relevant sind in dieser Phase sowohl die Indikatoren hinsichtlich der Leistungen der HR-Funktion als Ganzes als auch die Indikatoren hinsichtlich der wichtigsten HR-Aufgaben und -Prozesse.

Die Beteiligten müssen sich einen Einblick in die aktuelle Struktur, Dienstleistungen und Kosten der HR-Funktion verschaffen. Was geben wir jährlich aus? Wie viel FTE beschäftigen wir? Wie setzt sich unser Dienstleistungsangebot zusammen? Die Beschaffung dieser Daten scheint auf den ersten Blick leicht zu sein, in der Praxis jedoch entstehen hier erste Probleme. Der wichtigste Grund dafür ist oft Zersplitterung in dezentrale Verwaltungen mit jeweils eigener Art der Datenerfassung.

Ferner muss ein Überblick über Output und aktuelle Leistungen der HR-Funktion erstellt werden. Inwieweit funktioniert sie, wie wir uns das wünschen? Gibt es einen HR-Jahresplan, inwieweit werden die Ziele aus diesem Jahresplan erreicht? Gibt es klare und messbare Ziele, verfügen wir über genaue und aktuelle Informationen zum Output? Die Verfügbarkeit dieser Informationen lässt nicht selten zu wünschen übrig, und manchmal ist das Fehlen genauer Informationen über die Geschäftsführung der HR-Funktion gerade einer der wichtigsten Treiber für eine gründliche Transformation der HR-Funktion.

Außer dem objektiven Output müssen auch die Erfahrungen der internen Kunden mit der HR-Funktion erfragt werden. Manche Unternehmen führen jährlich eine Kundenzufriedenheitsbefragung zu den Dienstleistungen der HR-Funktion durch – sehr brauchbares Input für die Formulierung von Verbesserungsprioritäten. Außer dem Zusammentragen von quantitativen Daten zur Kundenzufriedenheit in standardisierter Form müssen auch direkte Gespräche mit den wichtigsten Kunden geführt werden. Wir wollen aber nicht nur etwas über die HR-Funktion insgesamt erfahren, sondern auch ein klares Bild über die wichtigsten HR-Kernprozesse wie Personalveränderungen, interne Personalbewegungen, Entwicklung, Arbeitsbedingungen, Personaladministration erhalten. In diesem Zusammenhang sind folgende Fragen von Bedeutung:

- *Output und Leistungen jedes Kernprozesses*: Dabei geht es vor allem um unumstößliche Fakten wie Volumen, Fehlerquote, Korrekturen, Lieferzeiten.

- *Kosten eines jeden Kernprozesses*: Wie hoch sind die Personal- und sonstigen Kosten pro Prozess? In Bezug auf die Personalkosten ist wichtig zu wissen, wie viele FTE insgesamt an einem Prozess und wie viele verschiedene Mitarbeiter an der gleichen Aufgabe arbeiten. Dies vermittelt einen Einblick in mögliche Zersplitterung der Aufgaben und eventuelle Duplizierungen bei Tätigkeiten, die derzeit durchgeführt werden. Wichtige externe Kosten sind beispielsweise HR-Dienstleistungen und -Produkte von externen Lieferanten oder Kosten für die Auslagerung von Aufgaben. Eine Analyse der verschiedenen Lieferanten erlaubt einen Einblick in die Frage, ob sich eventuell Einkaufsvorteile durch Bündelung erzielen lassen. Um herauszufinden, ob man sich mit den richtigen Dingen beschäftigt, sollte man untersuchen, für wel-che Aufgaben die HR-Funktion die meiste Zeit aufwendet und ob dies den Wünschen entspricht. Konzentriert man sich hauptsächlich auf kundenbezogene Aufgaben oder erfordern interne Arbeiten unverhältnismäßig großen Aufwand? Wie viel Zeit kostet die administrative Verarbeitung und wie viel die Strategieentwicklung?

- *Kundenzufriedenheit pro Kernprozess*: Wie zufrieden sind die Kunden über die Endprodukte eines Prozesses? Inwieweit erfüllen diese Produkte die Kundenanforderungen für Qualität, Wertschöpfung, Lieferzuverlässigkeit, Kundenorientierung, Rechtzeitigkeit?

- *Außer quantitativen Informationen über die HR-Prozesse* möchte man über die wichtigsten Prozesse auch erfahren, wie sie in der Praxis verlaufen und wo sich Schwierigkeiten ergeben. Eine Reihe strukturierter Interviews, oder besser noch, ein gemeinsamer Workshop mit Prozessspezialisten aus verschiedenen Geschäftsbereichen/Divisionen kann relevante Informationen liefern.

Die genannten quantitativen Informationen pro Prozess sind selten vorhanden. Außerdem ist es nicht ganz einfach, an diese Daten heranzukommen. Der Grund dafür liegt darin, dass ein klares HR-Prozessmodell mit eindeutigen Definitionen fehlt. Aufgrund der Aufteilung in Spezialgebiete in der HR-Funktion lassen sich HR-Prozesse oft nicht eindeutig definieren und voneinander unterscheiden. Gehört die Unterzeichnung eines Arbeitsvertrags noch zu Personalwerbung und -auswahl, zu den Arbeitsbedingungen oder zur Personalbuchhaltung?

Deshalb ist es wichtig, eine klare Typologie von HR-Prozessen anzulegen, die den Inhalt eines jeden Prozesses genau beschreibt. Diese Typologie sollte auf Basis eines integralen Prozessstroms (alle Handlungen von Anfang bis Ende in einem Prozess) und nicht anhand der verschiedenen HR-Disziplinen, die daran beteiligt sind, angefertigt werden. Es ist sinnvoller, den Prozess *Rekrutierung* integriert zu beschreiben, statt nur den Prozess *Personalwerbung und -auswahl*. Darunter fallen alle Maßnahmen, um neue Mitarbeiter im Unternehmen einzustellen, von der Feststellung einer freien Stelle bis zum Einführungstraining neuer Mitarbeiter.

Unter dem Gesichtspunkt der Beurteilung aktueller Effizienz und Effektivität ist es interessanter zu wissen, wie viel Zeit und Geld die Besetzung einer offenen Stelle insgesamt kostet, als nur die Kosten der Komponente *Personalwerbung und -auswahl* zu kennen. Auch bei der Befragung der internen Kunden ist diese Vorgehensweise sinnvoller: Ein Manager mit einer offenen Stelle denkt nicht in Begriffen wie *Personalwerbungsprozess*, *Vertragsverhandlungen* oder *Einführungstraining*. Ihn interessiert nur, dass die offene Stelle möglichst schnell mit einem Mitarbeiter besetzt wird, der über die gewünschten Kompetenzen verfügt und gut eingearbeitet wurde.

Die Definition einer klaren Typologie von HR-Prozessen ist allerdings nicht immer leicht, weil sie neue und eindeutige Grenzen zwischen Prozessen zieht, die von mehreren, oft relativ unabhängig voneinander operierenden Abteilungen erfüllt werden. Ein anderer Grund dafür, dass es selten quantitative Informationen pro Prozess gibt und sie nur schwer zu beschaffen sind, ist die Tatsache, dass oft nicht erfasst wird, wer wofür Zeit aufwendet. In den meisten Unternehmen ist nicht bekannt, wie viel Zeit und Lohnkosten genau für die verschiedenen Aufgaben und Prozesse aufgewendet werden.

Schließlich stehen Output- und Kundenzufriedenheitsdaten oft nicht zur Verfügung. In vielen Fällen werden im Vorfeld der HR-Prozesse keine deutlich messbaren Zielsetzungen formuliert. Kundenzufriedenheitsbefragungen bezüglich der HR-Dienstleistungen erstrecken sich häufig über die HR-Dienstleistungen insgesamt und gehen nicht auf die verschiedenen HR-Produkte und -Prozesse ein. Aus diesen Gründen ist es sinnvoll, sich die gewünschten Daten mit Hilfe eines geeigneten Instruments zu beschaffen. Ein Beispiel dafür ist der HR Operational Excellence Scan, der nachfolgend näher beschrieben wird.

Exkurs: HR Operational Excellence Scan

Der HR Operational Excellence Scan von PA ist ein Instrument, mit dem sich alle Informationen beschaffen lassen, die zur Beurteilung von Effektivität und Effizienz der HR-Dienstleistungen benötigt werden. Der Ausgangspunkt sind die HR-Endprodukte. Pro HR-Endprodukt werden Input (Zeitaufwand und Kosten) und Output (Kundenerfahrungen) gemessen und anschließend miteinander verglichen.

Der HR Operational Excellence Scan beantwortet die folgenden Fragen:

– *Was denken meine HR-Kunden über meine HR-Dienstleistungen? Was finden sie wichtig? Wie zufrieden sind sie? Wo sehen sie Verbesserungsmöglichkeiten?*

– *Wofür wendet meine HR-Abteilung Zeit und Kosten auf? Entspricht dies der (strategischen) Priorität, die wir dafür vorgesehen haben?*

– *Sind meine HR-Prozesse effizient eingerichtet? Welche HR-Mitarbeiter und -Abteilungen beschäftigen sich mit welchen Aufgaben? Inwieweit lässt sich bei den Prozessen zu starke Aufsplitterung über mehrere Personen und Abteilungen feststellen?*

Der Scan liefert Detailanalysen pro HR-Produkt und stellt außerdem alle Daten zu HR-Dienstleistungen in Übersichten zusammen. Anhand dieser Übersichten erhält man einen guten Einblick in das gesamte HR-Produktportfolio, um Verbesserungspunkte zu identifizieren. So werden in der Übersichtsdarstellung in Abbildung 3.4 für die verschiedenen HR-Produkte die Beziehungen zwischen (strategischer) Bedeutung, Kundenzufriedenheit und Kosten aufgezeigt.

Darüberhinaus liefert der Scan detaillierte Diagramme über den Zeitaufwand der HR-Funktion insgesamt, pro Unternehmensbereich, pro HR-Produkt und pro Art der Tätigkeit (Abbildung 3.5). Die Kundenzufriedenheit wird für die HR-Funktion insgesamt, pro Unternehmensbereich, pro HR-Kundengruppe und pro HR-Produkt gemessen, wobei jeweils Verbesserungsprioritäten angegeben werden (Abbildung 3.6).

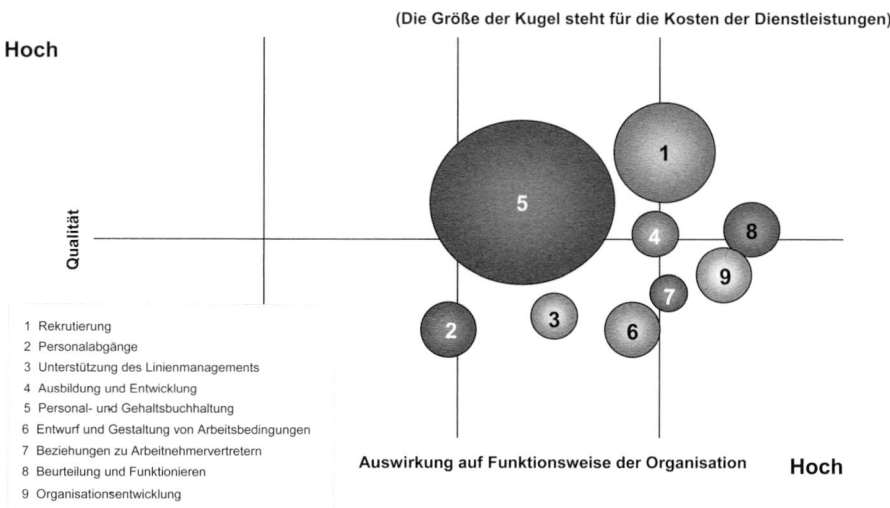

Abb. 3.4: *Beziehung zwischen Bedeutung, Kundenzufriedenheit und Kosten der Dienstleistungen*

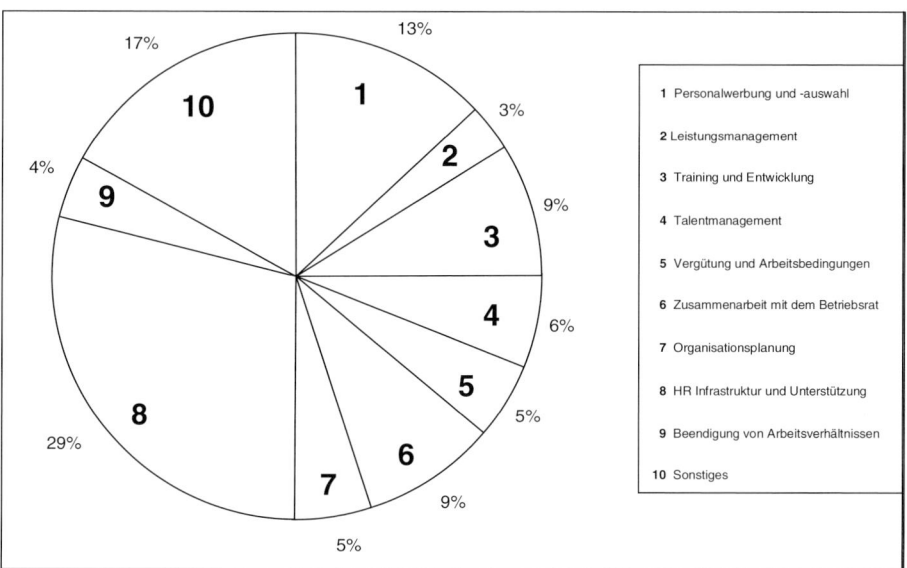

Abb. 3.5: *Zeitaufwand pro Tätigkeitsbereich*

155

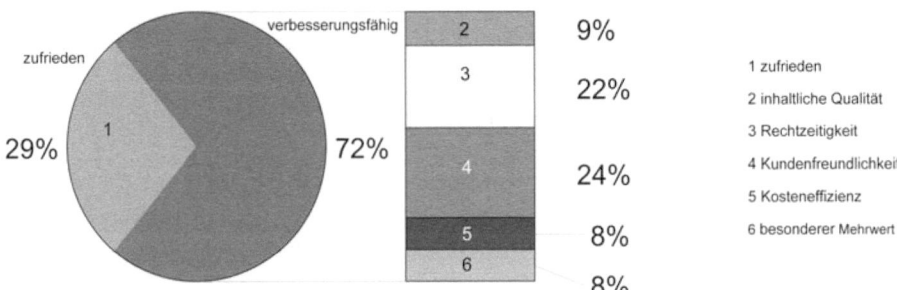

Abb. 3.6: *Genannte Verbesserungsprioritäten der Kundengruppe Konzernvorstand*

Da der Scan über das Intranet durchgeführt werden kann, sind die Ergebnisse bereits nach kurzer Zeit verfügbar, ohne dass dies für die Betroffenen großen Zeitaufwand bedeutet.

Nach Inventarisierung der benötigten Daten kommt es darauf an, sie adäquat zu interpretieren und zu evaluieren. Die Daten an sich haben keine große Aussagekraft, wenn sie nicht mit Indikatoren der gewünschten Situation, mit externen oder internen Benchmarks und Maßstäben verglichen werden. Mein Verhältnis HR/Personal beträgt 1:65. Ist das gut oder nicht? Ich wende 44 % meiner Zeit und Kosten für Verwaltungstätigkeiten auf. Ist das normal? Ist das wünschenswert?

Bei der Beantwortung dieser Fragen können externe Vergleiche helfen. Verschiedene Forschungsinstitute veröffentlichen jährlich nationale und internationale HR Benchmarking Informationen. Eines ihrer Probleme ist jedoch, dass die Vergleichselemente nicht immer die gleichen sind. Sprechen wir wirklich über die gleichen Dinge und fasse ich unter meiner Kategorie *Personalbuchhaltung* das Gleiche wie die Definition aus den Benchmarking Informationen? Eine andere Frage ist, wie man sich vergleichen will. Außerdem ist kein Unternehmen gleich – jedes Unternehmen hat andere, eigene Bedürfnisse und strategische Schwerpunkte. Die Norm für Ihr Unternehmen kann vor diesem Hintergrund eine völlig andere sein.

Es empfiehlt sich außerdem, die Daten an internen Maßstäben und Benchmarks zu prüfen, wie beispielsweise an Outputkriterien einer HR Scorecard oder an Wahrnehmungen von internen Kunden für Wichtigkeit und Zufriedenheit. Sind diese Daten einmal zusammengetragen, lässt sich eine gute Einschätzung des Verbesserungspotenzials vornehmen. Dieses Verbesserungspotenzial sollte möglichst konkret ausgedrückt werden.

Die Durchführung einer Analyse der eigenen Prozesse ist eine gute Gelegenheit, sich gezielt mit einigen veränderungsspezifischen Aspekten zu befassen. Der Konzernvorstand zeigt beispielsweise als Auftraggeber der Untersuchung, dass er mit der aktuellen Situation nicht zufrieden ist, Verbesserungen wünscht und sich dafür seiner Verantwortung stellt. Die Ergebnisse der Analyse können anschließend belegen, dass die aktuelle Situation nicht länger haltbar ist und Veränderungen unumgänglich sind. Schließlich werden sich die Beteiligten durch die Rückkopplung der Untersuchungsergebnisse der Problematik bewusst. Außerdem wird gleich deutlich, aus welcher Richtung Widerstand zu erwarten ist.

Formulierung von Ambitionen und Vorgaben für künftige Verbesserungen

Fragt man nach den Zielen, die mit einer HR-Transformation im Allgemeinen und mit einem HR SSC im Besonderen erreicht werden sollen, erhält man oft eine ganze Liste mit unterschiedlichen Zielsetzungen und Vorteilen. Die bekanntesten sind Kosteneinsparungen, bessere Wertschöpfung der HR-Funktion, Qualitätssteigerungen, Erhöhung der Kundenzufriedenheit, Schaffung von mehr Synergie. Hier stellt sich jedoch die Frage nach der höchsten Priorität. Wird die Priorität nicht eindeutig festgelegt, fehlt der eindeutige Messpunkt, nach dem sich die Eignung eines spezifischen Dienstleistungsmodells beurteilen lässt. Zur Festlegung der richtigen Priorität in Grundzügen kann die nachstehende Checkliste (siehe Kasten) nützlich sein. Sie enthält die häufigsten Zielsetzungen, die mit einer Transformation der HR-Funktion erreicht werden können, und kann einer ausgewählten Gruppe von Spitzenmanagern vorgelegt werden.

Anhand der genannten Fragen lässt sich relativ leicht eine eigene Checkliste entwickeln, um eine strukturierte Diskussion über die Zielsetzungen einzuleiten. Den Punkten auf der Checkliste kann ein absoluter Wert zugewiesen werden (beispielsweise Skala 1 bis 5), sie können jedoch auch in der Reihenfolge relativer Wichtigkeit angeordnet werden. Addiert man die absoluten Werte, lässt sich erkennen, wie wichtig eine Transformation der HR-Funktion für das Unternehmen sein kann. Anhand der relativen Werte zeigt sich, welche Zielsetzungen für das Unternehmen das größte Gewicht haben.

Exkurs: Wie wichtig finden Sie die nachstehenden Zielsetzungen?

– *Zielsetzung in Bezug auf Kostensenkung:*

- *Erzielung von Einsparungen bei den Betriebskosten der HR-Funktion aufgrund einer höheren Effizienz und der Realisierung von Einkaufsvorteilen*

- *Erzielung von Einsparungen bei den Investitionskosten im Bereich der HR-IT aufgrund von gemeinsamen Investitionen*

- *Reduzierung der personalbezogenen Kosten wie beispielsweise Senkung der Kosten für Personalfluktuation dank besserer interner Mobilität und vielfältigere Karrieremöglichkeiten*

– *Zielsetzungen in Bezug auf Qualitätssteigerung von HRM und HR-Dienstleistungen:*

- *Erzielung von Qualitätsverbesserungen dank Professionalisierung: Mehr Spezialisierung, Einführung von Best Practices*

- *Erzielung von Verbesserungen im Servicebereich für interne Kunden sowie höherer Kundenzufriedenheit: Höhere Geschwindigkeit bei der Bearbeitung, bessere Erreichbarkeit, stärkere Kundenorientierung, mehr Klarheit über Preis und Angebot von Produkten und Dienstleistungen, größere Transparenz bei den Prozessen*

- *Erzielung einer besseren Unterstützung des Linienmanagements bei der Durchführung der eigenen Aufgaben und Zuständigkeiten in Bezug auf HRM*

- *Größerer strategischer Beitrag der HR-Funktion dank der Entwicklung von spezialisierten HR Business-Partnern*

– *Strategische Zielsetzungen:*

- *Erzielung von Synergieeffekten für das Unternehmen durch leichteres Anwerben und Halten von Spitzentalenten dank besserer interner Mobilität, durch bessere Nutzung der Investitionen in HR-IT, durch Entwicklung von Strategien und Instrumenten nur noch an einer Stelle*

- *Stärkung des Konzepts »eines Unternehmens« und Förderung der kulturellen Integration*

- *Vereinfachung von HR Prozessen für schnellere Integration neu akquirierter Betriebe*

Nachdem eine begrenzte Zahl an Zielsetzungen identifiziert sind, müssen diese konkreter ausgearbeitet und möglichst quantifiziert werden. Was genau wollen wir erreichen? Dabei kommen konkrete Informationen über die aktuelle Vorgehensweise und das Verbesserungspotenzial in diesem Bereich sehr gelegen. Anhand einer gezielten Diskussion in einem oder in mehreren Workshops können die Zielsetzungen anschließend in Vorgaben oder richtungweisende Leitlinien für HRM und Einrichtung der HR-Dienstleistungen umgesetzt werden:

- Alle HR-Prozesse müssen auf Kompetenzen fußen.

- Es werden möglichst immer die gleichen Prozesse und Instrumente verwendet.

- HR-Prozesse werden möglichst automatisiert.

- HR-Dienstleistungen erfolgen anhand von Service Level Agreements.

- Linienmanager und Mitarbeiter führen möglichst viele HRM-Prozesse selbst durch und werden dabei von HR Self Service-Angeboten und von einem HR Helpdesk unterstützt.

- HR-Spezialisten werden erst dann hinzugezogen, wenn die Führungskräfte und Mitarbeiter das Problem nicht selbst lösen können.

- Standardfragen werden auf eine möglichst (kosten)effiziente Weise erledigt.

- Nur HR-Aufgaben, die wir billiger anbieten können als Dritte oder die wir aufgrund strategischer Überlegungen nicht auslagern, werden selbst geleistet.

- HR-Dienstleistungen erfolgen möglichst gebündelt. Sie werden nur dann dezentral durchgeführt, wenn die Kundenfreundlichkeit dazu Anlass gibt.

Identifikation von Lösungsoptionen

In diesem Schritt werden mit Hilfe mehrerer Workshops Lösungsoptionen formuliert, die den im vorigen Schritt definierten Vorgaben entsprechen. Vor diesem Hintergrund lassen sich alternative Lösungen gegeneinander abwägen:

- Größerer Austausch von Best Practices oder höheres Maß der Zusammenarbeit auf freiwilliger Basis zwischen den Geschäftsbereichen/Divisionen.

- Standardisierung von HR-Prozessen in Geschäftsbereichen/Divisionen ohne Bündelung.

- Verschiedene Varianten eines HR SSC.

- Verschiedene Optionen in Richtung HR Business Process Outsourcing.

So kann die Option eines HR SSC neutral und unabhängig von negativen Assoziationen untersucht werden. Diese Option lässt sich dann mit weniger einschneidenden oder gerade mit einschneidenderen Alternativen vergleichen. Dabei wird geprüft, inwieweit die genannten Alternativen den formulierten Zielsetzungen und Vorgaben entsprechen. Von jeder Variante werden die Vor- und Nachteile aufgelistet und besprochen. Das muss nicht immer zu einer Entscheidung führen, die die anderen Alternativen ausschließt. Die Varianten und Alternativen können vielmehr als Schritte in einem Wachstumsmodell dienen. Wichtig ist dann jedoch, die gewünschte Endsituation genau festzulegen, ebenso die eventuellen Zwischenschritte, die notwendig sind, um dieses Ziel zu erreichen.

Bei der Analyse der Lösungen und Formulierung der Ambitionen reicht es jedoch nicht aus, nur die *harten* Vor- und Nachteile zu betrachten. Auch verschiedene kontextgebundene Aspekte müssen berücksichtigt werden. Nicht wenige Shared Services Projekte schlagen fehl. Das liegt nicht etwa an unrealistischen Vorgaben, sondern daran, dass sie so viel Widerstand hervorrufen, dass die Diskussion versandet und keine oder nur Teilentscheidungen getroffen werden. Darum sollten bei der Festlegung der Ambitionen auch folgende Aspekte berücksichtigt werden:

- *Engagement:* Wie leicht/schwierig ist es, Schlüsselfiguren für die gewählte Lösung zu gewinnen?

- *Business Case und Investitionsplan:* Wie leicht/schwierig ist es, die finanziellen Vorteile nachzuweisen und die Lösung zu finanzieren?

- *Implementierungsaufwand:* Wie leicht/schwierig ist die inhaltliche Realisierung dieser Lösung?

- *Veränderungsaufwand:* Wie leicht/schwierig ist die Realisierung dieser Lösung in veränderungsspezifischer Hinsicht?

Abhängig von der aktuellen Struktur und dem Geschäftsmodell des Unternehmens fällt die Antwort auf diese Aspekte unterschiedlich aus. Die Praxis zeigt meist zwei dominante Strukturtypen/Geschäftsmodelle: Corporate und Line-of-Business-Modell als die beiden Extreme mit einem ganzen Spektrum an Varianten und Zwischenformen. In der nachstehenden Tabelle (Tabelle 3.1) werden sie anhand der genannten vier Aspekte detaillierter beschrieben.

Tabelle 3.1: Beschreibung der beiden dominaten Strukturtypen/Geschäftsmodelle: Corporate und Line-of-Business-Modell

Das Corporate Modell	
Eigenschaften	– Zentral geleitetes Unternehmen. – Aktiv in relativ homogenen Produkt-Markt-Kombinationen. – Geringe Unterschiede bei Produkten, Prozessen und Märkten. – *Corporate Brand* und *One way of working* sind dominant. Linien- und Stabsoperationen werden straff koordiniert. – Top-down Kaskade von Vision, Strategie, Zielsetzungen, Prozessen und Best Pactices in Produktgruppen, Geschäftsbereichen, Ländern. – Zentrale oder zentral zur Verfügung gestellte Budgets.
Engagement	Das einzurichtende SSC ist eine zentral gesteuerte Initiative, die sich aus einer zentral festgelegten HR-Strategie ergibt. Alle Beteiligten werden voraussichtlich relativ schnell auf eine Linie gebracht. In diesem Top-down Modell kümmert man sich auf dezentraler Ebene hauptsächlich um die Durchführung. Die Aufgabe wird vor allem sein, das Konzept gemeinsam mit der dezentralen Ebene weiter auszuarbeiten und zu verfeinern.
Business Case	Die finanziellen Vorteile lassen sich leicht in einem Business Case für den gesamten Konzern aufzeigen. Entscheidungen über die Finanzierung können zentral von einem Budget für das SSC getroffen werden.
Implementierungs-aufwand	Es kann zentral ein Master Template der Shared Services-Organisation entwickelt werden, einschließlich der Prozesse, Software, Steuerung – Grundlage für alle verschiedenen HR SSC unabhängig davon, an welcher Stelle in der Welt sie sich befinden. Da die Ähnlichkeiten viel größer sind als die Unterschiede, lässt sich dieses Master Template leicht mit lokal nötigen Anpassungen in den einzelnen Regionen und Ländern ausrollen. Dies hält eigene Entwicklungs- und Entwurfskosten niedrig. Zudem werden für die weltweite Implementierung zentrale Verträge mit Lieferanten (Softwarehersteller, Beratungsagenturen usw.) zu besseren Einkaufskonditionen abgeschlossen.

	In diesem Organisationsmodell wird außerdem die maximale Größe für das HR SSC selbst angestrebt: Besser ein HR SSC, das weltweit oder pro Kontinent alle internen Kunden bedient, als mehrere HR SSC, die über verschiedene Regionen oder Länder verteilt sind. Lediglich geografische Entfernung und verschiedene Sprachen könnten ein Hindernis darstellen. Mit Hilfe der Informations- und Kommunikationstechnologie und mit mehrsprachigen Serviceteams lässt sich dieses Problem jedoch (teilweise) lösen.
Veränderungsaufwand	Die meisten operativen und unterstützenden Prozesse sind bereits für die verschiedenen Geschäftsbereiche/Divisionen und Betriebsgesellschaften standardisiert, so dass der Standardisierungsgedanke keinen zusätzlichen Widerstand hervorrufen wird. Das Konzept ist in den meisten Fällen bereits in die Kultur eingebettet. Das Streben nach maximaler Größe ist für das Unternehmen permanenter Schwerpunkt. Die Mitarbeiter akzeptieren solche Veränderungen relativ gut, weil sie Wesen und Kultur des Unternehmens entsprechen. Die Herausforderung bei der Veränderung beschränkt sich auf die Bündelung an verschiedenen Stellen durchgeführter Aufgaben und den Ersatz alter standardisierter Prozesse durch neue, was Unsicherheit mit sich bringt und unvermeidlich zu einem Verlust an Arbeitsplätzen führen wird.
Eignung für ein SSC	Da diese Unternehmen eine zentrale Steuerung haben, eignen sie sich hervorragend für ein HR SSC. Im Bereich der operativen und unterstützenden Prozesse gibt es viel mehr Ähnlichkeiten als Unterschiede zwischen Regionen oder Produktgruppen. Das bedeutet, dass wahrscheinlich auch im HR-Bereich bereits viel mit standardisierten Prozessen und Best Practices gearbeitet wird. HR SSC werden auch auf der höchst möglichen Aggregationsebene im Unternehmen eingerichtet, mit dem Ziel eines HR SSC für den gesamten Konzern. Zusammengefasst sehen wir, dass HR SSC im Corporate Modell hohe Erfolgschancen haben.

Line-of-business Modell	
Eigenschaften	– Dezentrale Organisation des Unternehmens. – Autonom operierende Geschäftsbereiche/Divisionen in sich deutlich unterscheidenden Märkten und Produkt-Markt-Kombinationen. – Das zentrale Unternehmen verhält sich wie ein Holding, die nur in Bezug auf Endergebnis und strategische Leitlinien lenkt. – Prozesse sind häufig pro Geschäftsbereich/Division standardisiert, obwohl sie pro Land oft einen eigenen Charakter haben. – Dezentrale Budgets.
Engagement	Einheitliches Denken zu schaffen, ist nicht leicht, weil es verschiedene strategische Prioritäten und Geschäftsbereiche/Divisionen gibt, die unabhängig voneinander operieren. Einheitliches Denken entsteht erst, wenn der Geschäftsbereich/die Division zum gleichen Zeitpunkt und im gleichen Maß die Bedeutung sehen, unterstützende Dienste über die Grenzen von Geschäftsbereichen/Divisionen hinweg zu teilen (wie die Notwendigkeit zu Kosteneinsparungen). Wenn dieses Interesse jedoch für die eine Einheit stärker ist als für die andere, entsteht schnell das *Free-Rider*-Prinzip: »Ich schließe mich an, wenn das SSC eingerichtet ist und sich bewährt hat, aber ich werde jetzt keine Investitionen dafür tätigen.«

	Außerdem muss dieses Engagement nicht nur von der Divisionsleitung vertreten werden, sondern auch von den Betriebsgesellschaften (verteilt über die verschiedenen Länder) in den Geschäftsbereichen/Divisionen. Das kostet Zeit, Beratungs- und Gesprächsaufwand. Der Wunsch nach Erhaltung der eigenen Selbständigkeit, Unabhängigkeit und Arbeitsweisen macht es schwieriger, alle Beteiligten für ein auf Synergie, Standardisierung und Bündelung gründendes Konzept zu gewinnen.
Business Case	Grundsätzlich muss für jeden partizipierenden Geschäftsbereich/jede partizipierende Division ein positiver Business Case vorliegen – jeder Geschäftsbereich/jede Division muss bereit sein, einen Teil der Investitionen zu übernehmen. Das ist nicht immer leicht. Die zu erzielenden Vorteile können pro Geschäftsbereich/Division sehr unterschiedlich sein. Der Grund dafür ist, dass sich die HR-Funktion in diesen Einheiten oft in einem anderen Entwicklungsstadium befindet, da die Belange im HRM für die Geschäftsbereiche/Divisionen unterschiedlich sein können und weil sie außerdem über eine unterschiedliche Finanzstärke verfügen können (»Ich will zwar, ich kann aber nicht viel investieren.«). Außerdem können die für die verschiedenen Geschäftsbereiche/Divisionen zu erzielenden Vorteile sehr unterschiedlich sein. Auffallend ist, dass in manchen Unternehmen die finanzstärksten Geschäftsbereiche/Divisionen, die häufig auch das höchste Niveau im HRM haben, am wenigsten von der Einrichtung eines SSC profitieren und ihre HR-Funktion am meisten reduzieren müssen, während von ihnen ein hoher Beitrag zur Entwicklung des SSC erwartet wird. Das steigert nicht gerade das Interesse, sich an einem solchen Projekt zu beteiligen. Andererseits sind weniger finanzstarke Geschäftsbereiche mit einer weniger entwickelten HR-Funktion zufrieden und daher nicht bereit, in Verbesserungen zu investieren, die sie nicht für notwendig halten.
	Obwohl für den gesamten Konzern ein positiver Business Case für die Veränderung vorliegen kann, können sich die zu erzielenden Vorteile pro Einheit sehr voneinander unterscheiden, ebenfalls die Finanzstärke und Investitionsbereitschaft. Um zu verhindern, dass gleich von Anfang an eine unerwünschte Diskussion über die Kostenverteilung entsteht, empfiehlt sich, dass der Konzern die ersten Untersuchungs- und Entwicklungskosten, bis zum allgemeinen Entwurf übernimmt.
Implementierungs-aufwand	Wie beim Corporate Modell können die weltweiten Geschäftsbereiche/Divisionen grundsätzlich ein Master Template der Shared Services-Organisation – einschließlich Prozesse, Software, Steuerung – entwickeln, das als Grundlage für alle verschiedenen HR SSC und zentrale Verträge mit Lieferanten dienen kann. Die Entwicklung eines solchen Templates wird jedoch viel mehr Zeit in Anspruch nehmen als beim Corporate Modell. Jede Einheit geht von einem eigenen Hintergrund und eigenen Verfahren aus. Viele Themen werden intensive Diskussionen und Verhandlungen erfordern – mit rationalen und emotionalen Aspekten. Arbeitsweisen, die auf spezielle Bedürfnisse der eigenen Einheit zugeschnitten waren, müssen für eine eher generische Arbeitsweise aufgegeben werden.

	Das führt zu Grundsatzdiskussionen über die Frage, inwieweit sich jeder Geschäftsbereich/jede Division noch die Freiheit nehmen kann und darf, außer der gemeinschaftlichen Arbeitsweise auch noch eigene Arbeitsweisen zu behalten. Wichtig ist, dass diese Diskussion von einer neutralen Partei geleitet wird – beispielsweise das Corporate HRM, soweit es nicht als beteiligte Partei betrachtet wird (»Corporate wird dadurch nur noch stärker, während wir Einfluss einbüßen.«). Auch ein externer Berater kann hier als Moderator des Prozesses sinnvoll sein. Er steht über den Parteien, kann bestehende Denk- und Arbeitsweisen zur Diskussion stellen, Best Practices und Erfahrungen von außen einbringen und die Diskussion versachlichen.
Veränderungsaufwand	Aufgrund relativ großer Unabhängigkeit, dezentraler Entscheidungswege und der Möglichkeit, selbständig zu operieren, ist die Entwicklung eines HR SSC in einer Inter-Business-Unit-/Divisionumgebung eine schwierige Angelegenheit. Häufig sind mehrere Runden nötig, um alle Beteiligten auf eine Linie zu vereinen. In der ersten Runde müssen sich alle Geschäftsbereiche/Divisionen einigen, in einer nächsten Runde müssen die Konzepte in den Geschäftsbereichen/Divisionen selbst angenommen werden. Dadurch entsteht doppelte Komplexität.

Die Erfahrung zeigt, dass es schwierig ist, für alle Beteiligten einen Nenner zu finden. Vor allem der Wunsch, weiter selbständig und unabhängig mit eigenen Arbeitsweisen zu operieren, ist dafür verantwortlich. Im Line-of-Business-Modell darf daher nur dann Erfolg erwartet werden, wenn sowohl der Konzernvorstand als auch die Führungsspitze der Geschäftsbereiche/Divisionen die Vorteile sehen und die Bereitschaft aussprechen, HR-Unterstützungskapazitäten miteinander zu teilen und dafür Geld zur Verfügung zu stellen. |
| Eignung für SSC | In rationaler Hinsicht lassen sich auch für das Line-of-Business-Modell durch die Einrichtung von HR SSC große Vorteile erzielen. SSC könnten sowohl in Geschäftsbereichen/Divisionen als auch übergreifend über Geschäftsbereiche/Divisionen hinweg auf nationaler und internationaler Ebene tätig sein. In emotionaler und prozessualer Hinsicht ist die Realisierung eines SSC in einer solchen Umgebung schwierig, sie kostet viel Zeit, Energie und Führungsstärke. Häufig bietet sich an, in dieser Situation mit begrenzten Formen des Sharing zu beginnen, über die man sich voraussichtlich relativ schnell einigen wird. Beispiele dafür sind ein HR SSC für eine begrenzte Zahl an Geschäftsbereichen/Divisionen oder Ländern oder ein SSC für eine begrenzte Zahl an Dienstleistungen. |

In der Praxis zeigt sich, dass diese Modelle keinesfalls statisch sind. Einige Unternehmen entwickeln sich von dezentraler zur eher zentral koordinierter Struktur, wobei die Konzernzentrale den Sprung zur *One Company* versucht. Andere Unternehmen werden aufgrund ihres starken Wachstums zu groß und müssen ihre Befugnisse eher dezentralisieren. In beiden Fällen kann ein HR SSC eine interessante Option sein. Im ersten Fall dient es als Katalysator, um die Bewegung hin zu mehr Koordination, Harmonisierung und Standardisierung zu unterstützen, im zweiten Fall als Bindeglied, um allgemeine Zersplitterung der HR-Dienstleistungen zu verhindern. Das bedeutet, dass altes *Konzernzentralen*-Denken durch eine Kultur kundenorientierter Dienstleistungen an die Geschäftsbereiche ersetzt werden muss. Man sollte die Bedeutung der definierten Vorgaben für den organisatorischen Kontext, in dem man operiert, klären, bevor die realistischen Ambitionen formuliert werden können.

Analyse der Implementierungsrisiken und Entwurf eines Projektplans

Die inhaltliche Diskussion wird in einem Kräftefeld von Spielern mit unterschiedlichen Plänen, Prioritäten und Belangen geführt. Darum sollte erst eine Stakeholder Analyse erstellt werden, die Einstellung und Einfluss der wichtigsten Spieler inventarisiert. Anhand dieser Analyse kann dann festgelegt werden, welche Stakeholder zu welchem Zeitpunkt am Prozess zu beteiligen sind. Oft ist es sinnvoll, die Ideen erst in einer kleinen Gruppe zu entwickeln, die diesen Fragen positiv gegenüber steht.

Widerstand ist in dieser Phase hauptsächlich von Geschäftsbereichen/Divisionen zu erwarten, die die Gründung eines HR SSC als Autonomie- und Kontrollverlust der eigenen Personalpolitik werten können. Für die Leitungen von Geschäftsbereichen/Divisionen ist dies oft eine heikle Frage. Man möchte seine eigene Personalpolitik führen können und befürchtet, ein HR SSC könne außer reinen Dienstleistungsaufgaben auch eine eher kontrollierende oder die HR-Politik bestimmende Rolle übernehmen. Widerstand ist außerdem seitens des HR-Managements von Geschäftsbereichen/Divisionen zu erwarten, das durch die Gründung eines HR SSC Qualitätseinbußen für den Kunden befürchtet.

In vielen Fällen fehlt das Vertrauen, man könne mit einer gebündelten HR-Organisation die gleiche Dienstleistungsebene bieten wie in einer dezentralen HR-Abteilung. Die HR-Funktion der Geschäftsbereiche/Divisionen kennt den einzelnen Kunden und seine Bedürfnisse und fragt sich, wie eine *anonyme* zentrale Organisation die gleiche Qualität erbringen soll. Die Dienstleistungen des HR SSC werden eher reaktiv (Antworten auf gestellte Fragen und Bedürfnisse) gesehen, während ein Großteil der HR-Aufgaben einen proaktiven Charakter trägt (Unterstützung des Linienmanagements bei der Formulierung seiner Bedürfnisse und Vermittlung der Notwendigkeit von HRM). Außerdem befürchtet man den Verlust von eigenem Einfluss und Selbständigkeit.

Für die Ermittlung des richtigen Vorgehens ist es daher wichtig festzustellen, wer die Diskussion ins Leben ruft und wo sich der meiste Widerstand bilden wird – in der HR-Funktion oder in der Linienorganisation. So kann es praktisch sein, erst im HR-Managementteam einen arbeitsfähigen Konsens zu erreichen, bevor diese Diskussion auch mit dem Rest der Organisation geführt wird. Ist die HR-Funktion stark dezentralisiert und berichten die HR-Manager hierarchisch an das dezentrale Management der Geschäftsbereiche/Divisionen, ergeben sich häufig recht heftige Diskussionen zu Übereinstimmungen mit der Vision. Hier ist vor allem Führungsstärke, Gefühl für politische Verhältnisse und energisches Durchgreifen eines Konzern HR-Leiters gefordert.

Eine andere Vorgehensweise kann sein, erst auf zentraler/Corporate-Ebene auf Initiative des Konzernvorstands eine Vision zu entwickeln. Der Konzern HR-Leiter könnte den Auftrag zur Entwicklung einer solchen Vision erhalten. Diese wird mit den Geschäftsleitungen der Geschäftsbereiche/Divisionen besprochen und geprüft. Anschließend fasst das höchste Managementteam dazu einen Beschluss. Die inhaltlichen Argumente dieses Beschlusses müssen gut untermauert sein. Die HR-Funktion erhält den Auftrag, die Vision weiter auszugestalten. Die Frage, ob ein HR SSC erwünscht ist, ist somit obsolet. Jetzt geht es um die Frage, wie ein solches SSC konkret zu realisieren ist.

Für welche Vorgehensweise man sich auch entscheidet, ohne ausdrückliche Unterstützung durch die Konzernleitung hat eine HR SSC-Initiative keine Chance. Fehlt diese Unterstützung, sollte man das Vorhaben kritisch überdenken. Außer diesen Aspekten sollte auch die vorherrschende Kultur im Unternehmen, und wie sie die Einführung eines HR SSC ermöglicht oder erschwert, betrachtet werden.

Veränderungsfähigkeit und -bereitschaft des Unternehmens

Wie erfolgreich war das Unternehmen in der Vergangenheit bei Realisierung einschneidender und komplexer Veränderungen? Hat man einen aussagekräftigen *Track Record* in diesem Bereich aufbauen können oder sind die meisten Großprojekte hoffnungslos gescheitert? Dies sagt einerseits etwas über die Veränderungskompetenz des Unternehmens aus, aber auch über den Glauben an Veränderungen und die Veränderungsbereitschaft. Im einen Fall entsteht dadurch Vertrauen in das eigene Können und eine positive Grundeinstellung für gut durchdachte und vorbereitete Veränderungsprojekte. Im anderen Fall führt es zu einer skeptischen oder sogar zynischen Einstellung (»Da sind sie wieder mit ihren schönen Plänen; das wird schon wieder vorbeigehen.«). Und es wird viel Zeit und Mühe kosten, die wichtigsten Beteiligten zu überzeugen.

Konsensorientierung und partizipative Kultur

In konsensorientierter und partizipativer Kultur will man möglichst viele Stakeholder in den Entscheidungsfindungsprozess einbeziehen und möglichst breite Akzeptanz schaffen. So entstehen einerseits von einer Mehrheit akzeptierte Lösungen, andererseits aber auch Verzögerungen, halbherzige Kompromisse oder die Schlussfolgerung, vorläufig keine weiteren Schritte zu unternehmen. In einer solchen Organisation wird die Realisierung eines HR SSC-Projekts viel Zeit kosten. In diesem Fall sollte die Unternehmensspitze den Projektrahmen und die Schwerpunkte der Diskussion im Vorfeld deutlich festlegen.

Unternehmenskultur

In einer starken Unternehmenskultur fürchtet man vor allem Bürokratisierung. Es besteht die Angst, die eigene HR-Abteilung würde sich durch Konzentration,

Strukturierung und Formalisierung in eine Art *Kontrollorgan* wandeln. Außerdem fürchtet man, eine solche HR-Abteilung würde das Gefühl dafür verlieren, worum es wirklich geht, nämlich um das Business, und würde sich stattdessen mehr auf eigene interne Ziele und Regeln konzentrieren.

Informelle Kultur

In einer stark informellen Kultur lassen sich Arbeitsprozesse nur schwer festlegen oder erzwingen. Jeder ist daran gewöhnt, die Arbeit auf eigene Weise zu erledigen und sich auf sein Netzwerk persönlicher Kontakte im Unternehmen zu verlassen, um HR-Fragen zu regeln. Wenn es schon dokumentierte Prozesse gibt, werden sie in der Praxis nicht genutzt. Um Dinge zu erledigen, weiß man, wen man anrufen muss. Diese Arbeitsweise sieht man nun verloren gehen und fürchtet, nicht mehr den gewohnten Service zu erhalten. Diese Kultur kann ein großer Stolperstein für alle Initiativen zur Professionalisierung, Standardisierung und Strukturierung sein. Außerdem kann sie weiteres Wachstum grundlegend lahm legen.

Macher-Kultur

In einer nüchternen *No-nonsense*-Kultur, in der man gewohnt ist, besprochene und beschlossene Dinge auch durchzuführen, werden Pläne eher realisiert als in einer unverbindlichen Kultur, in der viele Initiativen, Visionen und Ideen zirkulieren können, ohne dass damit verbindliche Entscheidungen verknüpft werden.

Für die Entwicklung eines guten Projekt- und Veränderungsplans muss man also den Einfluss der Kultur des Unternehmens auf den Prozess eingehend betrachten. Die Einführung eines HR SSC ist ein gewaltiges Kulturveränderungsprojekt.

3.3.2 Phase des Grobentwurfs

Wenn das Unternehmen zu dem Schluss gekommen ist, dass ein HR SSC eine machbare und wünschenswerte Lösung darstellt, müssen die Ambitionen und Vorgaben in der Phase des Grobentwurfs weiter zu einem greifbaren Modell ausgearbeitet werden. Das bedeutet, dass verschiedene grundlegende Bausteine, wie Umfang der Dienstleistungen (welche Produkte und Dienstleistungen?), Umfang der HR-Kunden (welche Geschäftsbereiche/Divisionen?), Bedienungs- und Funktionsprinzip (HR Self Service, Front/Back Office?), Automatisierungsgrad, Personalausstattung, Kultur und Kompetenzen, Art der Steuerung und Implementierungsstrategie konkretisiert werden müssen. Die Ausarbeitung kann in dieser Phase in Grundzügen erfolgen, aber sie muss ausreichend detailliert sein, damit ein fundierter Business Case und ein Investitionsplan erstellt werden können. Nach einer positiven Entscheidung am Ende dieser Phase kann dann die

Detailarbeit für ein HR SSC beginnen. In der Phase des Grobentwurfs werden die nachstehenden Maßnahmen durchgeführt.

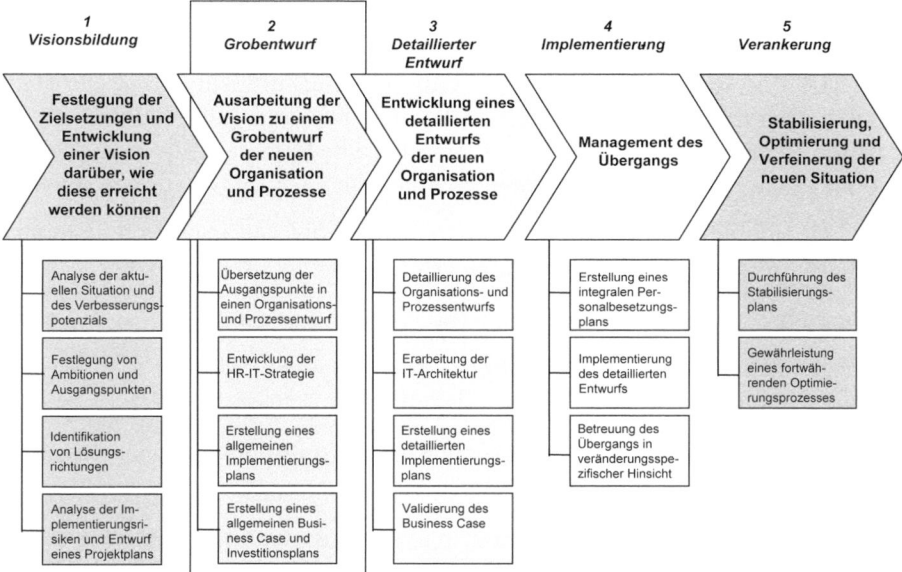

Abb. 3.7: Maßnahmen in der Phase des Grobentwurfs

Übersetzung der Vorgaben in einen Organisations- und Prozessentwurf

Die in einer früheren Phase getroffenen Gestaltungsentscheidungen müssen hier konkretisiert werden. Dazu müssen in diesem Schritt unter anderem folgende Fragen beantwortet werden:

1. Welche HR-Produkte/-Dienstleistungen wollen wir im HR SSC unterbringen?

2. Wie werden die HR-Prozesse in der neuen Situation verlaufen?

3. Für welche Geschäftsbereiche/Divisionen oder geografische Einheiten wird das HR SSC Dienstleistungen anbieten?

4. Wollen wir ein physisches oder ein virtuelles SSC – an welchem Standort?

5. Wie sieht das Dienstleistungskonzept aus?

Frage 1: Welche HR-Produkte/-Dienstleistungen wollen wir im HR SSC unterbringen?

Zunächst muss eine gründliche Analyse des HR-Dienstleistungsportfolios erstellt werden: »Welche HR-Produkte/-Dienstleistungen und dazugehörigen Prozesse wollen wir im HR SSC unterbringen, welche sollen dezentral bleiben, welche wollen wir an Dritte auslagern und welche wollen wir ganz abschaffen?« Diese Analyse wird anhand der bereits angefertigten Analyse der aktuellen HR-Prozesse erstellt. Welche Prozesse kosten viel Zeit und Arbeitskraft, an welcher Stelle können Standardisierung und Bündelung viele qualitative und quantitative Vorteile bringen? Die vom SSC zu liefernden Produkte und Dienstleistungen sollten kurz und bündig in einem Produkt- und Dienstleistungskatalog beschrieben werden. Dieser bietet den künftigen HR-Kunden sowohl guten Einblick in das gesamte Dienstleistungspaket des SSC als auch eine Beschreibung der einzelnen Produkte. Für jedes Produkt könnten hier die folgenden Informationen genannt werden:

- Bezeichnung der Produktgruppe (beispielsweise Rekrutierung),

- Bezeichnung des Produkts (beispielsweise Personalwerbung),

- Leistungen, die der Kunde des SSC in diesem Bereich erwarten darf (Welche Tätigkeiten führen wir für die Kunden durch?),

- Leistungskriterien, an denen der Kunde das SSC messen kann (eine Beschreibung der Leistungsindikatoren),

- Erwartungen des SSC an den Kunden als Voraussetzung für gute Dienstleistungen (Was ist die Rolle des Kunden bei der Lieferung/Durchführung dieses Produkts oder dieser Dienstleistung?).

Selbstverständlich sollte das Produkt- und Dienstleistungsangebot standardisiert sein. Bei Zusammenstellung des Produkt- und Dienstleistungskatalogs muss daher auch deutlich werden, für welche Produkte kundenspezifische Dienstleistungen erbracht werden können und welche Produkte/Dienstleistungen ausschließlich als Standardprodukt/-dienstleistung angeboten werden. Wie bereits erwähnt, kann es sich bei der Festlegung der genauen Aufgaben sowohl um transaktionale als auch um Expertentätigkeiten handeln. Vor allem die letzteren Aufgaben eignen sich für ein stärker kundenspezifisches Vorgehen. Selbstverständlich darf man auch hier die Vorteile von Bündelung und Standardisierung nicht aus dem Auge verlieren.

Die Unterbringung von Expertenaufgaben in einem HR SSC ist bei den Geschäftsbereichen/Divisionen eine heikle Frage, die bisweilen großen Widerstand hervorruft. Bei der Geschäftsleitung eines Geschäftsbereiches/einer Division kann der Eindruck entstehen, einen Teil des eigenen HR-Instrumentariums und somit der eigenen Steuerungsmöglichkeiten zu verlieren. Besonders schwierig ist dies im Zusammenhang mit dem Personalwerbungs- und -auswahlprozess. Man befürchtet, nicht mehr selbst die eigenen Mitarbeiter auswählen zu können, sondern auf Kandidaten angewiesen zu sein, die von der *Zentrale* angeliefert werden. Außerdem kann ein auf Know-how spezialisiertes HR SSC von einigen dezentralen HR-Mitarbeitern als große Bedrohung erfahren werden. Sie müssen häufig spezifische HR-Aufgaben abgeben und werden so im Kern ihrer Professionalität und Berufsehre berührt. Für andere HR-Mitarbeiter wiederum ist dies eine Herausforderung, sich zu einer eher strategischen HR Business-Partner Rolle weiterzuentwickeln oder sich selbst inhaltlich im professionellen Kontext des neuen Expertise HR SSC weiter zu profilieren.

Frage 2: Wie werden die HR-Prozesse in der neuen Organisation abgewickelt?

Dank der präzisen Definition der Produkte und Dienstleistungen des SSC wird der genaue Umfang des SSC stärker spezifiziert. Dadurch kann die Grenze zwischen den Aufgaben des künftigen SSC und den Aufgaben, die weiterhin in den Geschäftsbereichen bleiben, trennscharf gezogen werden. Beide Parteien werden in jedem HR-Prozess eine Rolle spielen und daher gut zusammenarbeiten müssen. So sollte das SSC beispielsweise eine Vorauswahl der Bewerber vornehmen, während die definitive Auswahl dem Linienmanagement des Kunden vorbehalten bleibt. Selbstverständlich müssen sich die Rollen beider Parteien ergänzen, um Überschneidungen zu vermeiden. In der Phase des Grobentwurfs sind die Rollen von SSC und Kunden daher für alle entsprechenden Prozesse in groben Zügen festzulegen, damit später im Prozess keine Missverständnisse entstehen.

Frage 3: Für welche Geschäftsbereiche/Divisionen oder geographischen Einheiten wird das HR SSC Dienstleistungen anbieten?

Viele Unternehmen entscheiden sich für ein gesondertes HR SSC für jedes Land, in dem sie viele Mitarbeiter beschäftigen. Andere (oft weltweit operierende) Unternehmen ziehen ein internationales HR SSC vor. Diese internationalen HR SSC arbeiten für ein bestimmtes Gebiet (beispielsweise Europa oder EMEA) oder für Ländergruppen (beispielsweise Nordeuropa, Benelux). Das HR SSC bedient verschiedene Länder mit Mitarbeitern, die die jeweilige Landessprache sprechen und die Gesetze vor Ort kennen. Internationale SSC ermöglichen zusätzliche Skaleneffekte. Einerseits profitieren sie von einem größeren Kundenkreis, andererseits arbeiten sie mit mehrsprachigen Mitarbeitern, die flexibel für mehrere Länder einsetzbar sind. In der Praxis zeigt sich jedoch, dass Mehrsprachigkeit und Kenntnis der Gesetzeslage vor Ort nicht ausreichen, um nahtlose Kommunikation mit dem lokalen Kunden zu erreichen.

So verlief bei einem internationalen Unternehmen die Beziehung des HR SSC zu den britischen Kunden anfänglich nicht optimal – trotz erheblich größeren Angebots und höheren Niveaus der Dienstleistungen. Der Grund lag hauptsächlich in signifikanten kulturellen Unterschieden im Bereich der Kommunikation. In vielen englischen E-Mails an das HR SSC konnte die eigentliche Botschaft nur durch Lesen zwischen den Zeilen herausgefiltert werden. Diese implizite Botschaft wurde jedoch von den gut englisch sprechenden Mitarbeitern im HR SSC nicht ausreichend verstanden und aufgegriffen. Das führte zu vielen Missverständnissen und starken Frustrationen auf britischer Seite, wo man sich nicht verstanden fühlte. Viele britische Kunden wiederum empfanden den Ton des HR SSC als viel zu direkt und unhöflich. Bei der Abwägung aller Faktoren dürfen also nicht nur die harten Fakten sprechen, sondern auch diese eher nicht greifbaren Aspekte.

Frage 4: Wollen wir ein physisches oder virtuelles SSC? Wo bringen wir das SSC unter?

Aus technischer Perspektive sind virtuelle SSC durchaus eine gute Lösung, vor dem Kostenhintergrund sind sie sogar sehr interessant: Man braucht keine neuen Büros, es gibt keine Umzugs- oder Verlagerungskosten. In der Praxis jedoch funktioniert diese Konstruktion oft nicht optimal. Die Schwierigkeit liegt vor allem darin, dass sich auf diese Weise ein klarer Fokus und neue Arbeitskultur im HR SSC nicht wirklich realisieren lassen. Für die HR SSC-Mitarbeiter ist es nicht immer deutlich, zu welchem Team sie nun wirklich gehören (lokal oder dezentral), und sie können sich zum Teil nur schwer aus dem gewohnten Rahmen lösen. Außerdem birgt diese Konstruktion die Gefahr, dass die lokale Betriebsgesellschaft die HR SSC-Mitarbeiter zu sehr in Beschlag nimmt – auf Kosten ihrer eigentlichen SSC-Aufgaben.

Bei physischer Bündelung spielt auch die heikle Frage der Standortwahl eine Rolle. Dies ist ein emotional aufgeladenes Thema, weil daraus leicht ein Tauziehen der Geschäftsbereiche/Divisionen (symbolischer Wert des Standorts) und Mobilitäts- oder Umzugsprobleme für die Mitarbeiter entstehen können. Das SSC sollte an einem Standort untergebracht werden, der klar signalisiert, dass das SSC für alle Kunden arbeitet und nicht als Zweigstelle eines Geschäftsbereiches/einer Division zu gelten hat. An einem neuen Standort lässt sich leichter eine vollständig neue Kultur einrichten – das SSC bleibt für die verschiedenen Niederlassungen eine neutrale Partei, so dass es keine *Gewinner* und *Verlierer* gibt. In der Praxis gelingt eine solche Lösung aufgrund der sozialen und/oder Kostenperspektive nicht immer.

Daher muss man sich bereits frühzeitig Gedanken zu diesem schwierigen Thema machen. In erster Linie geht es darum, gemeinsam Kriterien für eine Standortauswahl zu formulieren und diese zu akzeptieren. Hat man sich einmal geeinigt, fällt die Entscheidung beispielsweise für Brüssel, Berlin oder Dublin viel leichter – wenn dieser Auswahlprozess für einen Standort für alle Beteiligten transparent verläuft. Für eine Auswahl lassen sich unter anderem die folgenden harten Kriterien zugrunde legen:

- Kosten: Lohnkosten, Grundstückspreise, Mietpreise von Bürogebäuden, Telefonkosten,

- Arbeitsmarkt: Verfügbarkeit gut ausgebildeter Mitarbeiter, kompetenter Manager, mehrsprachiger Mitarbeiter,

- Infrastruktur: Büros, Straßennetz, Telekom-Infrastruktur,

- Erreichbarkeit: Öffentliche Verkehrsmittel, Entfernung zu anderen Niederlassungen,

- Behörden und Gesetze: Reglementierung, Fördermittel, Arbeitsgesetze, Steuerklima.

Frage 5: Wie sieht das Dienstleistungskonzept aus?

Was ist die optimale Mischung aus Dienstleistungskanälen und welche Kanäle wollen wir einsetzen? Selbstbedienung über Self Services, Versorgung über ein Call Center oder Unterstützung über lokale HR-Berater? In dieser Frage spielen nicht nur Kosten- und Effizienzaspekte eine Rolle. Die Kernfrage ist hier meist die Bereitschaft und Kompetenz der Führungskräfte und Mitarbeiter in Unternehmen, ihre HRM-Aufgaben und -Verantwortung selbst zu leisten. In Unternehmen, in denen Führungskräfte und Mitarbeiter gewohnt sind, selbst die Verantwortung für HRM-Aufgaben wie Mitarbeiterentwicklung, Mitarbeitergespräche und Laufbahnplanung zu übernehmen, werden Dienstleistungen über ein Call Center oder über HR Self Services unproblematisch sein.

Für andere Unternehmen ist dieser Schritt jedoch zu groß. Führungskräfte und Mitarbeiter übernehmen ihre HRM-Aufgaben und -Verantwortungen nicht in ausreichendem Maße, so dass sie weiterhin persönliche Unterstützung der HR-Funktion benötigen. Linienmanager sträuben sich vehement gegen den Wegfall dieser persönlichen Unterstützung, da sie ihnen viele Aufgaben, die sie eigentlich selbst erledigen müssten, abnimmt. Daher muss man der Übernahme und Entwicklung erforderlicher HRM-Kompetenz beim Linienmanagement große Aufmerksamkeit widmen. Der Einsatz von HR Self Services setzt voraus, dass die Mitarbeiter ausreichend mit Intranet-Anwendungen vertraut sind und mühelos darauf zugreifen können.

Eine gute Lösung für die Versorgung der Kunden ist, verschiedene Dienstleistungskanäle parallel einzurichten, wie beispielsweise HR Self Services, allgemeine und spezialisierte Beratung – Vermischung der Dienstleistungskanäle ist jedoch unbedingt zu vermeiden. Sie könnte den Kunden verwirren oder suboptimalen Service zur Folge haben. Es muss jederzeit deutlich sein, welche Dienstleistungen über welche Kanäle angeboten werden. Überschneidungen und Grauzonen sind unbedingt zu vermeiden. Wenn der Kunde HR-Datenänderungen sowohl per HR Self Services als auch über das Call Center vornehmen kann, entsteht Undeutlichkeit – Effizienzziele werden nicht erreicht. Das gilt auch, wenn keine klaren Regeln dafür bestehen, welche Fragen das Call Center und welche die Spezialisten beantworten sollen. Hier können Grenzkonflikte, interne Konkurrenz und sogar die Bildung neuer Silos innerhalb des HR SSC entstehen.

Entwicklung einer HR-IT-Strategie

Die HR-Informationstechnologie (HR-IT) ist eine der wichtigsten Voraussetzungen für den reibungslosen Betrieb eines HR SSC. Die IT-Infrastruktur und die Anwendungssoftware sind außerdem die beiden größten Kostenpunkte, die im Business Case zu kalkulieren sind. Deshalb müssen in dieser Phase Grundsatzentscheidungen in Bezug auf die Rahmenparameter für die HR-IT-Strategie getroffen werden. Für eine detailliertere Ausarbeitung zum Thema HR-IT verweisen wir auf Kapitel 2. Die folgenden Fragen müssen in dieser Phase erörtert werden:

- Wie lauten die wichtigsten Funktionsanforderungen an das künftige HR-IT-System? Um diese Frage beantworten zu können, muss auf allgemeiner Ebene erfasst werden, welche Funktionsspezifikationen sich aus den allgemeinen Prozessbeschreibungen herauskristallisieren lassen. Das IT-System ist ein Ergebnis der Grundsatzentscheidungen für die Prozessgestaltung: Lassen wir die Mitarbeiter ihre Datenänderungen selbst vornehmen oder wollen wir das gesamte Input über das Call Center laufen lassen? Räumen wir der Prozessautomatisierung über Workflow den Vorrang ein oder brauchen wir vor allem eine zuverlässige Datenbank mit den Personaldaten?

- Welche unternehmensweiten IT-Vorgaben müssen wir berücksichtigen? Inwieweit wollen wir mit Standardpaketen arbeiten und welchen Spielraum für Anpassungen haben wir? Arbeiten wir mit einer integrierten ERP-Anwendung oder mit spezifischen Applikationen, die wir miteinander verbinden? Investieren wir selbst in IT oder entscheiden wir uns für eine Hosting Lösung durch einen externen Partner?

- In welche allgemeine IT-Architektur müssen die Applikationen im HR-Bereich passen? Gibt es bevorzugte Pakete oder ERP-Systeme, die für die Auswahl von Applikationen im HRM ausschlaggebend sind? Welche HR-IT-Systeme werden derzeit verwendet und wie hoch ist die Zufriedenheit mit diesen Anwendungen? Welche Absprachen mit Softwarelieferanten gibt es (Anzahl Lizenzen, Unterstützung, Verträge usw.)?

Ausgehend von den Antworten auf diese Fragen wird ein erster Entwurf für die benötigte IT-Infrastruktur und die Anwendungssoftware erstellt. Anschließend muss eine Einschätzung der damit zusammenhängenden Kosten vorgenommen werden. Sowohl für die Definition der HR-IT-Architektur als auch für den Entwurf der IT-Infrastruktur und die Auswahl der Anwendungssoftware ist es wichtig, sich auf das gewünschte HR SSC-Konzept zu konzentrieren – nicht nur auf den ersten Schritt. Bisweilen werden benötigte IT-Funktionalität und Anwendungssoftware unterschätzt – man stößt schon bei ersten Erweiterungsmaßnahmen auf grundlegende Systemgrenzen in Bezug auf die Funktionalität oder die Kapazität. So kann man beispielsweise die Anzahl von *Calls* unterschätzen, die das Front Office im gewünschten Tempo verarbeiten muss. Es kommt auch vor, dass man hohes Tempo erreichen will, sich jedoch für ein preisgünstiges und schnell zu implementierendes System entscheidet – mit dem Risiko, schon nach relativ kurzer Zeit an die Grenzen zu stoßen.

Es ist von entscheidender Bedeutung, dass das gesamte HR SSC mit Systemen betrieben wird, die sich in der Praxis bewährt haben, und dass nicht die Möglichkeiten und Beschränkungen des IT-Systems ausschlaggebend sind. Die von *PA* betreute Bank hat sich beispielsweise dafür entschieden, alle Datenänderungen über das Front Office vorzunehmen und nicht über ein HR Self Service-Modul abzuwickeln. Bei der Verwendung von HR Self Services müssten die Mitarbeiter für jede Datenänderung in verschiedenen Masken Informationen eingeben. Deshalb sollen die Mitarbeiter ihre Datenänderungen telefonisch einem Front Office-Mitarbeiter mitteilen. Dieser prüft Richtigkeit und Notwendigkeit einer Datenänderung und führt sie anschließend durch.

Die Praxis zeigt, dass die größten Einsparungen und wichtigsten Effizienzvorteile, die sich durch die IT-Infrastruktur und die Anwendungssoftware erreichen lassen, mit dem Workflow Management zusammenhängen: automatisierter Verlauf von Prozessschritten. Vor allem bei komplexen administrativen Prozessen mit viel Koordination, Abstimmung oder Autorisierung, wie Kostendeklarationen, jährlicher Prozess der Leistungsbeurteilung, Beantragung und Anmeldung für Fortbildungsprogramme sowie Verarbeitung neuer Mitarbeiter in allen Systemen, bringt das Workflow Management zahlreiche Vorteile. Dadurch lassen sich viele Koordinations- und Abstimmungsschritte einsparen und es bleibt nichts mehr *in Schubladen* oder auf Papierstapeln liegen. So entsteht große Transparenz über den Verarbeitungsstatus eines bestimmten Vorgangs oder einer Aufgabe und es lässt sich nachverfolgen, an welcher Stelle in der Prozesskette sie sich befinden.

Erstellung eines allgemeinen Implementierungsplans

Für den Übergang von der aktuellen zur gewünschten Situation benötigt man einen Implementierungsplan. Es gibt viele verschiedene Möglichkeiten, von A nach B zu kommen. Hier muss eine Entscheidung gefällt werden. Darum sollten in dieser Phase die grundlegenden Rahmenparameter der Implementierung festgelegt werden, um einen detaillierten Implementierungsplan erstellen zu können. Welche Parameter die besten sind, hängt zum großen Teil vom Unternehmen ab, insbesondere von einer Vielzahl von Faktoren, wie Veränderungsfähigkeit und -geschwindigkeit der Organisation, Kultur, Geschäftsmodell, intern verfügbarer Personalkapazität, finanzieller Spielraum, Erfahrung mit ähnlichen Projekten, Interferenz mit anderen laufenden Projekten. Im Folgenden zeigen wir einige Punkte auf, anhand derer die Diskussion über die Implementierungsstrategie und -parameter geführt werden kann.

Punkt 1: HR SSC auf einmal einführen oder allmählich hineinwachsen

Für einige Unternehmen ist das HR SSC ein zu großer Schritt. Sie wollen sich nach und nach mit Hilfe vorsichtiger und kleinerer Initiativen dorthin entwickeln. Beispielsweise möchten sie erst einige Best Practices austauschen oder versuchen, Prozesse in einem beschränkten Bereich zu harmonisieren oder zu bündeln. Damit soll schonend der Boden für größere Initiativen bereitet werden. Diese Vorgehensweise kann beispielsweise für Unternehmen mit tief verwurzelter dezentraler Organisation eine gute Lösung sein – sie hat jedoch auch Nachteile.

So sind die Initiativen häufig zu klein und zu unbedeutend, als dass sie wirkliche Umkehr in den Köpfen erreichen – und es kann Jahre dauern, bevor grundlegende Veränderungen erzielt werden. Häufig scheitern diese Projekte, weil das große Ziel aufgrund der Widerstände immer wieder verschoben wird. Grundsätzlicher Widerstand gegen Bündelung und Standardisierung wird auf diese Weise nicht beseitigt, sondern manchmal sogar verstärkt. Es ist auch fraglich, ob sich mit diesem schrittweisen Vorgehen überhaupt finanzielle Vorteile erzielen lassen.

Andere Unternehmen versuchen eine allmähliche Einführung, indem sie ein HR SSC nicht vorschreiben, sondern den autonomen Geschäftsbereichen/Divisionen die Möglichkeit lassen, alles weiterhin unter eigener Regie durchzuführen. Das HR SSC muss sich dann aufgrund seiner guten Leistungen selbst empfehlen. Das kann in einigen Fällen sehr geschickt sein, da sich Geschäftsbereiche/Divisionen, die sich zunächst auf ihre Autonomie berufen, doch dem HR SSC anschließen, wenn es gut funktioniert. Eine solche Wendung kann jedoch auch ausbleiben. Zudem ist ein HR SSC aufgrund geringer Größe auf diese Weise möglicherweise viel zu teuer. Darüber hinaus besteht die Gefahr, dass das Business Management nicht bereit ist, in ein solch zweigleisiges Konzept zu investieren.

Punkt 2: Weiterhin auf die bestehende Organisation bauen oder etwas
*   Neues beginnen*

Etwas Neues zu beginnen, hat den Vorteil, dass man kein Erbe aus der Vergangenheit mit sich schleppt und Prozesse und Systeme nach eigenen Wünschen gestalten kann. Die Kehrseite ist, dass dies eine sehr teure Option sein kann, die kurzfristig nicht zu Kosteneinsparungen führt. Daher kann man sich auch für die Möglichkeit entscheiden, eine vorhandene Organisation umzuformen und zum vollwertigen HR SSC auszubauen. So baute beispielsweise ein internationales Logistikunternehmen seine Management Academy in Deutschland weiter aus, um sie auf andere Länder und Geschäftsbereiche auszudehnen. Der eventuelle Nachteil beim Umbau einer bestehenden Organisation ist hoher Zeit- und Arbeitsaufwand, vor allem dann, wenn neue Arbeitsweisen entwickelt werden müssen. Außerdem erfordert dieses Vorgehen die Bereitschaft von Geschäftsbereichen/Divisionen, die Best Practices anderer Geschäftsbereiche/Divisionen zu übernehmen.

174

Punkt 3: Phasenweise oder mit einem Paukenschlag

Viele Unternehmen entscheiden sich für ein schrittweises Vorgehen: Erst ein Pilotprojekt, dann die Evaluation und die Entscheidung, ob, wann und wie man fortfahren will. Die Einrichtung eines Pilotprojekts ist vor allem bei einem komplexen HR SSC mit mehreren Geschäftsbereichen, mehreren Ländern und/oder mehreren HR-Diensten eine Grundvoraussetzung. Die Entscheidung, welche Bereiche in das Pilotprojekt einbezogen werden, ist anhand von taktischen Gründen zu treffen. Wo sind die größten Erfolgschancen zu erwarten? Welches Pilotprojekt hat im Unternehmen die größte und beste Ausstrahlung? Die Wahl des Pilotprojekts wird vereinfacht, weil sich ein Geschäftsbereich anbietet, der sowieso vor großen Veränderungen steht.

Für die weiteren Entwicklungen sind für komplexe Unternehmen verschiedene Szenarien denkbar (pro Land, pro Dienstleistung, pro Geschäftsbereich und alle möglichen Kombinationen). Für die Reihenfolge der Schritte empfiehlt sich oft das Vorgehen von einfachen zu komplexeren Schritten. Als Trend zeigt sich, dass viele Unternehmen erst nationale HR SSC einrichten, bevor sie den Schritt zu internationalen HR SSC wagen. Die Alternative für dieses phasenweise Vorgehen ist ein *Big Bang*-Szenario, in dem das gewünschte HR SSC umfassend eingerichtet wird. Hier ist die Implementierungszeit kürzer, bei gelungener Einführung lässt sich ein viel stärkerer Veränderungsimpuls auf Organisation und Kunden erzielen. Andererseits birgt ein solches Vorgehen auch viel mehr Risiken.

Punkt 4: Schrittweises Vorgehen der gesamten Entfaltung

Auch wenn die Implementierung insgesamt im *Big Bang*-Verfahren erfolgen soll, muss die Entfaltung im Unternehmen zumeist in einzelnen Schritten erfolgen. So behält man die Kontrolle über den Prozess und gewährleistet die Kontinuität der Dienstleistungen. Erreichen lässt sich dies, indem während der Implementierung Inseln der Stabilität eingebaut werden. So hat die genannte Bank ihre 75.000 Mitarbeiter nach und nach an das HR SSC angeschlossen – jeweils in Gruppen von ca. 20.000 Mitarbeitern. Nach Einführung für jede neue Gruppe erfolgte eine Stabilisierung. In der Übergangsphase ließ sich immer wieder eine vorübergehende Absenkung der Kundenzufriedenheit feststellen. Hatte sich die Situation wieder stabilisiert, konnte mit der nächsten Gruppe fortgefahren werden.

Punkt 5: Erst Standardisierung, dann Bündelung oder umgekehrt

Die Prozesse sollten zuerst standardisiert und dann gebündelt werden. Es gibt jedoch auch Unternehmen, die sich für einen anderen Weg entscheiden. Sie wollen vor allem einen starken und sichtbaren Veränderungsimpuls für das restliche Unternehmen geben und bringen zu diesem Zweck zuerst alle Mitarbeiter in einer neuen Organisation unter dem Nenner HR SSC unter. Der HR SSC-Manager hat danach die Aufgabe, die Organisation umzuformen und die Prozesse zu standardisieren. Dem Vorteil, dass bei diesem Vorgehen der Manager die zu verändernde Organisation besser im Griff hat, steht der Nachteil gegenüber, dass bestehende Probleme in das SSC übernommen werden, ohne dass sich daraus Vorteile für die Kunden ergeben würden. Erwartungen von Kunden lassen sich in dieser Situation häufig nicht erfüllen. Auf diese Weise kann es geschehen, dass ein SSC vor allem mit Chaos und Qualitätseinbußen assoziiert wird.

Business Case und Investitionsplan erstellen

Nachdem Basis- und Implementierungsplan vorliegen und die Hauptzüge der neuen Organisation deutlich sind, kann ein Business Case erstellt werden, der Kosten und Erträge gegenüberstellt. In dieser Phase muss das Management ein fundiertes Dokument für eine definitive *Go-/No-Go*-Entscheidung erstellen. Auch nach dieser Entscheidung – während der Phasen von detailliertem Entwurf und Implementierung – bleibt der Business Case ein wichtiges Instrument für das Management, um zu prüfen, ob die Vorteile erreicht werden, wie realistisch die Einschätzungen sind und ob sie möglicherweise korrigiert werden müssen.

Für eine positive Entscheidung müssen die Erträge die Kosten übersteigen. Das bedeutet jedoch nicht in jedem Fall, dass ein positiver Business Case für ein HR SSC auch immer grünes Licht von der Unternehmensleitung erhält. Folgende Gründe können dabei eine Rolle spielen:

- *Andere Prozesse werden vorgezogen.* So kann beispielsweise entschieden werden, sich mit seinen Kapazitäten und Mitteln erst auf die Reorganisation der primären Prozesse der Organisation zu konzentrieren. Die Kosteneinsparungen, die sich dort erzielen lassen, können weitaus höher sein als die in einem unterstützenden Dienst wie der HR-Funktion. Außerdem muss die HR-Funktion bisweilen ihre gesamte Energie und Mittel in die Betreuung dieser Veränderungen investieren, so dass keine Zeit und keine Mittel für Veränderungen in der eigenen Organisation bleiben.

- *Zu lange Zeit bis zum ROI.* Trotz eines positiven Business Case kann beschlossen werden, von Investitionen in ein HR SSC abzusehen, da die Zeit bis zum ROI als zu lang beurteilt wird. Aufgrund der zu tätigenden Investitionen (vor allem in IT) und der sozialen Konsequenzen kann dieser Zeitraum bei drei bis fünf Jahren liegen. Für das Management vieler Unternehmen ist dieser Zeitraum zu lang.

- *Ungleiche Verteilung von Kosten und Erträgen.* Zwischen den Geschäftsbereichen/Divisionen kann es zur ungleichen Verteilung von Kosten und Erträgen kommen, weil die Ambitionen, Ausgangspositionen und HR-Kostenstruktur bei den Geschäftsbereichen/Divisionen unterschiedlich sein können. Dadurch kann ein positiver Business Case für das Unternehmen insgesamt doch nicht so interessant sein, weil sich für einzelne Bereiche unterschiedliche Vor- und Nachteile ergeben.

Zusammenfassend lässt sich sagen, dass ein positiver Business Case zwar eine notwendige, aber keine hinreichende Voraussetzung für die Einführung eines HR SSC darstellt. Um nicht überrascht zu werden, sollten daher mögliche Hindernisse der Beschlussfassung bereits frühzeitig im Prozess, und zwar in der Phase der Visionsbildung, identifiziert werden. In dieser Phase müssen der Business Case und der sich daraus ergebende Investitionsplan so verfasst werden, dass zu erwartende Hürden und Diskussionspunkte in der Beschlussfassung ausreichend zugeordnet und aufgefangen werden können. Ein Business Case kann auf unterschiedliche Arten und von verschiedenen Perspektiven aus erstellt werden. Es hängt vom Beschlussfassungskontext ab, welche Form am besten geeignet ist. Nachstehend besprechen wir einige dieser Möglichkeiten.

Möglichkeit 1: Ermittlung der Kosten und Erträge

Die Kosten lassen sich in einmalige Investitionskosten und in Kosten für den neuen Betrieb unterteilen. Beide müssen in die Kalkulation mit einbezogen werden. Die einmaligen Investitionskosten für die Einrichtung des HR SSC bilden den Löwenanteil der Kosten und sind verschiedenen Ebenen zuzuordnen:

- Standort und Unterbringung,
- Transfer aktueller Mitarbeiter zum HR SSC, Anwerbung neuer Mitarbeiter,
- Einrichtung von IT-Anwendungen und benötigter Infrastruktur,
- Reorganisationskosten für Übernahme oder Kündigung von Mitarbeitern,
- Projektkosten für Einstellung oder Bereitstellung von Projektverantwortlichen und Mitarbeitern, externe Unterstützung,
- Veränderungskosten für Kommunikation und Ausbildung.

Wichtige Kosten für den neuen Betrieb sind:

- Lohnkosten,
- Betriebskosten (Infrastrukturnutzung, Telefon),
- Auslagerungs- und Lieferantenkosten,
- Softwarelizenzen, Wartungskosten IT, Kosten für Hosting.

Vom Gesichtspunkt des Business Case ist zwischen Implementierungskosten, die vom regulären Budget der HR-Abteilung abgedeckt werden, und Kosten, für die zusätzliche Mittel beantragt werden müssen, zu unterscheiden. Ein Beispiel für Ersteres sind Lohnkosten der eigenen HR-Mitarbeiter, die neben normalen Tätigkeiten Zeit für dieses Projekt freimachen müssen. Zu Letzteren zählen alle zusätzlichen Kosten, einschließlich der Lohnkosten für zusätzliche Mitarbeiter, die das Projekt verstärken. Bei der Erstellung eines Business Case können die Implementierungskosten auf unterschiedliche Weise berechnet werden: Nur die außerbudgetären Kosten werden einbezogen, oder auch ein Teil der regulären Kosten wird dem Projekt zugewiesen. In der Praxis dominiert die erste Option.

Betrachten wir die Erträge, müssen wir feststellen, dass sie sich nicht immer deutlich in Geld ausweisen lassen. Es gibt viele Gründe für die Einführung eines HR SSC: Kosteneinsparungen bei der HR-Funktion, Qualitätsverbesserungen bei den Dienstleistungen, Steigerung des Business Output durch bessere Personalbesetzung, Verbesserung der Managementinformationen, stärkere Integration hin zu einer Organisation. Meist lassen sich nur die Kosteneinsparungen der HR-Funktion eindeutig in barer Münze ausdrücken. Die anderen Aspekte haben deutliche Auswirkungen auf die (finanziellen) Leistungen der Organisation insgesamt, auf der Kosten- oder der Ertragsseite, sie lassen sich allerdings viel schwieriger quantifizieren. Wie können wir nun in diesen unterschiedlichen Fällen einen überzeugenden Business Case erstellen?

Möglichkeit 2: Kosteneinsparung für die HR-Funktion

Ein Business Case lässt sich am einfachsten ausgehend von den Einsparungen bei den Nettokosten in der HR-Funktion erstellen. Die HR-Funktion ist in den meisten Unternehmen ein Cost Center. Es ist also unwahrscheinlich, dass an der Einkommensseite Initiativen entwickelt werden, wie beispielsweise durch das Anbieten der HR-Dienste an Dritte. Die Verbesserung der Finanzleistungen bedeutet also für die HR-Funktion in den meisten Fällen, dass sie mit weniger Geld die gleichen oder sogar mehr Leistungen erbringen muss. Diese Kosteneinsparungen lassen sich durch Skaleneffekte im Bereich gebündelter Ausführung und beim Einkauf, durch optimierte und effizientere Prozesse, weitgehende Automatisierung, stärkere Steuerung nach Output, Mitteln und Leistungen erzielen. Je nach Erfolg der Einführung können Kosteneinsparungen zwischen 10 % und 40 % der Betriebskosten für die HR-Funktion liegen.

Möglichkeit 3: Erträge für das gesamte Unternehmen

Ein Business Case kann auch vor dem Hintergrund der Erträge und Vorteile für das Unternehmen insgesamt erstellt werden. Diese Vorteile können die Nettoeinsparungen in der HR-Funktion um ein Vielfaches übersteigen und können sogar eine Rechtfertigung dafür sein, dass die Kosten für die HR-Funktion im Vergleich zu vorher ansteigen. Wenn ehrgeizige und kompetente Mitarbeiter das Unternehmen verlassen, weil es ihnen zu wenig Karrieremöglichkeiten über Geschäftsbereiche/Divisionen hinweg bietet, lässt sich mit einem SSC, das sich auf die Schaffung und Betreuung interner Mobilität konzentriert, die Investition schnell wieder zurückverdienen. Die Kosten einer solchen Personalverschiebung werden die zusätzlichen Betriebskosten im HR-Bereich weit überschreiten. Man muss also nicht das gesamte Projekt streichen, wenn sich zeigt, dass sich nicht sofort Nettokosteneinsparungen für die HR-Funktion einstellen. Die HR-Funktion verwaltet den wichtigsten Kostenposten der Unternehmen: Personalkosten.

Dank effizienterer oder effektiverer Workstreams der HR-Funktion lässt sich eine signifikante Kosteneinsparung für das Unternehmen insgesamt erzielen, die eine mögliche Einsparung der Nettokosten im HR-Bereich weit übersteigt.

Hier noch einige andere Beispiele von Bereichen, in denen sich potenziell Einsparungen erzielen lassen:

- Verbessern und Professionalisieren des Personalwerbungs- und -auswahlprozesses, um potenzielle Kündigungskosten zu vermeiden,

- Verkürzen der Zeitspanne, bis ein Mitarbeiter vollständig einsetzbar ist durch Verbesserung der Ausbildungs- und Einführungsprozesse,

- Vereinfachen und Automatisieren des jährlichen Beurteilungsprozesses, so dass weniger teure Managementzeit verloren geht,

- Tatsächliches Realisieren eines Anwerbungsstopps durch bessere Managementinformationen und Vermeiden nicht autorisierter Einstellungen.

Auch für die Einkommensseite der Organisation lassen sich Argumente finden:

- Signifikantes Umsatzwachstum durch effektivere und effizientere Einrichtung des Ausbildungs- und Coachingprozesses für die verschiedenen Abteilungen,

- Schnelleres und besseres Entwickeln von High und Top Potentials durch gemeinsame Personalwerbungsaktionen und unternehmensweite Führungskräfteentwicklungsprozesse.

Selbstverständlich müssen sich diese angestrebten Erträge quantitativ ausdrücken lassen. Dazu kann man von verschiedenen Annahmen ausgehen. Als Beispiel nehmen wir die Kosten der Personalfluktuation aufgrund ungenügender Karrieremöglichkeiten über Geschäftsbereiche/Divisionen hinweg. Die Berechnung dieser Kosten könnte durch Multiplikation der Mitarbeiterzahl, die das Unternehmen aus diesem Grund verlassen, mit den Kosten für ihren Ersatz erfolgen (und zwar interne und/oder externe Personalwerbungskosten plus Trainingskosten des neuen Mitarbeiters, plus Produktivitätseinbußen in dem Zeitraum, in dem die Stelle unbesetzt ist, plus verminderte Produktivität bis zu dem Zeitpunkt, an dem der neue Mitarbeiter gleichermaßen einsetzbar ist wie der vorige). Je nach der Anzahl Mitarbeiter, um die es geht, können diese Kosten die Investitionskosten für ein Shared Recruitment weit übersteigen. Der mögliche Schwachpunkt eines Business Case, der von der Ertragsseite des gesamten Unternehmens ausgeht, liegt darin, dass es nicht immer einen direkten Zusammenhang zwischen vorgeschlagener Lösung und zu erzielenden Erträgen gibt. Es handelt sich um ein komplexes Gebilde miteinander zusammenhängender Faktoren, das schließlich zum gewünschten Ertrag führt und von denen sich einige der direkten Kontrolle entziehen. Es gilt also, mit solchen Berechnungen vorsichtig zu sein und sich nicht zu schnell reich zu rechnen.

Die Auswirkungen der verschiedenen Faktoren

HR SSC sind eine vielschichtige Lösung für die Erhöhung von Effizienz und Effektivität der HR-Dienstleistungen. Die Erträge werden nämlich durch eine Kombination von Faktoren erzielt: Professionalisierung, Vereinfachung, Standardisierung, Automatisierung und Bündelung von Arbeitsprozessen – allesamt mit kumulativem Effekt. Es wäre daher sinnvoll, die genauen Auswirkungen dieser Faktoren zu unterscheiden und für jeden Faktor den Anteil an den Erträgen und Kosten zu ermitteln und zu berechnen. Dann ließe sich genau feststellen, welcher Faktor am wenigsten kostet und am meisten bringt, so dass entschieden werden könnte, andere Lösungen vorläufig ruhen zu lassen. Bei der erwähnten Bank gehen von den 44 % Personalabbau 25 % auf das Konto der Bündelung der Aufgaben. Dieses Verhältnis wird auch für vergleichbare Unternehmen mit ähnlicher Ausgangsposition anwendbar sein, aber es kann nicht für alle Unternehmen verallgemeinert werden. Finanzielle Simulationen können bei der Erstellung solcher Analysen hilfreich sein, ebenso wie die Verfügbarkeit von großen Mengen an Vergleichsmaterial.

Der Zeitpunkt bis zum ROI

Die Amortisationszeit umfassender HR SSC-Implementierungen liegt im Durchschnitt bei zwei bis vier Jahren. Die Implementierung des HR-IT-Systems ist häufig eine der schwerwiegendsten Komponenten im gesamten Kostenplan. Wenn die wichtigsten Systemimplementierungen bereits in früherer Phase erfolgt sind, können die Investitionen für eine HR SSC-Implementie-rung relativ begrenzt sein, was die Zeit bis zum ROI erheblich verkürzt. Als Reaktion auf den Wunsch nach kürzeren ROI Zeiten schalten Unternehmen auf eher schrittweises Vorgehen um – mit geschlossenem Portemonnaie und dem Prinzip der Selbstfinanzierung. Große Investitionen werden gestrichen, der Akzent liegt auf kurzfristigen Kosteneinsparungen und *quick wins* mit relativ geringem Investitionsbedarf. Die erzielten Erträge finanzieren wieder neue Optimierungsprojekte. Außerdem werden eigene HR-Mitarbeiter (laufende Budgets) maximal für die Durchführung der Projekte eingesetzt, bei allen externen Ausgaben wird gespart. Dieses Vorgehen kann eine äußerst pragmatische Alternative sein, wird doch dadurch vermieden, dass das gesamte Projekt in der Schublade verschwindet. Es besteht jedoch die Gefahr, dass sich das Projekt über einen viel zu langen Zeitraum hinzieht, mit dem Risiko von Veränderungsmüdigkeit und Widerständen. Außerdem werden eventuell nicht die optimalen Verbesserungen erzielt.

In einem Klima, in dem Investitionen in sehr kurzer Zeit zurückverdient werden sollen, wird auch HR Business Process Outsourcing (HR BPO) als Alternative für ein internes HR SSC in Betracht gezogen (siehe Kapitel 4). Ein ansprechender Aspekt der BPO-Konstruktion ist, dass zu Beginn keine Investitionskosten anfallen. Natürlich müssen diese Investitionskosten an den HR BPO Anbieter gezahlt werden, aber sie werden über die Vertragslaufzeit verteilt. Außerdem verfügt der HR BPO-Anbieter meist über neueste HR ERP-Systeme, so dass auch dafür im Vorfeld keine großen Investitionen getätigt werden müssen. Dadurch ist sofort eine Senkung der HR-Betriebskosten möglich.

Verschiedene Entscheider mit unterschiedlichen Interessen

Im Business Case sind auch die Entscheider zu berücksichtigen. Wenn der Plan zur Einführung eines HR SSC ein zentral initiierter Prozess mit klaren Beweggründen ist, fällt der Business Case dann positiv aus, wenn die gesamten Erträge im Verhältnis zu den Gesamtkosten stehen – auch wenn das möglicherweise bedeutet, dass der eine Geschäftsbereich/die eine Division mehr zahlt oder profitiert als der/die andere. Handelt es sich beim HR SSC-Vorhaben hingegen um einen dezentral initiierten Prozess mit einer wichtigen dezentralen Entscheidungskomponente, muss der Business Case für jeden beteiligten Geschäftsbereich positiv ausfallen. Wenn die letzte Entscheidung bei autonomen Geschäftsbereichen/Divisionen liegt, muss ein HR SSC für jeden einzelnen Geschäftsbereich/für jede Division nachweisbar mehr Vorteile als Kosten bringen. Ist der Business Case nicht für jeden Geschäftsbereich/jede Division positiv, werden sich einige Unternehmenseinheiten schnell zurückziehen. Oft verschwindet damit auch die notwendige Basis für die Finanzierung des Plans.

Ungleichmäßige Verteilung von Kosten und Erträgen kann sich auch auf einer anderen Ebene zeigen. Manche Geschäftsbereiche/Divisionen verfügen bereits über eine einfache HR-Abteilung, die zwar vielleicht nicht den Best Practice-Anforderungen genügt, aber die grundlegenden Bedürfnisse abdeckt. Dann kommt es vor, dass diese Gruppe nicht zu Investitionen für ein gemeinsam zu gründendes SSC bereit ist, das mehr bietet, als unbedingt notwendig ist. Bei zentraler Regelung der Finanzierung anhand eines für das Unternehmen insgesamt zu erstellenden Business Case werden sich wenig oder gar keine Probleme bei der Frage ergeben, wer bezahlt. Häufig wird die Phase der Visionsbildung und des allgemeinen Entwurfs von der HR-Funktion des Konzerns finanziert. Der Konzern muss diesem Projekt einen Impuls geben (vor allem in dezentraler Umgebung), um zu vermeiden, dass das Projekt bereits von Anfang an in finanziellen Streitigkeiten (wer bezahlt was) stecken bleibt und damit seine Dynamik verliert.

Wichtig ist also, dass die Konzernleitung insgesamt oder die HR-Konzernleitung während des gesamten Prozesses eine wichtige Rolle spielt. Die Vorfinanzierung durch den Konzern kann Probleme in diesem Bereich vermeiden. Der Konzern kann auch auf andere Weise koordinierend und stimulierend auftreten, beispielsweise indem er die Richtlinien vorgibt, nach denen die Kosten über die verschiedenen Geschäftsbereiche/Divisionen verteilt werden sollen.

Ein gutes Beispiel ist die Art und Weise, in der ein internationales Telekommunikationsunternehmen die Entwicklung eines weltweiten HR-Informationssystems organisiert hat. Die Argumentation der zentralen HR-Funktion gegenüber den verschiedenen Länderorganisationen wurde wie folgt formuliert: »Ihr müsst das neue ERP-System zwar nicht unbedingt in eurem Land implementieren, aber ihr müsst euch trotzdem an den Kosten beteiligen.« Aufgrund dieses Arguments wurde das ERP-System schließlich ohne nennenswerte Diskussionen eingeführt. Mit dieser Strategie konnte der Konzern zwei Fliegen mit einer Klappe schlagen: Einerseits wurden endlose Diskussionen darüber vermieden, wer was zahlen muss, und das Projekt konnte schnell starten. Andererseits war allen deutlich, dass ihnen der Anschluss an das neue System Vorteile bringen würde, und sie die Früchte ernten konnten.

Zusammenfassend ist deutlich geworden, dass die Formulierung eines fundierten Business Case und Investitionsplans eine schwierige und zeitraubende Aufgabe sein kann.

3.3.3 Phase des detaillierten Entwurfs

Sobald der allgemeine Business Case genehmigt ist und Vereinbarungen zur Finanzierung getroffen worden sind, kann die Erarbeitung eines detaillierten Entwurfs für das HR SSC beginnen. Dabei wird der Basisplan, der in der Phase des allgemeinen Entwurfs erstellt wurde, im Detail ausgearbeitet und verfeinert.

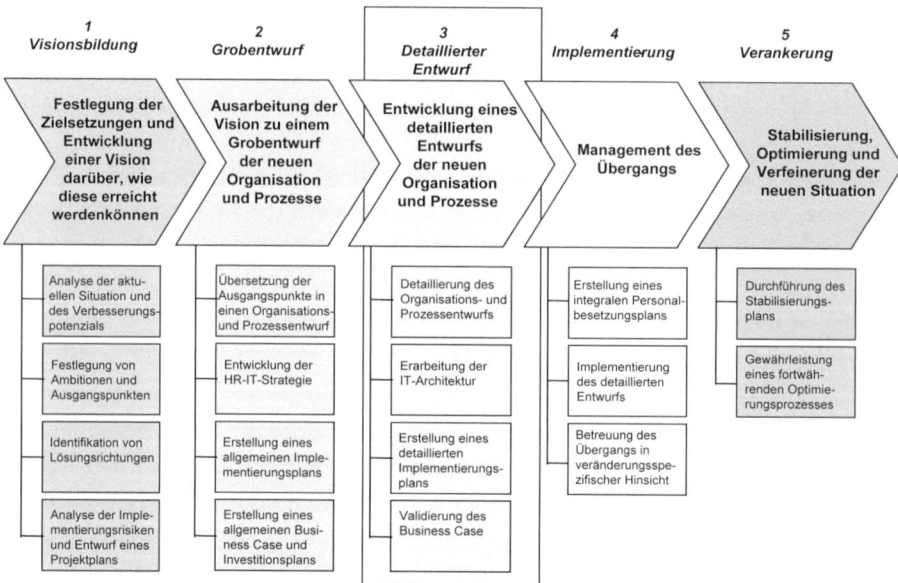

Abb. 3.8: Maßnahmen in der Phase des detaillierten Entwurfs

Detaillierte Ausarbeitung des Organisations- und Prozessentwurfs

Entwicklung von einfachen, eindeutigen und standardisierten Prozessen

In dieser Phase müssen neue Best Practice-Prozesse entworfen werden. Dabei lässt sich der größte Effizienzgewinn erzielen. In diesem Schritt kommen häufig veraltete und unnötig komplexe Arbeitsweisen ans Licht, die bereits seit vielen Jahren praktiziert werden und bisher noch nie kritisch untersucht worden sind.

Diese Umgestaltung ist in der Praxis keine leichte Aufgabe. So entstehen viele und sogar heftige Diskussionen zwischen ehemaligen Process Ownern. Niemand möchte seine Arbeitsweisen aufgeben, alle wollen möglichst ihre Arbeitsweise in den neu zu entwickelnden Arbeitsweisen wiederfinden. Die Umgestaltung der Prozesse ist ein spannender Balanceakt zwischen dem Einbeziehen der Process Owner und dem Einbringen von radikal neuen Ideen. Kippt das Gleichgewicht auf die eine Seite, bleibt der Prozess in endlosen Diskussionen stecken, kippt es zur anderen Seite, entwickelt man Best Practice-Prozesse, hinter denen niemand steht. Daher ist von größter Bedeutung, dass das Management in der vorigen Phase die Rahmenparameter für die neue Organisation und die neuen Prozesse festlegt, die nun nicht erneut zur Diskussion gestellt werden dürfen. Die Hauptaufgabe lautet, innerhalb der Vorgaben die bestmögliche neue Arbeitsweise zu entwerfen. Einige Möglichkeiten können beim Entwurf der Arbeitsprozesse nützlich sein.

Beziehen Sie einige Process Owner intensiv in die Neuentwicklung der Prozesse ein, aber überlassen Sie ihnen die Entwicklung nicht vollständig. Die Praxis zeigt, dass nur eine Variante bereits bestehender Prozesse oder eine Kompromisslösung entsteht. Ein frischer und innovativer Blick von außen ist erwünscht, um die Diskussion zu öffnen und ausgetretene Pfade zu verlassen. Inspirierend ist auch, die Best Practice-Prozesse anderer Unternehmen anzusehen. Starten Sie einen Workshop nicht von Null, sondern mit einem herausfordernden Vorschlag und fragen Sie, wie er funktionieren könnte. So entstehen meist Diskussionen und konstruktive Ergänzungen für den Kern der Sache. Um unternehmensspezifische Aspekte zu berücksichtigen, sollten im Vorfeld Interviews mit einigen Process Ownern geführt werden, in denen bestehendes Material analysiert wird.

Sorgen Sie dafür, dass das in der vorigen Phase beschriebene Prozess- und Organisationsmodell klar und eindeutig ist. Geben Sie konkret an, wer auf welcher Grundlage welche Verantwortung in einem HR-Prozess trägt. Was muss ein HR SSC leisten? Welche Aufgabe haben dezentrale HR-Berater? Was leistet der HR Business-Partner? Welche Aufgabe haben Linienmanager und Mitarbeiter? Anhand dieser Verteilung von Verantwortungen und Aufgaben können die neuen HR-Prozesse bis auf die Ebene konkreter Aktivitäten und Handlungen erarbeitet werden. Versuchen Sie, Schnittstellen im Prozess (wo endet die Verantwortung des Einen und wo beginnt die des Anderen) deutlich und aus der Perspektive des Kunden sinnvoll festzulegen. Versuchen Sie dabei, die Zahl der Übertragungs- und Abstimmungsmomente zwischen den verschiedenen Parteien in einem Prozess zu beschränken und vermeiden Sie Zwischenschritte ohne Mehrwert.

Berücksichtigen Sie möglichst die Best Practice-Prozesse, die in vielen HR-Softwarepaketen als Ausgangspunkt genommen wurden. Vermeiden Sie den Entwurf von Prozessen, die nur von der spezifischen Organisation ausgehen. Fokussieren Sie vielmehr auf die Übereinstimmungen statt auf die Unterschiede zu Best Practice-Prozessen. Entwerfen Sie HR-Prozesse anhand dessen, was für das Unternehmen und nicht was für die HR-Disziplin logisch ist. Der Prozess der Personalgewinnung beispielsweise verläuft von der Feststellung einer freien Stelle bis hin zur Erstellung einer neuen Personalakte und der Bereitstellung aller notwendigen Einrichtungen und Arbeitsmittel.

Die Standardisierung der Prozesse bedeutet jedoch nicht unbedingt standardisierte Inhalte der HR-Politik. So können Vereinbarungen zu Arbeitsbedingungen für jeden Geschäftsbereich/jede Division unterschiedlich sein. Nur der Prozess für ihre Anwendung und Verarbeitung ist einheitlich zu regeln. Gute Systeme erlauben mühelos die Anwendung verschiedener Regelungen für unterschiedliche Gruppen. Große Vielfalt der Regelungen bewirken in der Praxis allerdings höhere Komplexität bei der Verarbeitung. Bessere Harmonisierung kann sich in diesem Zusammenhang also vorteilhaft auswirken. Das bedeutet dann hauptsächlich, dass Komponenten und Aufbau beispielsweise des Lohnpakets harmonisiert und nicht dass die konkreten Beträge aufeinander abgestimmt werden.

Außer den HR-Kernprozessen müssen auch die unterstützenden Prozesse entwickelt werden, die für einen effizienten Betrieb des HR SSC notwendig sind. Sie beziehen sich häufig auf die Leitung des HR SSC und das Management der internen und externen Beziehungen:

- Leistungsmessung und -management,
- Planung und Steuerung, Qualitätskontrolle,
- Kapazitätsplanung, Prioritätsmanagement (in welcher Reihenfolge werden Fragen behandelt?),
- Weiterbelastung von Kosten,
- Beschwerdemanagement, Management von Kundenbeziehungen,
- Prozessüberwachung und -verbesserung, Risikomanagement.

Optimale Effizienz schaffen

Außer den Prozessen muss auch das zuvor definierte Organisationsmodell näher erarbeitet werden. Das HR SSC-Modell gewährleistet durch die Anwendung von zwei Grundprinzipien höhere Effizienz: klare Aufgabenverteilung und flexible Kapazitätsplanung. Wo früher alles auf dem Schreibtisch eines HR-Generalisten landete, werden nun verschiedene Akteure mit jeweils spezifischer Rolle eingeschaltet: HR Business-Partner, HR SSC und dezentrale HR-Berater. Im HR SSC werden Front Office, Back Office und spezialisierte Beratung unterschieden. Damit das Modell später möglichst gut funktioniert, müssen in dieser Phase die Rollen und Verantwortlichkeiten jedes Beteiligten eindeutig beschrieben werden. Überschneidungen und Grauzonen sind dabei unbedingt zu vermeiden. Im Folgenden sind einige Beispiele häufig vorkommender Rollenkonflikte beschrieben, für die in dieser Phase Lösungen definiert werden müssen.

Lokale dezentrale HR-Berater erfüllen weiterhin die gleichen Aufgaben wie das HR SSC. Der Grund dafür kann in undeutlicher Aufgabenverteilung oder in mangelndem Vertrauen in Betrieb und Dienstleistungen des HR SSC liegen. Diese Situation kann zu Duplizierungen, Ineffizienz und Konflikten führen. Auf der Entwurfsebene lässt sich dem auf verschiedene Arten entgegenwirken. In erster Linie trägt deutlichere Trennung und Komplementarität in den Aufgaben dazu bei. Jede Rolle muss ihre deutlich festgelegten eigenen Aufgaben haben, für die sie selbst verantwortlich ist und die die Aufgaben einer anderen Rolle ergänzen. Beim Entwurf der Prozesse muss außerdem ein eindeutiger Process Owner ausgewiesen werden – es empfiehlt sich, alle Aufgaben eines Prozesses möglichst in eine Hand zu legen. Die Aufteilung von Prozessen über verschiedene Akteure führt meist zu Unklarheiten und Ineffizienz (beispielsweise Schaltung der Stellenanzeigen und Sammlung der Bewerbungsschreiben durch das HR SSC, Treffen der Vorauswahl durch den dezentralen HR-Berater). In diesem Zusammenhang sind auch *Postboten-* und Durchreichfunktionen ohne Mehrwert zu vermeiden (beispielsweise der Linienmanager, der seine Frage an den lokalen HR-Generalist richtet, der sie dann an den Spezialisten im HR SSC weiterreicht).

Außerdem kann man im Entwurf Mechanismen einbauen, die die *Reinheit* der Rollen gewährleisten sollen. So kann mit dem Entwurf dafür gesorgt werden, dass alle Transaktionen über das zentrale HR-Informationssystem verlaufen müssen, damit sie gültig sind, und dass nur das HR SSC berechtigt ist, diese Transaktionen in das System einzugeben. Indem den lokalen HR-Beratern der Zugriff auf das System für die Durchführung bestimmter administrativer Transaktionen verwehrt wird, vermeidet man die Entstehung einer Schattenadministration.

Ein guter Entwurf an sich reicht noch nicht aus. Er muss von einem durchsetzungsstarken Veränderungsmanagement begleitet werden. Für die Beantwortung einer Frage kann man sich an verschiedene Stellen wenden. Im Organisationsentwurf lässt sich eine solche Situation vermeiden, indem man dafür sorgt, dass alle Fragen an einem Punkt zusammenkommen und von dort aus über die verschiedenen Kanäle verteilt werden. Bei der genannten Bank gehen alle Fragen beispielsweise zuerst beim Front Office ein, das sie dann verteilt. 90 % dieser Fragen können direkt vom Front Office beantwortet werden. Die restlichen 10 % gelangen zu den Spezialisten. Indem mit nur einer Telefonnummer oder E-Mail-Adresse gearbeitet wird, bleibt das System außerdem für den Kunden übersichtlich und transparent. Wieder reicht der Entwurf selbst nicht aus – konsequente Haltung der Mitarbeiter im HR SSC ist nötig, damit der Kunde bei Bedarf auf angemessene Weise zum richtigen Dienstleistungskanal begleitet wird.

Bisweilen bleibt das HR SSC an dem Standort, an dem auch einer seiner Kunden sitzt. Oder man entscheidet sich für ein virtuelles HR SSC, in dem die lokalen HR-Mitarbeiter an ihrem alten Platz bleiben – jetzt jedoch in neuer, standortübergreifender Rolle im HR SSC. Hier besteht die Gefahr, dass die alte Organisation das HR SSC aufgrund der physischen Nähe unangemessen stark beansprucht: »Warum sollte ich nicht einfach wie früher kurz dort vorbeischauen, um mein HR-Problem zu lösen?« Um diese Störungen zu vermeiden und die Effizienz zu gewährleisten, hat ein internationales Technologieunternehmen das HR SSC beispielsweise *hermetisch* vom Rest des Unternehmens abgeriegelt. Obwohl es sich im gleichen Gebäude befindet, wurde für das HR SSC ein gesonderter Eingang mit eigenen Zugangsregeln und -codes geschaffen.

Es ist außerdem von größter Bedeutung, in dieser Phase des detaillierten Entwurfs mit Hilfe eines guten Organisations- und Prozessentwurfs optimale Flexibilität im SSC sicherzustellen. Jeder Mitarbeiter des HR SSC muss grundsätzlich für alle Kunden arbeiten. Dieses Prinzip gewährleistet optimale Verteilung der Arbeit über die verfügbare Kapazität und sorgt für Kontinuität bei den Tätigkeiten. Ist jemand abwesend, kann ein Kollege sofort dessen Aufgaben übernehmen. Auf diese Weise können Kunden auch perfekt an sieben Tagen pro Woche, 24 Stunden pro Tag bedient werden (beispielsweise mit verschiedenen Schichten oder durch die Verknüpfung mehrerer SSC in verschiedenen Zeitzonen).

Für den Kunden bedeutet das den Wegfall des persönlichen Kontakts zu *seinem* vertrauten Berater. Auch der Mitarbeiter des HR SSC muss lernen, nicht mehr in Begriffen wie *mein* Kunde zu denken. Alle privilegierten Beziehungen aus der Vergangenheit werden abgeschafft. Das ist ein schwieriger Veränderungsprozess, der oft zu Reibungen führt. Er stellt hohe Anforderungen an die Kompetenzen der Mitarbeiter im HR SSC. Der Arbeitsdruck ist häufig hoch, es müssen Aufgaben mit unterschiedlicher Prioritäts- und Dringlichkeitsstufe erledigt werden. Es darf nicht so sein, dass der Kunde, der am lautesten schreit oder den man noch persönlich kennt, am schnellsten bedient wird.

Darum müssen konkrete Lösungen gesucht werden, um diese neue Arbeitsweise zu stärken:

- Eine einzige Telefonnummer – Calls gehen zentral ein und werden über die verschiedenen Mitarbeiter je nach ihrer Verfügbarkeit verteilt.

- Eine zentrale E-Mail-Adresse oder ein e-HRM-Kanal für den Auftragseingang.

- Klare Richtlinien für die Reihenfolge bei der Beantwortung der Kundenfragen.

- Steuerung des HR SSC durch ein operatives Management, das für gleichmäßige Arbeitsverteilung sorgt und das Entscheidungen für Prioritätskonflikte trifft.

Schaffung einer optimalen Kundenorientierung

Kunden wollen einen schnellen, leicht zugänglichen und akkuraten Service. Die genannten Grundprinzipien für die Effizienz fördern auch die Kundenorientierung. So besteht dank nur einer Telefonnummer oder nur eines e-HRM-Portals Klarheit darüber, wohin ich mich als Kunde wenden muss. Außerdem besteht Kontinuität beim Service, da jeder HR SSC-Mitarbeiter den Kunden bedienen kann. Voraussetzung dafür ist die direkte Verfügbarkeit der relevanten Personaldaten und die fortwährende Registrierung des Status von laufenden Fragen. Moderne IT-Lösungen sind hier unverzichtbar.

Die genannte Bank hält nichts mehr auf Papier fest, sondern speichert alles elektronisch. Alle Papierdokumente werden zentral eingescannt und zu den entsprechenden elektronischen Akten gehängt. Schließlich gibt es hier einen kundenorientierten Fokus: Alle Kunden werden auf die gleiche professionelle Art bedient, ohne dass bestimmte Kunden bevorzugt oder benachteiligt würden.

In dieser Phase des Prozesses muss auch das Service Level Agreement näher ausgearbeitet werden, einschließlich des Prozesses, der zu seiner Erstellung führt. SLA, die mit den verschiedenen Geschäftsbereichen/Divisionen oder Ländern abgeschlossen werden, können unterschiedlich sein. Deshalb ist dafür zu sorgen, dass HR SSC-Mitarbeiter (über das IT-System) genau darüber informiert sind, welche Dienstleistungen für welche Kunden erbracht werden können. In Kapitel 1 haben wir detailliert dargestellt, worauf beim Verfassen eines Service Level Agreements zu achten ist.

Die Geschwindigkeit der Dienstleistungen ist ein wichtiger Faktor für die Kundenzufriedenheit. Die Kunden sind meist besorgt, dass sie länger auf die Beantwortung ihrer Frage warten müssen als früher, als die HR-Abteilung noch ganz in ihrer Nähe war. Sie werden diesen Punkt daher sehr kritisch im Auge behalten. Wichtige Voraussetzung für ein hohes Tempo ist eine ausreichend hohe Verarbeitungskapazität des HR SSC, um den Strom der Fragen aufzufangen. Das beginnt bei guter Planung der strukturell erforderlichen Personalbesetzung. Die notwendigen Mitarbeiterzahlen müssen bereits im Grobentwurf genau bekannt sein, sie werden in dieser Phase jedoch anhand der näheren Ausarbeitung validiert und bei Bedarf korrigiert. Wichtig ist, dass pro HR-Prozess (Personalwerbung und -auswahl, Training und Entwicklung, Personaladministration) die notwendige Personalbesetzung bekannt ist.

Außerdem muss in dieser Phase darüber nachgedacht werden, wie die interne Flexibilität im SSC gestaltet werden soll. Das bedeutet konkret, dafür zu sorgen, dass die verfügbaren Mitarbeiter ausreichend flexibel und an vielen Stellen einsetzbar sind, um Spitzenbelastungen bei den Anfragen auffangen zu können. In diesem Zusammenhang muss sorgfältig über die Kompetenzprofile der Mitarbeiter und ihre flexible Einsetzbarkeit nachgedacht werden. Je größer das HR SSC, desto besser lässt sich die flexible Kapazität nutzen. Bei der erwähnten Bank sitzen manchmal 90 Mitarbeiter am Telefon, zu anderen Zeiten 50 – immer abhängig von der jeweiligen Arbeitsbelastung. Ist es am Telefon ruhig, werden die Mitarbeiter für Back Office-Tätigkeiten eingesetzt.

Kundenorientierung ist jedoch nicht nur eine Frage des schnellen Reagierens, sondern impliziert auch, proaktiv auf Kundenbedürfnisse einzugehen. Auf Basis häufig vorkommender Fragen müssen neue HR-Produkte und -Dienstleistungen entwickelt und angeboten werden. Dazu müssen in erster Linie Kundenfragen systematisch analysiert werden – sowohl nach ihrer Art als auch nach ihrem Volumen. Außerdem sind regelmäßige Kontakte des HR SSC mit den HR Business-Partnern notwendig, um sich über die Situation im Feld zu informieren.

Ausarbeitung der Managementstruktur des SSC

In dieser Phase werden die Managementstruktur des SSC, die Position des SSC in der Organisation und das Verhältnis des SSC zu seinen Kunden näher ausgearbeitet. Dabei müssen in diesem Schritt mindestens folgende Aspekte behandelt werden:

1. Interne Organisation des SSC,

2. Organisation einer externen Aufsicht,

3. Positionierung des SSC,

4. Mono- oder multidisziplinäres Shared Services Center

5. Inhaltliche und prozessuale Aspekte von Service Level Agreements,

6. Entwicklung von Leistungsindikatoren,

7. Ausarbeitung des Weiterbelastungsmechanismus,

8. Schaffung eines ansprechenden Arbeitsumfelds.

Aspekt 1: Interne Organisation des SSC

Der HR SSC-Manager ist für optimale Gestaltung und optimalen Verlauf der Dienstleistungserbringung sowie dafür verantwortlich, dass die HR SSC-Zielsetzungen erreicht werden. Alle internen Berichterstattungslinien im HR SSC laufen bei ihm (oder beim SSC-Managementteam) zusammen – keine Berichterstattung von HR SSC-Mitarbeitern an die dezentralen Geschäftsbereiche. Der

HR SSC-Manager operiert in klar definiertem Rahmen, der Entscheidungsbefugnisse und Budget durch die Geschäftsleitung genau festlegt.

Abschluss und Überwachung der Service Level Agreements erfolgt durch den HR SSC-Manager (und seine Account oder Service Delivery Manager) mit den HR Business-Partnern der Geschäftsbereiche/Divisionen. Außerdem ist der HR SSC-Manager für die Konsolidierung der verschiedenen SLA in einem übergreifenden Arbeitsplan und für den Vergleich zum Budget verantwortlich. Bei größeren HR SSC werden auch operative Manager oder Teamleiter gebraucht, die den Arbeitsplan in konkrete Planungen und Maßnahmen umsetzen sowie für seine Durchführung in der Praxis sorgen.

Transaktionale und expertise-orientierte HR SSC können als gesonderte Einheiten positioniert werden. Besser ist es jedoch, sie gemeinsam unter eine zentrale Führung zu positionieren, weil die HR-Prozesse eng miteinander zusammenhängen und man Skaleneffekte nutzen möchte, auch wenn der Betrieb mehr oder weniger getrennt verläuft. Mit einem größeren HR SSC kann man flexibler auf Volumenveränderungen reagieren – außerdem bietet es den Mitarbeitern mehr Karrieremöglichkeiten.

Aspekt 2: Organisation einer externen Aufsicht

Für das HR SSC können verschiedene Aufsichts- und Kontrollmechanismen eingerichtet werden. Außer dem bereits genannten Account Management mit den Business-Partnern und Geschäftsbereichen/Divisionen kann auch ein Benutzer- oder Kundengremium ins Leben gerufen werden, das die Qualität der Dienstleistungen systematisch überwacht. Darin treffen sich regelmäßig die HR Business-Partner der verschiedenen Geschäftsbereiche/Divisionen und das HR SSC-Management zur Besprechung von strukturelleren Qualitätsverbesserungen. Auch Anforderungen der Geschäftsbereiche/Divisionen an die Kapazität des HR SSC, die eventuell untereinander Reibungen auslösen, können hier besprochen werden. Ein Aufsichtsrat kann die Steuerung von Strategie und Politik des HR SSC übernehmen. Ein solcher Aufsichtsrat setzt sich beispielsweise aus dem Konzernleiter HR, Angehörigen der Konzernleitung und den Mitgliedern der Geschäftsleitung der Geschäftsbereiche zusammen. Diese Beratungsstrukturen lassen sich mehr oder weniger formalisieren. Der wichtigste Faktor für einen reibungslosen Betrieb ist jedoch ein Klima offener Kommunikation und gegenseitigen Vertrauens.

Aspekt 3: Positionierung des SSC

Man kann das HR SSC direkt an die Konzernleitung HR berichten lassen. Dadurch kann jedoch Verwirrung zwischen den strategischen und den Dienstleistungsaufgaben der HR-Funktion entstehen. Um diese Rollen klar zu trennen, entscheiden sich einige Unternehmen dafür, das HR SSC an anderer Stelle in der Unternehmensstruktur unterzubringen, beispielsweise in einer eigenen Shared

189

Services-Organisation, die direkt unter die Konzernleitung fällt und zu der alle SSC der unterstützenden Dienste gehören. Diese Organisation wird wie ein eigener Geschäftsbereich neben anderen Geschäftsbereichen geleitet.

Hier stellt sich die Frage, ob man für das HR SSC eine gesonderte (organisatorische oder rechtliche) Einheit schaffen sollte oder ob man es in einer bestehenden Einheit unterbringen kann. Diese Diskussion sollte unbedingt pragmatisch geführt werden. Grundsätzlich ist von untergeordneter Bedeutung, zu welcher Einheit das HR SSC gehört, sofern alle wesentlichen Voraussetzungen für ein SSC erfüllt sind: Eine gesonderte Einheit, die unter einer Leitung steht und über SLA mit Kunden arbeitet. In einigen Unternehmen müssen alle HR SSC der Zentrale berichten. In anderen Unternehmen bringt man das HR SSC in einem bestimmten Land jeweils beim größten lokalen Geschäftsbereich (und gleichzeitig größten Kunden) unter und versorgt von dort aus auch die kleineren Geschäftsbereiche. Solange Kundenservice und Kostenverrechnung entlang der SLA Grundsätze erfolgen, dürfte sich die Arbeitsweise grundsätzlich nur geringfügig unterscheiden.

Aspekt 4: Mono- oder multidisziplinäres Shared Services Center

Man kann erwägen, SSC für verschiedene unterstützende Dienste (HR, Finanzen, Facility Management, Kommunikation) in einem übergreifenden SSC zu bündeln. In diesem Fall lassen sich aus dem Teilen gemeinsamer Infrastruktur (Gebäude, Hardware, Anwendungen) und der gemeinsamen unterstützenden Dienste, wie Management, interne HR-Abteilung/-Buchhaltung/-Systemverwaltung und Account Management, Synergievorteile ziehen. Bei einem internationalen Unternehmen in der Telekommunikation schließen die Service Delivery Manager SLA sowohl für die HR-Funktion als auch für die Finanzbuchhaltung ab. Auch das Konzept eines gemeinsamen Front Offices als einzige Anlaufstelle für den Kunden für alle Unterstützungsfragen ist vielversprechend. Auf inhaltlicher und fachlicher Ebene sind die Möglichkeiten zur Nutzung weiterer Synergievorteile jedoch meist begrenzt. Da es sich um unterschiedliche Disziplinen handelt, lassen sich die primären Operationen häufig nur schwer integrieren. In Grenzbereichen allerdings gibt es Möglichkeiten zur Integration (beispielsweise Personaladministration mit finanziellen Transaktionen).

Aspekt 5: Inhaltliche und prozessuale Aspekte von Service Level Agreements

In dieser Phase ist der Prozess zur Formulierung des SLA detailliert auszuarbeiten. Im Kapitel über die HR Business-Partner haben wir den Prozess beschrieben, anhand dessen das HR Service Level Agreement zustande kommt. Nach Rücksprache mit den verschiedenen HR Business-Partnern entwickelt der Manager des SSC ein übergreifendes Paket mit Service Level Agreements und übersetzt sie in einen Arbeitsplan für das SSC. Dabei muss er dafür sorgen, dass dieser in die für das HR SSC festgelegte Strategie passt und Probleme bei Kapazität und

Priorität löst. Konflikte können vor allem dann entstehen, wenn Geschäftsbereiche/Divisionen (gleichzeitig) bestimmte Großprojekte (große Werbekampagnen oder Schulungsinitiativen) mit signifikanten Auswirkungen auf die Kapazität des HR SSC planen. Die konkrete Einschätzung der erforderlichen Mittel für das HR SSC kann anhand der aktuellen Produktivität des Center oder anhand der Best Practice-Produktivität und externer Benchmarks erfolgen.

Aspekt 6: Entwicklung von Leistungsindikatoren (Key Performance Indicators)

Das HR SSC muss für sich selbst klare und messbare Leistungsziele formulieren, anhand derer der Betrieb gesteuert wird. Diese sind mit den Leistungszielen für externe Dienstleister zu vergleichen: Anzahl verarbeiteter Calls, Antwortzeiten, Kundenzufriedenheit, Produktivität, Anzahl Fehler und Beschwerden, Einhaltung der SLA. Die dabei zugrunde gelegten Leistungsindikatoren werden direkt und kontinuierlich über das IT-System gemessen. Theoretisch sind sehr viele Leistungsindikatoren denkbar. In dieser Phase ist festzulegen, welche für die Steuerung des SSC am relevantesten sind. Selbstverständlich muss in dieser Phase auch ein Prozess entwickelt werden, in dem diese Ziele in individuelle Ziele der Mitarbeiter und in Teamziele des SSC umgesetzt werden.

Aspekt 7: Ausarbeitung des Weiterbelastungsmechanismus

Die Weiterbelastung der Kosten muss anhand eines transparenten und angemessenen Schlüssels erfolgen. Außerdem dürfen die Weiterbelastungsregeln kein unerwünschtes Verhalten bei Linienmanagern und Mitarbeitern zur Folge haben, das im Gegensatz zur praktizierten HR-Politik steht. Für die Gestaltung der Weiterbelastung gibt es verschiedene Möglichkeiten mit Vor- und Nachteilen:

- Die Kosten werden nach einem festen Schlüssel verteilt (meist auf Basis der Mitarbeiterzahl), die exakte Abnahme ist nicht relevant. Diese Methode berücksichtigt jedoch nicht die Wachstumsphase, in der sich verschiedene Organisationsbereiche befinden, oder spezifische Unterstützungsbedürfnisse, die sie haben. Das System ermöglicht dem Management der Geschäftsbereiche/Divisionen auch keinen Einblick in die Kosten, die mit der Abnahme einhergehen, so dass die Nachfrage nicht reguliert wird. Nutzungsabhängige Kostenverteilung ist daher eher empfehlenswert.

- Die von *PA* betreute Bank unterscheidet zwischen pauschaler Grundvergütung und variabler Vergütung, die von der Anzahl der in Anspruch genommenen Dienstleistungen abhängt (und gemäß den Regeln des *activity based costing* abgerechnet wird). Unter pauschale Vergütung fallen Dienstleistungen, für die eine konsistente, vorab festgelegte Durchführung von Prozessen wichtig ist, wie beispielsweise Kündigungsverfahren. Hier soll der Kostenaspekt möglichst ausgeschlossen werden, da vermieden werden soll, dass Linienmanager Mitarbeiter auf eigene Initiative und nach eigenem Gutdünken entlassen, um die Kosten für das HR SSC einzusparen. Die Anzahl der Kündigungen spielt keine Rolle für den Pauschalpreis. Andere HR-Dienste hingegen werden mit monatlicher Rechnung nach Nutzung abgerechnet. So entsteht beim Geschäftsbereichs-/Divisionsmanagement ein Kostenbewusstsein, das die Abnahme aktiv beeinflusst. In einer anderen Bank wurde ein ähnliches Prinzip zugrunde gelegt, um unerwünschte Nebenwirkungen zu vermeiden. So wurden die Kosten für Kinderbetreuung nicht an die lokalen Niederlassungen weiterberechnet, um zu vermeiden, dass diese möglicherweise weniger weibliche Mitarbeiter einstellen würden.

- Für die Weiterbelastung der variablen Kosten können verschiedene Systeme verwendet werden, wie beispielsweise ein Zeiterfassungssystem oder ein Ticketsystem. Bei einem Ticketsystem wird für jede Frage an das HR SSC ein *Call* oder *Ticket* erstellt, das in der Rechnung erscheint. Das System ist relativ einfach, es kann jedoch, wenn es zu mechanistisch eingesetzt wird, zu Schieflagen führen, wie im Falle eines großen internationalen Chemiekonzerns. Bei diesem Unternehmen wurden in der Anfangsphase des SSC viele Fragen unvollständig oder unverständlich vom HR SSC beantwortet. Das führte immer wieder zu Rückfragen zur Verdeutlichung des Sachverhalts. Für jede dieser Rückfragen wurden wieder neue Tickets erstellt, was den Rechnungsbetrag drastisch in die Höhe trieb.

Im Allgemeinen ist es wichtig, dass das Weiterbelastungssystem nicht zu kompliziert und verwaltungstechnisch nicht zu aufwändig wird. Auch hier gilt, dass die Daten, auf die mühelos aus den (CRM-) Systemen zugegriffen werden kann, optimal genutzt werden müssen. Das Weiterbelastungssystem kann sich auch weiterentwickeln: Von starker, zentraler Subvention in der Startphase kann es in einer späteren Phase zur vollständigen Weiterbelastung wachsen.

Aspekt 8: Schaffung eines ansprechenden Arbeitsumfelds

In dieser Phase muss der Schaffung eines angenehmen Arbeitsumfelds viel Aufmerksamkeit gewidmet werden. Call Center zeichnen sich im Allgemeinen durch hohe Fluktuation aus. Man verbindet sie meist mit Routinearbeiten, geringen Zukunftsperspektiven, hohem Arbeitstempo, viel Stress und mäßiger Entlohnung (sowohl in materieller Hinsicht als auch in Bezug auf Wertschätzung und Zufriedenheit). Für viele HR-Mitarbeiter – die sich häufig aus Interesse für fachliche und menschliche Fragen in Betrieben für ihre Laufbahn entschieden haben – erscheint ein solches Arbeitsumfeld auf den ersten Blick als Albtraum.

Wie kann man gute HR-Manager finden und an eine HR SSC-Organisation binden? Dass dies sehr gut möglich ist, zeigt sich bei der erwähnten Bank mit einer Fluktuation im HR SSC unter 6 % – trotz der Tatsache, dass das HR SSC zu einem Drittel aus akademisch ausgebildeten Front Office-Mitarbeitern besteht, die sich vermeintlich nicht für ein solches Arbeitsumfeld interessieren.

Ein wichtiger positiver Faktor liegt in einem gut durchdachten Entwurf von Karriere- und Ausbildungswegen. Bei dieser Bank beginnen neue Mitarbeiter als Generalist im HR SSC. Nach einer sechswöchigen Ausbildung starten sie in einer Front oder Back Office-Funktion. Dabei werden sie direkt betreut und gecoacht. Wenn sie nach sechs Monaten vollständig einsetzbar sind, werden sie in eine höhere Gehaltsstufe befördert. Von diesem Zeitpunkt an werden sie in verschiedenen Back und Front Office-Funktionen eingesetzt. Sie können sich über ein System der Jobrotation zu breit einsetzbaren HR-Generalisten entwickeln. Von diesem Zeitpunkt an können sie auch in spezifischere Funktionen im HR SSC oder in Funktionen mit Strategieentwicklung in Centers of Excellence (CoE) gelangen. Dadurch können sich die Mitarbeiter in vielen Aspekten des HR-Fachgebiets zu qualifizieren und sich in professioneller Hinsicht zu entfalten.

Ein solcher Ansatz ist das genaue Gegenteil traditioneller Vorstellungen von abstumpfenden Funktionen in tayloristischer Umgebung. Die Folge ist, dass sich Front Office-Mitarbeiter im HR SSC bei der genannten Bank nicht als *Call Center Operators* sehen, sondern als echte HR Professionals. Indem man sowohl die Karriere- und Entwicklungsmöglichkeiten als auch die professionelle Entwicklung und Betreuung sehr ernst genommen hat, ist es dieser Bank gelungen, im Team starken professionellen Stolz zu entwickeln. Das Arbeitsklima im HR SSC wird von den Mitarbeitern als dynamisch und professionell erfahren und mit dem Schalterbereich in der Bank verglichen. Die Verbindung zu den Bankaktivitäten wird auf diese Weise sehr stark: Das HR SSC liefert Dienstleistungen auf die gleiche Weise an interne Kunden, in der die Bank auch externe Kunden bedient. Dies schafft starke Teamidentität im HR SSC. Außerdem fühlen sich die Mitarbeiter auf diese Weise in Bezug auf Arbeitsqualität und Kundenservice als Eigentümer verantwortlich.

Ausarbeitung der IT-Architektur

In diesem Schritt wird die in der vorigen Phase entwickelte IT-Architektur näher ausgearbeitet. Es werden Entscheidungen für Anwendungen getroffen und mit den Prozessen abgestimmt. Im Kapitel über HR-IT-Systeme sind wir bereits detailliert auf den Verlauf eines solchen Prozesses eingegangen.

Selbstverständlich muss bei der Ausarbeitung von Prozessen in der eigenen Organisation auf die Möglichkeiten der Applikationen geachtet werden – nicht nur auf die Automatisierung HR-spezifischer Prozesse. Das IT-System muss auch andere, eher generische Prozesse unterstützen. Daher müssen auch Applikationen für das Front Office (Erfassung der eingehenden Fragen als Calls, Weiterleitung dieser Fragen, Statusüberwachung der sich daraus ergebenden Maßnahmen und Abmeldung von Aufträgen) ausgewählt werden. Diese Funktionalitäten werden von generischen Front Office oder CRM-Systemen geboten. Ergänzend müssen Content Management-Systeme angeschafft werden, die Workflow-, Dokumenten- und Record-Managementfunktionalitäten bieten. Da es sich hier um generische Systeme handelt, wird die Anschaffung und Implementierung meist nicht als isolierte, auf die HR-Funktion zugeschnittene Maßnahme erfolgen können, sondern es gilt, die unternehmensweite IT-Strategie mit ihren Vorgaben zu berücksichtigen. Angesichts der großen Bedeutung guter IT-Infrastruktur ist dies ein überaus wichtiger Schritt in der Phase des detaillierten Entwurfs.

Erstellung eines detaillierten Implementierungsplans

Anhand des detaillierten Entwurfs und der Vorgaben der allgemeinen Implementierungsstrategie muss ein praktischer Plan erstellt werden, der die Organisation von A nach B bringen kann. Dieser Implementierungsplan hat sowohl einen technisch-projektmäßigen als auch einen veränderungsspezifischen Aspekt. Beim technisch-projektmäßigen Aspekt geht es um Einplanen, Koordinieren und Steuern aller inhaltlichen Maßnahmen, die für die Realisierung eines HR SSC ergriffen werden müssen. Der veränderungsspezifische Aspekt bezieht sich auf die Verankerung der neuen Organisation im Verhalten und Denken aller Beteiligten. Diese beiden Aspekte müssen untrennbar miteinander verbunden sein. Jeder technisch-projektmäßige Schritt muss auch in veränderungsspezifischer Hinsicht angemessen sein.

In der Praxis sieht man jedoch oft, dass die beiden Gesichtspunkte unabhängig voneinander bearbeitet werden – nahezu immer zugunsten der technisch-projektmäßigen Seite. HR SSC-Projekte werden hauptsächlich als technische Implementierungsprojekte gesehen, bei denen optimale Lösungen vor allem für technische Probleme gefunden werden müssen. Der veränderungsspezifische Aspekt wird auf die *Kommunikation* reduziert oder in einem gesonderten Arbeitspaket isoliert, der sich mit den *weichen* Aspekten befassen muss, oder aber ganz in den Hintergrund gedrängt. In einem guten Implementierungsplan werden beide Aspekte miteinander verwoben. Dadurch entsteht eine doppelte Herausforderung: Beherrschung großer Komplexität der technisch-inhaltlichen Durchführung und der Komplexität menschlicher Veränderungsprozesse.

Die Anwendung der Prinzipien von gutem Programm- und Projektmanagement ermöglicht die Beherrschung großer Komplexität der technisch-inhaltlichen Durchführung. Ein guter Implementierungsplan enthält Workstreams, die zu bestimmten Zeitpunkten zusammenkommen und schließlich zum Ergebnis führen. Diese Workstreams sollten für die verschiedenen Organisationsbausteine, wie Prozesse, Menschen, Organisation, Kultur, IT, Standort, physische Infrastruktur, Rechtsform und organisatorische Positionierung definiert werden. Jeder dieser Organisationsbausteine erfordert spezifische Maßnahmen, die unabhängig von einander angegangen werden können, aber alle nahtlos aneinander anschließen und im richtigen Augenblick miteinander verknüpft werden müssen. Dieser Zusammenhang muss in einem übergreifenden Plan festgelegt werden.

Jeder dieser Workstreams muss als Projekt aufgesetzt und in Bezug auf Ergebnisse, Zeitrahmen und Mittel straff gesteuert werden. Das erfordert detaillierte Projektplanung und überaus gute Projektmanagementfertigkeiten der Mitarbeiter, die die Projekte leiten sollen. Projektmanagement ist ein ganz eigenes Fach – inhaltlich orientierte HR-Mitarbeiter haben meist wenig Erfahrung mit dem Management komplexer Projekte, bisweilen fehlt es ihnen an erforderlichen Basiskompetenzen. Darum ist die Unterstützung durch erfahrene Projektmanager in vielen Fällen erwünscht. Wichtig ist außerdem, dass ausreichend Arbeitskapazität zur Verfügung steht, um das Projekt reibungslos verlaufen zu lassen. Diese Kapazität setzt sich zusammen aus einem *harten Kern* von Projektmitarbeitern, die während der gesamten Projektlaufzeit vollständig am Projekt arbeiten, und einer variablen *Schale* von Mitarbeitern, die für bestimmte Aufgaben oder in Stoßzeiten eingesetzt werden.

Ein professionell arbeitendes und gut ausgestattetes Projektbüro muss das Projekt insgesamt betreuen, koordinieren und in gute Bahnen leiten. Der größte Zeitfaktor ist die Implementierung der HR-IT-Infrastruktur und Anwendungssoftware. Sie bestimmt in hohem Maße die Laufzeit des gesamten Projekts, alle anderen Workstreams müssen darauf abgestimmt werden. Zur Illustrierung ein Beispiel: Ein internationales Unternehmen in der Telekommunikation brauchte für die Implementierung eines HR ERP-Systems (und die Standardisierung von Prozessen) weltweit und in Europa drei Jahre. Nach Abschluss dieser Arbeiten benötigte man für die Bündelung der HR-Administration in einem HR SSC nur noch drei Monate für das erste angeschlossene Land.

Die Beherrschung der Komplexität menschlicher Veränderungsprozesse wird durch adäquate Reaktionen auf die Erwartungen, Empfindlichkeiten, Interessen, Ängste und Widerstände der am Projekt Beteiligten möglich. Wie erwähnt, müssen diese Aspekte in allen Phasen und Teilen der Implementierung berücksichtigt werden. In den Phasen der Implementierung und Stabilisierung werden wir sehen, was unter Erwartungen und Empfindlichkeiten für die Beteiligten genau zu verstehen ist und wie man damit umgehen kann.

Validierung des Business Case

Nachdem die Organisation, Prozesse, Systeme und Implementierungspläne erarbeitet sind, können die in der ersten Phase eingeschätzten Kosten und Erträge nochmals auf ihren Realitätsgehalt hin geprüft und bei Bedarf korrigiert werden. Darüber sollte ein Bericht für das Management erstellt werden, der Business Case sollte in seiner überarbeiteten Form nochmals vom Management genehmigt werden. Dadurch gehen alle Beteiligten von den gleichen Erwartungen an das Endergebnis aus. Die erneute Bestätigung des Business Case dient auch als Aufgabe für die nächste Phase: Realisieren Sie die skizzierte Endsituation und die damit zusammenhängenden Vorteile im vereinbarten Finanz- und Zeitrahmen.

3.3.4 Phase der Implementierung

In diesem Schritt wird das SSC gemäß dem formulierten Implementierungsplan etabliert. Hinsichtlich der Implementierung der HR-IT-Systeme verweisen wir auf Kapitel 2. Die Implementierung eines HR SSC hat meist große Folgen für das Personal. In diesem Abschnitt werden wir näher auf das Management einiger damit zusammenhängender Aspekte und auf die Betreuung der HR-Gemeinschaft und der Kunden auf dem Weg zur neuen Situation eingehen.

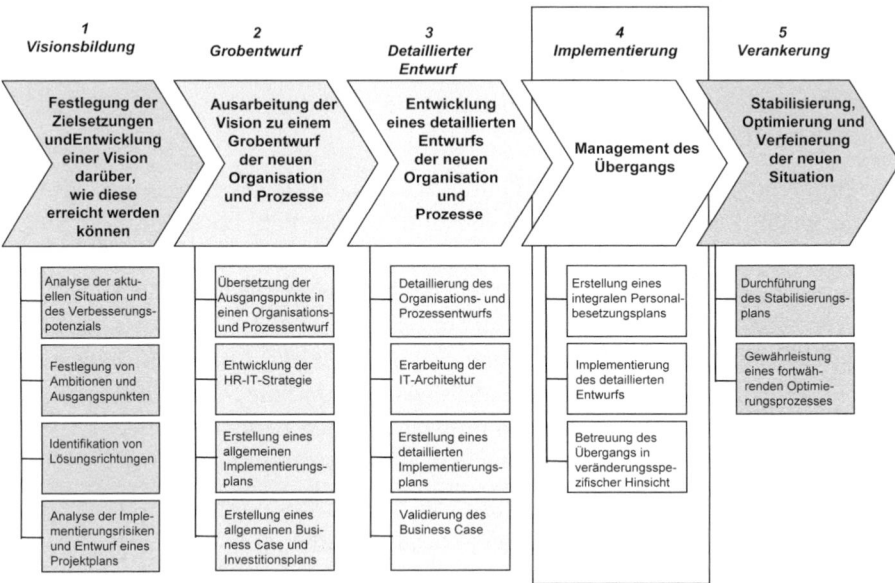

Abb. 3.9: Maßnahmen in der Phase der Implementierung

Erstellung eines integralen Personalbesetzungsplans für das HR SSC

In dieser Phase muss anhand des Organisationsentwurfs ein integraler Personalbesetzungsplan für das HR SSC erstellt werden. Dazu müssen die folgenden Maßnahmen ergriffen werden:

- Festlegung der Zusammensetzung, sowohl quantitativ als auch qualitativ,

- Inventarisierung erforderlicher Kenntnisse und Kompetenzen,

- Erstellung detaillierter Funktionsbeschreibungen,

- Planung von Personalabbau und/oder Einstellungsmaßnahmen,

- Planung des Übergangs bestehender Mitarbeiter in die neue Situation (in Bezug auf die Arbeitsbedingungen, aber auch hinsichtlich Ausbildung, Betreuung, Umzug),

- Erstellung des Plans, um für den Betrieb wichtige Mitarbeiter zu halten,

- Erarbeitung einer speziellen HR-Politik für das HR SSC (einschließlich Arbeitsbedingungen, Leistungsbewertungssystemen, Karriere- und Ausbildungswegen) zur Unterstützung der erwünschten Kultur.

Wichtig ist, das Gespräch mit Betriebsrat und Gewerkschaften bereits in einem frühen Stadium einzuleiten, so dass in der Entwurfsphase keine grundsätzlichen Meinungsunterschiede und keine unerwünschten Verzögerungen entstehen. Die genannten Schritte müssen in jedem Organisationsveränderungsprojekt gesetzt werden und sind nicht nur charakteristisch für eine HR SSC-Implementierung. Wir werden im Folgenden zwei Aspekte ausarbeiten, die eine spezielle Herausforderung für das HR SSC darstellen: die Entwicklung der erforderlichen Kompetenzen und die personelle Besetzung der neuen Organisation.

Entwicklung der erforderlichen Kompetenzen

Damit das HR SSC optimal arbeiten kann, sind neue Kenntnisse und Kompetenzen erforderlich. Im Bereich der Kenntnisse sind häufig Erweiterung und Vertiefung der aktuellen Kenntnisebene notwendig. Dies gilt sowohl für spezifische als auch für generalistische Funktionen. Wenn die Front Office-Mitarbeiter 90 % der Fragen beantworten sollen, müssen sie über umfassende Kenntnisse im HR-Bereich verfügen, das Wissensniveau der Mitarbeiter untereinander muss vergleichbar sein.

Der Kunde wird jeweils mit einem anderen Mitarbeiter konfrontiert und darf bei der Bearbeitung seiner Frage trotzdem keine signifikanten Unterschiede bemerken. Außerdem müssen die gegebenen Antworten und Empfehlungen sehr konsistent sein. Das erfordert umfassende Investitionen in standardisiertes Schulungsmaterial und in ein Wissensmanagementsystem. Bei der erwähnten Bank kann das Wissensmanagementsystem beispielsweise Vorschläge für mögliche Lösungen generieren. Dieses Wissen muss permanent aktualisiert werden – im HR SSC selbst oder durch die Centers of Excellence. Vor allem bei internationalen HR SSC, die vom Ausland aus Kunden in einem bestimmten Land bedienen, stellt die Aktualisierung der Kenntnisse zu nationalen Gesetzen und Vorschriften eine erhebliche Herausforderung dar. Es müssen intensive Kontakte zu lokalen Spezialisten gepflegt werden, die die Änderungen der Lage vor Ort verfolgen. Sind bei Betriebsgesellschaften in einem bestimmten Land keine Wissensträger mehr vorhanden, müssen dafür externe Partner gesucht werden (Anwaltskanzleien, Personaladministrationsbüros).

Durch den Übergang zu einem HR SSC kann auch viel Wissen verloren gehen. Erfahrene HR-Mitarbeiter können das Unternehmen verlassen, so dass Kenntnisse, die im Laufe von vielen Jahren zusammengetragen wurden, aus dem Unternehmen abfließen. Vor allem bei der Gründung eines internationalen HR SSC im Ausland werden viele lokale HR-Mitarbeiter nicht mitgehen. Da sie die einzigen Träger von Kenntnissen über die nationalen Gesetze und Vorschriften sind, ist es von größter Bedeutung, ihr Wissen rechtzeitig zu dokumentieren und an Andere zu übertragen.

Häufig werden bei der Gründung eines HR SSC viele neue Mitarbeiter angeworben. Das führt dazu, dass viele HR SSC-Mitarbeiter wenig oder gar keine konkrete Arbeitserfahrung in den Kundenorganisationen haben, die sie bedienen sollen. Qualitätseinbußen bei den Dienstleistungen sind die Folge. HR SSC-Mitarbeiter ohne Kenntnisse darüber, was sich im Unternehmen abspielt, verstehen häufig nicht richtig, was ihre Kunden genau brauchen oder meinen. Ein Arbeitspraktikum in einer der Niederlassungen kann dafür eine Lösung sein. Außerdem kann ein reguliertes Rotationssystem der Mitarbeiter zwischen dem HR SSC und dem Rest des Unternehmens interessant sein – sowohl für Kompetenz- als auch für Karriereentwicklung. Auf jeden Fall sollte eine gute Mischung aus Mitarbeitern mit konkreter Praxiserfahrung und unerfahrenen Mitarbeitern hergestellt werden, so dass ein Wissensaustausch möglich ist.

In Bezug auf die Kompetenzen müssen vor allem die kommunikativen und Managementfertigkeiten berücksichtigt werden. Gut mit Kunden kommunizieren zu können, ist ein kritischer Erfolgsfaktor. Kontakte werden kürzer und sachlicher als bisher, man kann nicht mehr auf eine jahrelange persönliche Beziehung zu internen Kunden zurückgreifen. Auch der physische Abstand wird größer, viele Kontakte verlaufen per Telefon oder E-Mail. Nicht zuletzt aufgrund der Tatsache, dass man es im HR-Bereich mit vielen heiklen Fragen zu tun hat, ist die Herausforderung, effektive Kommunikation zu schaffen, besonders groß.

Durch die Investition der genannten Bank in gute Kommunikationskompetenzen können ungefähr 70 % der zwischenmenschlichen Konflikte und disziplinären Probleme per Telefon erledigt werden. Lediglich für 30 % der Fälle muss ein HR-Berater das Problem vor Ort lösen. Außerdem müssen die Grenzen des SLA auf bestimmte, aber freundliche Art *bewacht* werden, ohne Kunden vor den Kopf zu stoßen. Obwohl die Kommunikationsfertigkeiten in den meisten HR-Abteilungen gut entwickelt sind, wird es doch notwendig sein, dafür spezielle Programme ins Leben zu rufen.

Im Bereich der Managementfertigkeiten besteht in vielen Fällen eine sehr große Kluft zwischen gewünschter und aktueller Arbeitsweise. In der erwähnten Bank war es für 80 % der Linienmanager und Teamleiter eine schwere Aufgabe, sich an die neue Situation anzupassen. Der größte Teil von ihnen musste ersetzt werden. Wo in vielen Unternehmen früher das tägliche Management der eigenen Abteilung nur eine der vielen Aufgaben des HR-Managers neben den inhaltlichen und strategischen Aufgaben war, wird dies im neuen Ansatz häufig ein Ganztagsjob. Die Gruppen, die gelenkt werden müssen, sind vielfach erheblich größer, die neue Arbeitsweise erfordert viel stärkeres und ergebnisorientierteres Vorgehen als früher. Der Manager im HR SSC konzentriert sich stark auf das Erreichen konkreter und messbarer Zielsetzungen und auf das fortwährende Verbessern der Prozesse und der Organisation. Auch das People Management wird sehr wichtig: Begleitung von Mitarbeitern auf dem Weg zur neuen Arbeitsweise, allmählicher Aufbau und Stimulierung einer neuen professionellen Identität und Arbeitskultur, Einführung neuer Werte, Motivation der Mitarbeiter und Schaffung eines Verantwortungsgefühls, so dass sie sich als Eigentümer von Qualität und Ergebnissen verstehen.

Besetzung der neuen Organisation

In der Praxis besetzen viele Organisationen ihr HR SSC mit vielen neuen Mitarbeitern. Der Grund dafür ist in vielen Fällen, dass Mitarbeiter, die in den verschiedenen dezentralen Einheiten tätig waren, nicht zum Umzug an einen neuen zentralen Standort bereit waren. Bei einem Umzug des HR SSC ins Ausland ist der Transfer von bestehenden Mitarbeitern in die neue Organisation zahlenmäßig meist äußerst gering.

Obwohl der Neubeginn mit vielen neuen Mitarbeitern verschiedene Nachteile mit sich bringt (größere Kosten sowohl für das Ausscheiden von Mitarbeitern als auch für die Personalwerbung, mögliche soziale Konflikte, Verlust von Kenntnissen und Erfahrung, kein Gefühl für die Probleme vor Ort) birgt er auch einen wichtigen Vorteil: Auf diese Weise gelingt der Wechsel zur neuen Arbeitsweise viel schneller. In der Praxis zeigt sich, dass manche Mitarbeiter der *alten Organisation* große Schwierigkeiten haben, sich an die neue, kundenorientierte Arbeitsweise anzupassen und die dazugehörigen Kompetenzen zu erwerben. Das gilt vor allem für Front Office-Funktionen. Eingefahrene alte Gewohnheiten lassen sich häufig nur schwer beiseite schieben und der Widerstand, sich anzupassen, kann sehr groß sein. Neue Mitarbeiter ohne Vorgeschichte oder Wurzeln im Unternehmen werden sich im Allgemeinen schneller in die neue Organisation einfügen. Dabei ist jedoch zu beachten, dass bei der Auswahl die kundenorientierten und kommunikativen Kompetenzen im Vordergrund stehen.

Manche Unternehmen entscheiden sich ganz bewusst für den Neubeginn eines HR SSC nur mit neuen Mitarbeitern und nehmen die Nachteile und Risiken in Kauf. Andere Unternehmen hingegen nehmen bewusst oder gezwungenermaßen alle bestehenden Mitarbeiter mit in die neue Organisation. Angesichts der Nachteile und Risiken dieser beiden Extreme empfiehlt sich eine gemischte Personalbesetzung. Die Anwerbung neuer Mitarbeiter kann auch zum Anlass gemacht werden, das Profil des HR-Mitarbeiters aufzuwerten. So entscheiden sich einige Unternehmen dafür, junge Akademiker für die Funktion des Front Office-Mitarbeiters im HR SSC anzuwerben.

Veränderungsspezifische Betreuung des Übergangs

In Bezug auf das Veränderungsmanagement geht es um eine doppelte Herausforderung. Zunächst müssen die Beteiligten von der Tatsache überzeugt werden, dass der Übergang zum HR SSC eine gute Entscheidung ist. Außerdem muss versucht werden, ihre Unterstützung und Mitwirkung dafür zu erhalten. Anschließend ist zu bewerkstelligen, dass sie sich die neue Arbeitsweise zu eigen machen und effektiv einsetzen. Es entstehen für alle Beteiligten neue Rollen und Beziehungen, und es kostet Zeit, bevor die Beteiligten sie akzeptieren und sich damit identifizieren können. Diese Überzeugungsarbeit und das Bemühen, Unterstützung für das Konzept eines HR SSC zu erhalten, müssen bereits in der allererten Phase des Projekts einsetzen. Konzernleitung und oberstes HR-Management müssen sich vollständig hinter das Konzept stellen und öffentlich ihr Commitment dafür aussprechen.

Erst wenn der Rest des Unternehmens merkt, dass diese *Sponsoren* wirklich bereit sind, die neue Situation zu realisieren und dafür auch Widerständen zu trotzen, wird sich auch dieser Rest auf das neue Konzept mit allen damit zusammenhängenden Folgen einlassen. Der Konzernvorstand muss sowohl mündlich als auch schriftlich die vielen Vorteile der neuen Situation und die Notwendigkeit für Veränderungen benennen und sein Commitment bekräftigen, diese Situation tatsächlich herbeizuführen.

Dies geschieht nicht in einer einmaligen Kommunikationsäußerung, sondern vielmehr in einem permanenten Prozess der Bewusstwerdung. Selbstverständlich muss der Betriebsrat rechtzeitig einbezogen werden und diesen Plänen zustimmen. Die wichtigsten Zielgruppen für die Kommunikation sind die HR Community und das Linienmanagement. Sie werden die Auswirkungen dieser Umgestaltung am stärksten zu spüren bekommen – und hier befinden sich meist auch die größten Gegner. Diese Faktoren werden für beide Gruppen wichtiger, je konkreter das HR SSC wird und je näher seine Verwirklichung rückt. Daher ist das richtige Timing wichtig, und man muss Fragen und Befürchtungen proaktiv begegnen. Die wirkliche konkrete Veränderung der Arbeitsweise wird erst in der Implementierungs- und Stabilisierungsphase spürbar. Auch wenn HR-Mitarbeiter und Linienmanager vollständig hinter dem Konzept stehen, bleibt es eine große Herausforderung, konkrete Verhaltensänderungen umzusetzen. Lassen Sie uns die veränderungsspezifische Herausforderung für HR-Teams und Linienmanagement inhaltlich konkret betrachten und auch die Art und Weise, in der die Veränderung am besten herbeigeführt werden kann.

Betreuung der HR Community auf dem Weg zur neuen Situation

Die Folgen der Einführung eines HR SSC sind am deutlichsten in der HR-Funktion zu spüren. Alles, was bisher so vertraut war, wird umgeworfen, und das kann zu Unsicherheit und Widerstand führen. Für viele HR-Mitarbeiter ändern sich ihre Rolle, ihre Verantwortung und ihre Arbeitsweise wesentlich. Außerdem droht einigen HR-Mitarbeitern der Verlust des Arbeitsplatzes. Deshalb werden nicht alle HR-Mitarbeiter begeistert an den Veränderungen mitwirken.

Die HR-Mitarbeiter, die im neuen HR SSC arbeiten werden, erfahren dies nicht immer als einen Schritt vorwärts. Im Gegenteil: Sie erleben es häufig als Verlust. Sie müssen verschiedene Aufgaben und Verantwortungen abgeben und die volle Breite ihrer früheren Funktion verschwindet. Außerdem verlieren sie die *eigenen* Kunden, das sorgfältig aufgebaute soziale Netzwerk, die Verankerung in der lokalen Organisation, die bekannte Arbeitsweise und die vertraute Arbeitsumgebung. Die Kundenkontakte werden nach ihrem Gefühl anonymer und distanzierter, ohne die vertraute persönliche Wärme von früher. Außerdem steht ein Umzug an den neuen Standort an. Darüber hinaus werden sie dort in einer äußerst transparenten Umgebung arbeiten, in der die Leistungen genau gemessen werden. Das kann zu Stress und Unsicherheit führen, aber auch zu neuen Herausforderungen und Entwicklungsmöglichkeiten.

Bei den verbleibenden, dezentral operierenden HR-Beratern kann ein starkes Gefühl herrschen, dass sie einen erheblichen Teil ihrer Verantwortung und ihres Einflusses eingebüßt haben. Ihre ausführenden Aufgaben wurden an das HR SSC übertragen, und es kostet sie Mühe, ihre Rolle neu zu gestalten. Offiziell heißt es, dass sie sich zu einem Business-Partner entwickeln sollen. Nicht alle HR-Berater kommen jedoch gleich damit zurecht. Business-Partner zu sein, erfordert Kompetenzen, die bei vielen in der Vergangenheit nie entwickelt oder stimuliert worden sind und die für einige von ihnen auch zu hoch gegriffen sind.

Häufig verhalten sie sich dann passiv und warten ab, oder sie klammern sich an die ausführenden Aufgaben, die ihnen noch geblieben sind. Die Versuchung ist groß, das lokale Management weiterhin auf die alte, vertraute Weise zu bedienen – vor allem in der Anfangsphase, wenn das HR SSC noch nicht auf vollen Touren läuft. Unterstützung erhalten die HR-Berater dabei häufig vom lokalen Linienmanagement selbst: Es hat zunächst kein Vertrauen in die Dienstleistungen des HR SSC oder möchte schnell etwas ohne Zutun des HR SSC geregelt wissen. So entsteht die Gefahr einer lokalen HR-Schattenabteilung für kleine und große Fragen, die *noch schnell eben erledigt werden müssen*.

Um dieser Entwicklung entgegenzuwirken, müssen umfassende Maßnahmen für die Durchsetzung der Veränderung ergriffen werden. Im Folgenden einige Beispiele von Maßnahmen, die sich in der Praxis bewährt haben:

- Zu frühem Zeitpunkt der HR-Funktion das Konzept des HR SSC erklären und *einwirken* lassen. Den deutlichen Unterschied zwischen intellektuellem und emotionalem Verstehen feststellen. Genügend Geduld haben und akzeptieren, dass es Zeit braucht, bis Botschaften auch vom Herzen verstanden werden.

- Erklären der Vorteile des HR SSC für die HR-Mitarbeiter und für künftige HR SSC-Mitarbeiter: stärkere Professionalisierung und Spezialisierung, größere Möglichkeiten für Karriere, Jobrotation und Fortbildung, mehr Unterstützung durch Kollegen, Professionalisierung des Managements, bes-

sere Betreuung und Coaching, bessere Arbeitsinstrumente, höhere Kundenzufriedenheit und Wertschätzung. Für dezentrale Personalberater: Mehr Zeit
für hochwertige Beratung und strategische Fragen, zu denen man früher aufgrund der Flut operativer Aufgaben nicht kam.

- Konkrete Informationsveranstaltungen oder Betriebsführungen, um zu zeigen, wie es in anderen Unternehmen funktioniert.

- HR-Schlüsselfiguren stark in die Ausarbeitung von Business Case und detailliertem Entwurf einbeziehen, so dass sie sich mit den Ergebnissen identifizieren können.

- Rekrutieren neuer Mitarbeiter, die dem Konzept aufgeschlossen begegnen.

- Für gut zusammengestellte, professionelle Schulungen mit *on-the-job*-
  Betreuung sorgen, die den Umgang mit den neuen Prozessen, Systemen und
  Instrumenten vermitteln.

- Erfolge (mit)teilen: Bei der erwähnten Bank standen zunächst viele Mitarbeiter der Rolle eines spezialisierten Beraters im HR SSC abweisend gegenüber. Durch die Hervorhebung der Erfolge einiger dieser Berater änderte sich
  diese Haltung jedoch schnell.

- Schneller Aufbau eines starken Teams aus operativen Managern, die die neue
  Arbeitsweise verkörpern: Durch intensives Coaching und gute Betreuung
  sorgen sie dafür, dass die Mitarbeiter in ihre neue Rolle hineinwachsen und
  die neuen Verhaltensweisen verankert werden.

- Schneller Aufbau einer kundenorientierten Identität: »Wir bedienen
  unsere Mitarbeiter ebenso professionell wie unsere Kunden.« Diese Entwicklung hin zu neuer professioneller Identität kann unterschiedlich unterstützt
  werden – durch einen eigenen Namen, ein eigenes Logo, eine interne Website
  usw.

Betreuung der Kunden auf dem Weg zur neuen Situation

Linienmanager in den Geschäftsbereichen/Divisionen stehen dem HR SSC-
Konzept zunächst negativ gegenüber. Sie lassen die HR-Kapazität lieber *ganz in
ihrer Nähe*, auch wenn dies erhebliche Kosten mit sich bringt. Dafür gibt es mehrere Gründe:

- Der Linienmanager konnte in der alten Organisation formelle oder informelle Steuerung der eigenen lokalen HR-Abteilung ausüben und sicherstel-
  len, dass seine Angelegenheiten angemessen beachtet sowie schnell und flexibel geregelt wurden. Diese direkte Form der Steuerung fällt jetzt weg, so entsteht die Befürchtung, dass sich dadurch die Qualität der Dienstleistungen
  verschlechtern wird. Vor allem bei kleineren Betriebseinheiten fürchtet man,
  durch größere Einheiten von der Prioritätenliste verdrängt zu werden.

- Verbunden mit dem spezifisch vertraulichen Charakter des Inhalts besteht Zurückhaltung, vertrauliche Angelegenheiten wie Gehalts- und Mitarbeiterdaten mit anderen zu teilen, einschließlich der Befürchtung, dass andere Betriebseinheiten die guten Mitarbeiter abwerben könnten.

- Der Widerstand beim Management hängt auch mit der Tatsache zusammen, dass Mehrwert und Dienstleistungen der HR-Abteilung für das Linienmanagement nicht immer so klar sind. Zu häufig sieht man das HRM noch in der Rolle eines Regulators. Warum also sollte man für anonyme Dienstleistungen bezahlen, wenn jemand ganz in der Nähe diese Fragen regelt, der sich gut mit der lokalen Situation und ihren Problemen auskennt?

Sobald das HR SSC in Betrieb genommen ist, haben die Linienmanager häufig Schwierigkeiten im Umgang mit Service Level Agreements. Früher gab es nur wenig formelle Vereinbarungen darüber, welche Dienstleistungen man von der HR-Abteilung erwarten konnte. Wo früher die HR-Abteilung viele Anfragen und Bitten des Linienmanagements stillschweigend erfüllte (auch wenn sie eigentlich nicht zu ihrem Zuständigkeitsbereich gehörten), stoßen die Linienmanager nun auf klare Grenzen. Bestimmte Transaktionen lassen sich jetzt nicht mehr schnell zwischendurch regeln, sondern müssen den offiziellen Weg gehen. HR-Aufgaben, die in den Zuständigkeitsbereich der Linienmanager fallen, jedoch früher an die HR-Abteilung delegiert wurden, müssen jetzt von den Linienmanagern selbst erledigt werden. Die Anlieferung von speziellen, über den Standard hinausgehenden Berichten muss gesondert beantragt werden oder bringt zusätzliche Kosten und Wartezeiten mit sich. Das kann vor allem in der Anfangsphase Ärger über eine mangelnde Kundenorientierung hervorrufen.

Daher ist es wichtig, diese Fragen frühzeitig anzugehen und sich ausreichend mit ihnen zu befassen. Geschieht das nicht, schwelt der Widerstand unterschwellig oder offen weiter, und es können HR-Schattenaktivitäten entstehen – beispielsweise Abteilungssekretärinnen, die nun einen Teil der HR-Aufgaben übernehmen müssen, die eigentlich zum Aufgabenpaket des HR SSC gehören, oder HR-Aufgaben werden überhaupt nicht mehr erledigt. Diese Entwicklung erschwert nicht nur das Erreichen der Kostenziele des HR SSC, sondern sie untergräbt auch die Professionalität, mit der die HR-Aufgaben ausgeführt werden.

Auch hier können umfassende Maßnahmen ergriffen werden, um die Haltung dem SSC gegenüber zu verbessern.

- Dem Linienmanager die Vorteile des HR SSC verdeutlichen, wie:
  - signifikante Kostensenkung,
  - viel besserer Service zu marktkonformen Kosten,
  - bessere Erreichbarkeit und Kontinuität der Dienstleistungen (man gerät nicht mehr in Schwierigkeiten, wenn der eigene Lohnbuchhalter krank wird oder im Urlaub ist, Stoßzeiten werden besser aufgefangen, wie beispielsweise bei großen Personalwerbekampagnen),

> – unverzügliche Antwort auf Fragen durch Spezialisten des HR SSC (wo früher der eigene HR-Berater die Sache *noch kurz* nachsehen musste, meist neben allen anderen dringenden Arbeiten),
> – direkter Zugang zu aktuellen Managementinformationen.

- Das Konzept durch Bilder verwurzeln lassen, wie:
  - Parallelen zu dem ziehen, was sich im primären Prozess für den externen Markt abspielt. Das ist vor allem im Dienstleistungsbereich relevant. Auf diese Weise kann man bei einer Bank die Parallele zur Art und Weise ziehen, wie externe Kunden über Call Center und Onlinebanking bedient werden.
  - Mit Hilfe von SLA die Kontrolle über das HR SSC zu behalten, lässt sich damit vergleichen, wie man Kontrolle über eine Umzugsfirma behält: Als Kunde ist man nur daran interessiert, dass die Möbel gut und rechtzeitig von A nach B gebracht werden. Wie das geschieht, ist dem Kunden gleich.

- Klare und leicht zugängliche Informationen über die neue Arbeitsweise, praktische und leicht anzuwendende neue Instrumente im HR-Portal.

- Linienmanager nicht nur in der Verwendung des neuen Systems schulen, sondern in einer ersten Phase ausreichend Zeit nehmen, mit jedem einzelnen das System durchzugehen und eine erste Transaktion durchzuführen. Auf diese Weise wurde bei einem internationalen Technologieunternehmen beispielsweise die anfängliche negative Einstellung in kürzester Zeit in eine große Zufriedenheit mit der neuen Arbeitsweise gewandelt.

- Kundenorientierte Einstellung des HR SSC, die sich durch Einfühlungsvermögen im täglichen Umgang mit den HR-Kunden kennzeichnet. Die Dienstleistungen sind sachlicher und anonymer geworden. Dieser Umstand muss durch hervorragende zwischenmenschliche Fertigkeiten der HR SSC-Mitarbeiter, die den Kunden bedienen, ausgeglichen werden. Wenn Kundenfragen starr und mit geringem Einfühlungsvermögen abgehandelt werden, wird sich schnell Widerstand regen, und Vorwürfe von *Bürokratie* werden laut. Die HR-Mitarbeiter stehen vor der Herausforderung, immer wieder das richtige Gleichgewicht zwischen Kundenfreundlichkeit und einer gewisser Strenge und konsequenter Haltung zu finden.

- Sowohl die Linienmanager als auch die Mitarbeiter freundlich, aber bestimmt zur neuen Arbeitsweise *erziehen*. Wenn sich ein Kunde beispielsweise mit einer Frage oder Transaktion an das Front Office wendet, die er selbst über das e-HRM-Portal erledigen muss, sollte man der Versuchung widerstehen, die Frage schnell selbst zu erledigen, sondern sich stattdessen die Zeit nehmen, dem Kunden dabei zu helfen, sich im Portal zurechtzufinden. Das wird zunächst viel Zeit kosten – die bereits beim Einplanen der Kapazität mit berücksichtigt werden muss. Aber es wird sich nach einer relativ kurzen Eingewöhnungszeit auszahlen.

- Den Kunden durch stark verbesserte Dienstleistungen überraschen. Vor allem muss man schnell auf gestellte Fragen reagieren und rechtzeitig und gemäß den Spezifikationen liefern. Diese Aspekte sind sehr wichtig, um das Vertrauen des Kunden zu gewinnen und zu behalten.

3.3.5 Phase der Verankerung

In dieser Phase konzentriert sich alles auf die Schaffung konstanter und beherrschter Qualität. Die Kinderkrankheiten, die zweifellos auftreten werden, müssen in dieser Phase auskuriert werden. Nachdem sich die Situation genügend stabilisiert hat, kann das Projekt abgeschlossen werden und das HR SSC kann selbständig weiterarbeiten. In der neuen Organisation muss dann an einem System zur kontinuierlichen Verbesserung gearbeitet werden. Dazu gehören permanente Leistungsmessung, Formulierung neuer und höherer Leistungsziele sowie eventuelle Entwicklung von Expansionsplänen.

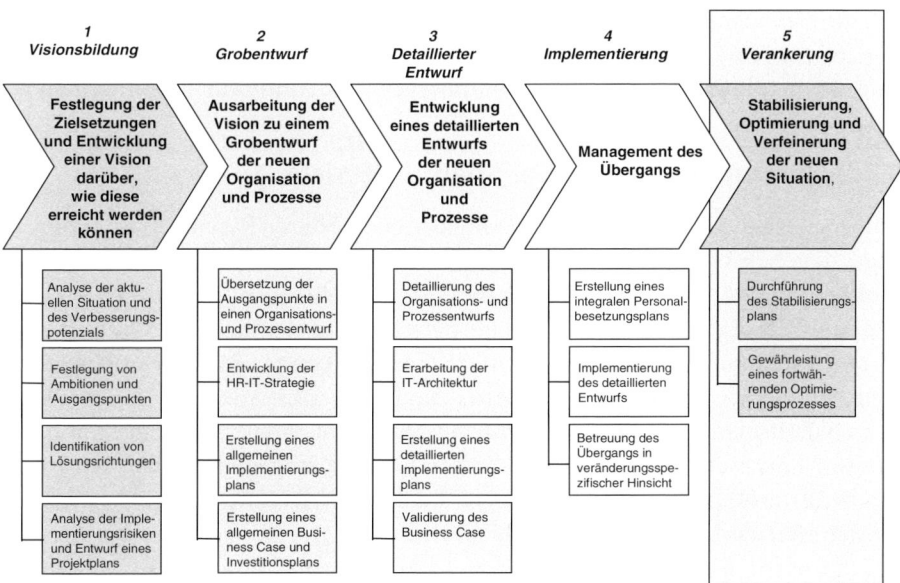

Abb. 3.10: Maßnahmen in der Phase der Verankerung

3.4 Aktuelle und künftige Entwicklungen in Shared Services

3.4.1 Ergebnisse der Studie von PA zu europäischen SSC

In einer internationalen Studie zu Erfahrungen und neuen Entwicklungen bei Shared Services in Europa wurden 2006 rund 150 Manager befragt. Für die

Mehrzahl der Befragten sind Prozessstandardisierung und Effizienzsteigerungen die Hauptargumente für ein Shared Services Center.

Die Phase, in der fast ausschließlich auf das Senken der operativen Kosten geachtet wurde, haben viele Unternehmen hinter sich. Noch 2001 äußerten 22 % der Befragten mit Hilfe einer zentralen Einrichtung die Belegschaft reduzieren zu wollen, 26 % strebten niedrigere Kosten an. Beide Werte halbierten sich in der aktuellen Befragung. 2001 lagen die Kostensenkungseffekte noch bei 21 %. In der aktuellen Befragung wurden im Durchschnitt die Kosten durch ein Shared Services Center um rund 12 % gesenkt.

Entgegen dem viel diskutierten Near- und Offshore Trend entscheiden sich viele Unternehmen dafür, unternehmensinterne Shared Services Center in der Nähe der Zentrale zu etablieren. Drei Viertel der Unternehmen wählten das Heimatland wegen guter Infrastruktur, Verfügbarkeit gut ausgebildeter und erfahrener Mitarbeiter sowie der Sprache als Standort. Aber auch Risikominimierung, bessere Kontrollmöglichkeit und scheinbar leichtere Steuerung spielen eine Rolle. Die meisten Shared Services Center erbringen Dienstleistungen im ersten Schritt nur für ein Land und eine Funktion (HR, F&A). Multinationale und -funktionale SSC erhöhen die Komplexität und bergen viele kulturelle Besonderheiten.

3.4.2 Zukünftige Trends bei Shared Services

Wurden bisher meist nationale und single process Shared Services Center bevorzugt, so gehen viele große Konzerne derzeit dazu über, diese einzelnen SSC zu multinationalen Shared Services Centers zu konsolidieren. War bisher wichtig, wie ein SSC aufgebaut und effizient betrieben werden kann, so rücken nun neue Herausforderungen in den Mittelpunkt. Überbrückung kultureller und gesetzlicher Unterschiede auf Prozessebene, Konsolidierung der IT-Infrastruktur, Sprachkenntnisse, Wahl eines geeigneten Standortes sowie adäquates Veränderungsmanagement in den betroffenen Ländern stellen neue Herausforderungen für die Unternehmen dar. Getrieben wird diese Entwicklung von der Forderung, weitere Effizienzsteigerungen zu realisieren.

Neben Konsolidierung und Internationalisierung der Shared Services-Organisationen steht die Erweiterung durch anspruchsvollere Prozesse mit größerer Wertschöpfung im Blickfeld der Konzerne. Insbesondere die Personalentwicklung sowie die Mitarbeiterbetreuung scheinen dazu besonders geeignet. Parallel dazu werden bisher intern erbrachte, einfachere Prozesse mit hohem transaktionalen Anteil ganz oder in Teilen an externe Anbieter ausgelagert. Vor allem die Entgeltabrechnung sowie die Reisekostenabrechnung sind hier zu nennen. Diese Evolution von einem rein internen Shared Services Center zu einem Mix aus internen Leistungen und externen Dienstleistungen basiert sowohl auf zunehmendem Vertrauen in Leistungsfähigkeit und Zuverlässigkeit der Dienstleister als auch auf anhaltendem Kostendruck. Der eindimensionale Ansatz – entweder alles extern vergeben oder alles intern leisten – weicht einer wertschöpfenden, aber weniger risikoreichen Koexistenz beider Varianten, die sich erfolgreich zu einem sogenannten Hybridmodell ergänzen.

3.4.3 Die Reise eines internationalen Technologiekonzerns zu HR Shared Services

Wie in vielen Konzernen, die durch jahrelange Akquisitions- und Desinvest-Aktivitäten sehr dezentral organisiert sind, war auch die HR-Funktion dieses Konzerns sehr dezentral mit vielen eigenständigen HR-Abteilungen und sehr heterogenen Prozessen aufgestellt. Diese dezentrale Organisation, ineffiziente Prozesse und die Notwendigkeit, die HR-IT-Architektur zukunftssicher auszurichten, waren Gründe, die HR-Funktion in mehreren Schritten neu zu organisieren.

Zunächst wurde in einem ersten Projekt die veraltete HR-IT durch ein neues Standardsystem ersetzt. Im Zuge dieser IT-Implementierung wurde darauf geachtet, den Anpassungsaufwand so gering wie möglich zu halten und die Prozesse zu standardisieren, soweit dies ohne Veränderung der Organisation möglich war. Nach einer kurzen Stabilisierungsphase wurden die Prozesse und die Organisation detailliert untersucht und eine neue Aufbauorganisation entwickelt. Die Neuausrichtung der Aufbauorganisation wurde begleitet durch eine eindeutige Definition der Prozessschnittstellen zwischen der zukünftigen Shared Services-Organisation und der weiterhin dezentral organisierten businessorientierten Personalorganisation. Damit die neu zu implementierende Shared Services-Einheit effizient arbeiten konnte, wurde ein umfassender Leistungskatalog mit eindeutigen Leistungsindikatoren und Service Level Agreement etabliert. Ein Service Management und IT-unterstütztes Auftragsmanagement ermöglichten, Transparenz, Steuerbarkeit der Ressourcen sowie Kunden-Lieferanten-Beziehung nachhaltig zu verbessern.

Reduzierte Betriebskosten durch die ersten Aktivitäten schufen den Spielraum, um dem nachhaltigen Kostendruck durch weitere Optimierungen Rechnung zu tragen. Weiterführende Automatisierung der Prozesse mit Self Services und Workflow-System und damit verbundene Prozessoptimierung ermöglichen sukzessiv weitere Effizienzsteigerungen.

Bei all diesen Aktivitäten wurde parallel auf Qualität und Kundenzufriedenheit sowie Kommunikation und Begleitung der Veränderung geachtet. Erst die Akzeptanz der Veränderungen durch das Business ist mittelfristig ein Garant für den Erfolg dieser Neugestaltung der HR-Funktion. Nachdem nun weit reichende Optimierungen in den einzelnen Ländern nach ähnlichem Schema durchgeführt wurden, stehen weitere Aktivitäten auf dem Weg zu einer harmonisierten, international integrierten HR-Funktion bevor. So werden bei der anstehenden Funktionalisierung Bündelung von Prozessen und kompetenzspezifische Zuordnung von Mitarbeitern durch eine Neuausrichtung der Service Units betrieben. Bereitstellung länderübergreifender HR-Applikationen und multinationale Leistungserbringung geeigneter transaktionaler Prozesse werden die Konsolidierung bestehender Shared Services-Einheiten ermöglichen. Gleichzeitig wird für alle Einzelprozesse ein Sourcing-Konzept entwickelt, das durch die Auslagerung ganzer Prozesse oder Teile eines Prozesses die Wertschöpfungstiefe an externe Benchmarks anpassen soll. Durch die Verlagerung von Teilprozessen oder ganzer Prozesse in kostengünstige Near- oder Offshore-Standorte können weitere Potenziale realisiert werden.

Derart tiefgreifende Veränderungen einer gesamten Funktion, die gleichzeitig alle Mitarbeiter betreffen, können nur durch eine Initiative der Konzernspitze erfolgreich finanziert und durchgeführt werden. Dazu müssen neben umfangreichen Maßnahmen zum Kommunikations- und Change Management auch die notwendigen Governance-Strukturen aufgebaut werden. Erst der Zugriff der Shared Services-Organisation auf alle Ressourcen, die durch die Veränderungen betroffen sind, ermöglichen erfolgreiche Realisierung der möglichen Ratiopotenziale.

4 HR Business Process Outsourcing: Hohe Erträge, aber wie die Kontrolle behalten?

Dieses Kapitel ist erneut dreigeteilt. Die Einleitung vermittelt einen Einblick in die Grundlagen des HR Business Process Outsourcing (HR BPO). Der zweite Abschnitt betrachtet die besonderen Herausforderungen und Erfolgsfaktoren von HR BPO, der dritte Abschnitt ist dem *wie* und *was* erfolgreicher Implementierung gewidmet.

4.1 Einführung in HR Business Process Outsourcing

Auslagerung oder Outsourcing lässt sich als *Übertragung von Dienstleistungen, die derzeit intern angeboten werden, an externe Anbieter* definieren. Dieses Konzept kann auf unterschiedliche Weise mit Inhalt gefüllt werden und ist auf verschiedene Anforderungen und Situationen anwendbar. Relevant ist in diesem Zusammenhang der Unterschied zwischen den klassischen Formen von Outsourcing und dem viel jüngeren Phänomen des Business Process Outsourcing (BPO).

4.1.1 Was ist Business Process Outsourcing und welche Bedeutung hat es für HR?

Bei klassischem Outsourcing geht es um selektive Auslagerung gut beschriebener (Teil-) Aufgaben innerhalb bestimmter Betriebsprozesse. Steuerung und Koordination der Betriebsprozesse bleiben weiterhin beim Unternehmen. Bei BPO kommt jedoch eine völlig neue Dimension hinzu: Betriebsprozesse (oder große zusammenhängende Teile davon) werden insgesamt an externe Partner übertragen, die auch Verantwortung für Management und Koordination der verschiedenen Prozesskomponenten und (Teil-) Prozesse übernehmen. Ein BPO-Vertrag wird jeweils für einen längeren Zeitraum abgeschlossen und beinhaltet meist die Übertragung eines ganzen Komplexes integraler Prozesse, Mitarbeiter, Systeme, Infrastruktur und anderer Aktiva an einen externen Anbieter. Daher bringt das BPO auch tief greifende Veränderungen der Arbeits- und Steuerungsweise mit sich. Die Steuerung der Betriebsprozesse erfolgt nicht mehr auf hierarchischer, sondern auf vertraglicher Grundlage.

BPO ist bereits seit geraumer Zeit gängige Praxis für IT-Dienstleistungen, IT-Strategie und IT-Infrastruktur. In den vergangenen fünf Jahren hat BPO auch im HR-Bereich zunehmend an Beliebtheit gewonnen. Häufig wird BPO in HR als nächster logischer Schritt nach der internen Implementierung von HR Shared

Services betrachtet. Dadurch sollen weitere, intern schwierig zu realisierende Effizienz- und Effektivitätspotenziale für zusätzliche Kostenreduzierungen adressiert werden. Viele (angelsächsische) Unternehmen, die bereits in den neunziger Jahren des vorigen Jahrhunderts HR Shared Services eingerichtet hatten, suchten nach neuen Wegen für weitere Kostensenkungen und Effizienzsteigerungen durch die Realisierung zusätzlicher Skaleneffekte.

Die Möglichkeiten waren einerseits eine weitgehende Integration mit Shared Services aus verwandten Bereichen, wie z.B. Finanzen, und andererseits HR BPO. Die Option HR BPO ist in den letzten Jahren aufgrund des schnellen Wachstums im Markt professioneller Anbieter stets reeller geworden. Während das Konzept BPO im HR-Bereich für die meisten Unternehmen noch relativ neu ist, hat sich das Konzept des klassischen HR Outsourcing bereits etabliert. Dabei geht es zumeist um die Auslagerung einiger HR-Aufgaben, die so speziell und in sich abgeschlossen sind, dass die meisten Unternehmen nicht groß genug sind, um sie rentabel und professionell selbst durchzuführen. Dann ist es billiger und besser, sie von spezialisierten externen Dienstleistern durchführen zu lassen.

Die bekanntesten Beispiele sind Entgeltadministration, Personalwerbung und -auswahl und Aufgaben in Training und Entwicklung. Im Allgemeinen handelt es sich um einige detailliert beschriebene spezifische Aufgaben in einem integralen HR-Prozess und selten oder gar nicht um den Prozess selbst. So werden beispielsweise nur die Organisation und Durchführung von Schulungsprogrammen an Dritte ausgelagert. Aspekte wie Ermitteln und Messen des Entwicklungsbedarfs, Erstellen von Entwicklungsplänen, Festlegen des Entwicklungsangebots, Dokumentieren und Messen der Ergebnisse bleiben meist weiterhin in Verantwortung der eigenen HR-Organisation. Gleiches gilt im Zusammenhang mit der Entgeltabrechnung. Hier wird vor allem die technische Verarbeitung der Entgeltabrechnung ausgelagert, nicht aber die gesamte Personal- und Entgeltadministration, Eingabe von Datenänderungen, Beantwortung von Fragen, Erstellung von Berichten.

Von allen Anwendungsbereichen für BPO ist HR möglicherweise der komplexeste und empfindlichste. Die Gründe dafür sind folgende:

- In der Vergangenheit wurden relativ geringe Investitionen in die Automatisierung von HR-Prozessen getätigt, so dass die meisten manuell erledigt werden.

- Seit jeher stehen im HR-Bereich Prozesseffizienz und Dienstleistungen nicht ganz oben auf der Agenda. Viele HR-Mitarbeiter sehen sich selbst eher als inhaltliche Spezialisten denn als Dienstleister. Da sich HRM mit Menschen befasst, ist man der Meinung, die Arbeiten ließen sich nur schwer in standardisierte Prozesse und Systeme pressen. Das Motto lautet häufig: »Jede Person und jede Situation ist unterschiedlich und erfordert entsprechendes Fachwissen und persönliches Engagement des Spezialisten.« In vielen Fällen stellt sich dies jedoch als vorgeschobenes Argument heraus.

- Das HR-Dienstleistungsportfolio ist komplex und besteht sowohl aus transaktionalen als auch aus beratenden und unterstützenden Aktivitäten, die ausgelagert werden können. Auch HR-Prozesse selbst sind aufgrund der vielen beteiligten Parteien (HR-Mitarbeiter, Führungskraft, Mitarbeiter, Bewerber, externe Behörden) und der großen Zahl von Abhängigkeiten und Querverbindungen untereinander (zwischen Beurteilung, Lernen, Karriereentwicklung, Vergütung) komplizierter als Abläufe in anderen Disziplinen.

- Die HR-Aktivitäten in einer Organisation sind viel umfassender als die Aufgaben der HR-Abteilung. HRM ist in erster Linie eine Verantwortung der Führungskräfte und durchdringt so das gesamte Unternehmen. Die HR-Abteilung ist dafür verantwortlich, die Mitarbeiterführung und alle damit zusammenhängenden Aktivitäten möglichst optimal zu unterstützen. Daher ist es nicht unbedingt plausibel, die HR-Aktivitäten zu isolieren und sie anschließend aus der Hand zu geben.

- HR-Profis lassen sich im Allgemeinen nicht gern einschränken, weder bei inhaltlichen Tätigkeiten noch bei der Steuerung. Bisweilen fehlt es der HR-Leitung auch an der notwendigen Führungskompetenz, dem entgegenzuwirken und wirksam durchzugreifen.

All dies trägt nicht gerade dazu bei, dass die HR-Funktion bei BPO eine Vorreiterrolle einnimmt. Zudem haben die Unternehmensleitungen in der Vergangenheit wenig Interesse für die Verbesserung von Effizienz und Effektivität der HR-Prozesse gezeigt. Wenn in der Vergangenheit Einsparungen notwendig waren, war es einfacher, inhaltliche HR-Programme (wie Ausbildungen oder Programme zur Mitarbeiterentwicklung) zu streichen, als kritisch über Kosten und Effizienz der HR-Prozesse oder ihre Ertragssteigerung nachzudenken. Inzwischen lässt sich jedoch ein Trend zu selektivem Outsourcing beobachten, HR BPO gewinnt international an Bedeutung. Der Umstand, dass die HR-Funktion bei BPO kein Spitzenreiter ist, hat auch den Vorteil, dass man aus Erfahrungen (und Fehlern) bei der Implementierung von BPO in anderen Bereichen und Unternehmen lernen kann.

4.1.2 Was ist unter Off- und Multishoring zu verstehen?

Lohnkosten sind in vielen Dienstleistungsorganisationen der größte Kostenblock bei den Betriebskosten. Bei der Einrichtung von Shared Services wurden in der Vergangenheit die Möglichkeiten zur Technologie- und Prozessverbesserung maximal ausgeschöpft. Weitere Verbesserungen in diesem Bereich scheinen nur schwer möglich zu sein. Daher werden die in Westeuropa bekanntermaßen hohen Lohnkosten ein bedeutenderer Faktor für weitere Kostensenkung. Viele Shared Services Center sind in der Vergangenheit in Länder mit niedrigeren Löhnen ausgewichen, wie zum Beispiel rund um Dublin in Irland. Aufgrund enormer Nachfrage und sich daraus ergebendem Druck auf den lokalen Arbeitsmarkt sind inzwischen jedoch auch dort die Löhne erheblich gestiegen.

Daher besteht derzeit eine Tendenz, wichtige Teilbereiche der Dienstleistungszentren in klassische Niedriglohnregionen zu verlagern. Die bekanntesten Vertreter sind Osteuropa und Indien. Aber auch Afrika, die Karibik und Südamerika
werden von (angelsächsischen) Outsourcing-Anbietern genutzt. Dieser Trend
umfasst alle unterstützenden Dienste, wie IT, Finanzen, Einkauf und HR. Die in-
tensivste Nutzung ist jedoch im Bereich von IT und Finanzen zu verzeichnen.
Möglich wird diese Entwicklung durch folgende Faktoren:

- Schaffung lokaler Betriebe mit stark westlich orientierter Arbeitsweise und
  Kultur,

- Errichtung stabiler und hoher Qualität der IT-Infrastruktur in den betreffenden Ländern,

- Verfügbarkeit hoch ausgebildeter und meist englischsprachiger lokaler Mitarbeiter,

- Verfügbarkeit kompetenter lokaler Anbieter.

Das muss jedoch nicht bedeuten, dass alle Aufgabenfelder des Dienstleistungs-
zentrums in Niedriglohnländer ausgelagert werden. Meistens beschränkt sich
die Verlagerung auf einige Aufgabenbereiche, für die spezielle Kompetenzen in
diesen Ländern verfügbar sind und die nicht auf die Nähe zum Endkunden angewiesen sind. Bei den Aufgaben, die an Offshore Standorte verlagert werden,
handelt es sich meist um einfache, transaktionale Tätigkeiten, während die wissensbasierten Aufgaben mit hohem Mehrwert (wie Kundenkontakte in der eigenen Sprache) in der näheren Umgebung bleiben.

Dieses Vorgehen kann in einer ersten Phase logisch sein, weil man vor allem bei
den Kosten für große Mengen an Standardaufgaben sparen möchte. Aber so
muss es nicht unbedingt bleiben. Das zunehmend höhere Ausbildungsniveau in
den genannten Ländern ermöglicht auch die Auslagerung einer Vielzahl von hö-
herwertigen Aufgaben – sicher eine interessante Entwicklung, da in diesen Aufgaben ein Großteil der Lohnkosten gebunden ist.

Durch ihre Größe und technologische Infrastruktur können professionelle Outsourcing-Anbieter ihre Prozesse aufteilen und bestimmte Prozessteile in Indien
und in anderen Teilen von Westeuropa durchführen lassen. Im Fachjargon heißt
das *Multishoring*. *Offshore-* und *Onshore-*Teams arbeiten in einer integrierten
Struktur mit deutlich abgegrenzten Zuständigkeiten sowie Ergebnis- und Ver-
fahrensvereinbarungen eng zusammen. Ein Vorteil der Organisation von Multishoring in verschiedenen Zeitzonen ist die Möglichkeit, an allen Tagen der Woche rund um die Uhr mit kurzen Antwortzeiten zu arbeiten.

Die Erträge sind signifikant. Für ein multinationales Unternehmen bedeutete die
Übertragung der Verarbeitung von Finanzdaten an ein Service Center in Banga-
lore beispielsweise einen Produktivitätsgewinn von 50 %. Ein anderes Unternehmen sparte durch die Verlagerung seines finanziellen Transaktionszentrums

nach Budapest 42 % seiner Kosten ein. In Osteuropa liegen die Löhne um 50 % unter denen von Westeuropa. In Indien liegen sie bei 20 % und weniger des westeuropäischen Niveaus.

Die Einrichtung von Off- und Multishoring-Aktivitäten hat ihre eigene Komplexität, Probleme und Erfolgsfaktoren, die jedoch im Rahmen dieses Buchs nicht behandelt werden können. Für die HR-Disziplin liegt das Offshoring für einen Teil der Aufgaben weniger auf der Hand, da die Kenntnis von Sprache, Kultur, speziellen Gesetzen und Vorschriften in den Ländern der Kunden für eine gute Dienstleistungsqualität unverzichtbar ist. Für andere Aufgaben kann es jedoch eine gute Alternative sein. Beispiele dafür sind transaktionale Aufgaben, wie Eingabe und Aktualisierung von Personendaten, Einscannen von Dokumenten, elektronische Archivierung, Durchführung von Lohnabrechnungen oder sogar Beantwortung von relativ einfachen Standardfragen über ein Call Center. Bei einigen HR BPO-Anbietern ist dies bereits gängige Praxis.

4.1.3 Warum entscheiden sich Unternehmen für HR BPO?

Bis zu einem gewissen Punkt hat das Interesse von Unternehmen an HR BPO die gleichen Gründe wie ihr Interesse an HR Shared Services:

- Effizienzsteigerung und Kostensenkung durch die Nutzung von Skaleneffekten,

- Konsolidierung der HR-IT und Automatisierung von Prozessen oder Prozessteilen,

- Qualitätssteigerung der Dienstleistungen für Mitarbeiter und Manager durch Einsatz innovativer Methoden und Standardisierung,

- Fokus auf höherer organisatorischer Flexibilität: Das Unternehmen muss sich leichter an Veränderungen im Markt und im Umfeld anpassen können,

- Fokus der HR-Funktion auf strategische und taktische Aufgaben in neu ausgerichteter Business-Partner Rolle bei gleichzeitiger Optimierung der transaktionalen Aufgaben.

Es gibt jedoch auch besondere Gründe, warum Unternehmen HR BPO in Betracht ziehen:

- Die HR-Funktion ist selbst nicht in der Lage, signifikante Kostensenkungen zu erreichen und Effektivität und Effizienz der Dienstleistungen zu steigern.

- Das Unternehmen möchte sich auf die Kernaufgaben konzentrieren. BPO entlastet bei den unterstützenden Diensten, um höhere Investitionen in primäre Prozesse zu ermöglichen.

- Die HR-Funktion will sich aus der Durchführung transaktionaler HR-Aufgaben zurückziehen, um sich verstärkt auf HR-Aufgaben mit hohem Mehrwert zu konzentrieren.

- Das Unternehmen strebt schnell und ohne hohen Investitionsaufwand Zugang zu *best-in-class* Kompetenz oder Technologie an.

- Das Unternehmen will in kurzer Zeit einen signifikanten Qualitätssprung schaffen und sich einige *Best Practices* zu eigen machen.

Eine typische Ausgangssituation für Unternehmen, für die sowohl HR BPO als auch interne HR Shared Services interessante Optionen sind, weist folgende Merkmale auf:

- Im Bereich HR fallen im Vergleich zu den variablen Kosten hohe Fixkosten an.

- Sehr viele HR-Mitarbeiter sind mit transaktionalen HR-Aufgaben betraut.

- Man gibt viel Geld für eine Vielzahl externer Anbieter aus.

- Zwischen den verschiedenen Unternehmensbereichen herrschen große Unterschiede bei Gestaltung von Prozessen und Dienstleistungsniveaus.

- Eine gemeinsame Quelle für Personaldaten fehlt.

- Es sind viele verschiedene und/oder veraltete IT-Systeme vorhanden, die Investitionen für neue Lösungen wünschenswert machen.

- Die HR-Dienstleistungen sind schlecht auf die Prioritäten des Unternehmens abgestimmt.

Die wichtigsten zusätzlichen Vorteile von HR BPO sind:

1. Garantierte Kostensenkung.

2. Unmittelbare Kostensenkungen ohne Anfangsinvestitionen.

3. Verbesserte Infrastruktur.

4. Qualitätsverbesserungen der Dienstleistungen.

5. Katalysator für Veränderungsprozesse.

6. Fokus der HR-Funktion auf strategische Unterstützung des Business.

Vorteil 1: Garantierte Kostensenkung

Eine Richtlinie lautet 15 bis 25 % Einsparungen bei den Betriebskosten für transaktionale HR-Dienstleistungen. Meist garantiert der Outsourcing-Anbieter diese Kostensenkungen durch die Realisierung umfassender Skaleneffekte (Multi-Kunde und Multi-Prozess) und durch Effizienzsteigerungen bei Prozessen und Systemen. In angelsächsischen Ländern mit anderer Sozialgesetzgebung kommt hier noch der Effekt hinzu, schnell kostengünstige Arbeitskräfte einzuschalten und die Lohnkosten zu senken. Höhere Kosteneinsparungen sind unter folgenden Bedingungen möglich:

- Entscheidung für Verträge mit längerer Laufzeit (beispielsweise 45 bis 55 % bei einem 10-Jahres-Vertrag),

- Auslagerung zusammenhängender Prozesskomplexe (im Gegensatz zu Einzelprozessen), um die Synergien untereinander optimal nutzen zu können,

- hohes Maß an Automatisierung und HR Self Service mit einem Standard-Servicepaket,

- Offshoring verschiedener Aufgaben in Niedriglohnländer.

Mit HR BPO lassen sich außerdem verborgene Kosten durch Ineffizienz bei derzeitigen HR-Dienstleistungen vermeiden – vor allem durch Prozessharmonisierung und Automatisierung, Reduzierung der Fehlerquote mit Einsatz verschiedener Qualitätsprogramme und Realisierung von Einkaufsvorteilen. Darüber hinaus haben große Konzerne im HRM bisweilen dutzende/hunderte verschiedene Anbieter. Die Möglichkeit, diese Zahl zu reduzieren, ist wichtiges Nebenziel von HR BPO, da sich auf diese Weise 10 % zusätzliche Einsparungen erreichen lassen. Ein HR Outsourcing-Anbieter verfügt häufig über viel mehr Know-how und Erfahrung als das Unternehmen selbst. Zudem kann der Provider Anfragen von verschiedenen Kunden zusammenbringen und somit selbst Einkaufsvorteile realisieren.

Vorteil 2: Unmittelbare Kostensenkungen ohne Anfangsinvestitionen

Die Senkung der Betriebskosten in einem BPO-Modell setzt für den Kunden meist unmittelbar nach Vertragsbeginn ein. Das Unternehmen muss nicht erst selbst im großen Umfang Investitionen zu tätigen, um nach einer bestimmten ROI-Zeit von Kostensenkungen zu profitieren. Aus Konzernperspektive ist dies natürlich ein überaus ansprechender Umstand, der Unternehmen unmittelbar einen größeren Finanzspielraum gewährt. Außerdem besteht größere Sicherheit über das zu erwartende Kostenniveau – und die Kosten lassen sich besser beherrschen. Natürlich fallen auch für HR BPO erhebliche System-, Transformations- und Implementierungskosten an, die letztlich vom Unternehmen bezahlt werden müssen. Je nach der gewählten Konstruktion können diese vom HR BPO-Anbieter über die gesamte Laufzeit des Vertrags verteilt werden. Je höher also die Vertragslaufzeit, desto niedriger fallen die Kosten pro Jahr aus.

Vorteil 3: Verbesserte Infrastruktur

HR BPO bietet Unternehmen Zugang zu State-of-the-Art-Technologie und einer modernen Dienstleistungsplattform. Der Outsourcing-Anbieter verfügt zumeist über eine vollständig ausgestattete HR-IT-Plattform, an die das Unternehmen angeschlossen werden kann. Das ist ein großer Vorteil für Unternehmen, die große Schwierigkeiten bei Finanzierung und/oder Genehmigung eigener HR-IT-Investitionen haben.

Vorteil 4: Qualitätsverbesserungen der Dienstleistungen

Höhere Qualität bei den HR-Dienstleistungen wird durch ausgearbeitete und beherrschbare Prozesse, bessere Nutzung von speziellem Fachwissen und Einführung von Best Practices erzielt. Die Nutzung moderner HR-Informationssysteme und standardisierten Inputs von Daten führt zu besseren Managementinformationen für Linienmanager. Darüber hinaus bietet HR BPO höhere Flexibilität bei der Verfügbarkeit von HR-Dienstleistungen: Durch seinen Umfang lässt sich die Kapazität besser auf Nachfrage und höhere Belastungen in Stoßzeiten abstimmen. Schließlich erlaubt die Größe des Outsourcing-Anbieters umfassendere und attraktivere Karrieremöglichkeiten für Mitarbeiter. Dadurch lassen sich hochqualifizierte Mitarbeiter besser anziehen und binden.

Kontinuierliche Verbesserung der Dienstleistungen und weitere Innovation sind meist vertraglich festgelegt. Mit Qualitätssystemen und permanenter Leistungsmessung durch den Anbieter werden signifikante Verbesserungen bei Geschwindigkeit und Qualität der Dienstleistungen erreicht. Auch in der verbleibenden HR-Abteilung der Kundenorganisation verbessert sich durch stärkeren Fokus auf die Kernaufgaben in vielen Fällen die Qualität der Dienstleistungen. In verschiedenen Praxisfällen haben solche Schritte spektakulären Anstieg der Kundenzufriedenheit bewirkt. Dass dies nicht für alle Fälle gilt, wird in Abschnitt 4.2 im Zusammenhang mit den Herausforderungen und Erfolgsfaktoren näher dargestellt.

Vorteil 5: Katalysator für Veränderungsprozesse

Sowohl Risiken und Kosten als auch Erträge mit einem externen Partner zu teilen, kann als Katalysator für eine Veränderung der HR-Funktion wirken – vor allem wenn dieser Wandel für das Unternehmen selbst eine zu große Herausforderung wäre oder zu große Investitionen erfordern würde. HR BPO verstärkt den Veränderungs- und Kostendruck auf die interne (HR-) Organisation, öffnet aber auch den Zugang zu Kenntnissen und Erfahrungen externer Partner bei der Durchführung solcher Veränderungen.

Vorteil 6: Fokus der HR-Funktion auf strategische Unterstützung des Business

HR BPO entlastet die interne HR-Organisation von teuren und zeitaufwendigen, administrativen und operativen Aufgaben, die nun ein spezialisierter Partner erledigt, dessen Kernkompetenz gerade in effektiver und effizienter Durchführung dieser Arbeiten liegt. Die interne HR-Organisation kann sich voll und ganz auf die Erfüllung ihrer HR Business-Partner Rolle konzentrieren und entledigt sich so des alten Images als Administrator.

Ob HR BPO oder HR Shared Services unter eigener Regie die beste Lösung für Unternehmen ist, hängt von organisationsspezifischen Variablen ab. Jedes Unternehmen muss vor dem Hintergrund seiner spezifischen Situation und Zielsetzung eigene Überlegungen anstellen. HR BPO ist ebenso wenig wie HR Shared Services ein Ziel an sich, sondern lediglich ein Mittel zur besseren Erreichung der Unternehmensziele. Der Mehrwert von HR BPO oder HR Shared Services muss daher vor diesem Hintergrund geprüft werden.

Außer möglichen Kostensenkungen sind dabei auch andere strategische Vorgaben in die Überlegungen einzubeziehen: Wie viel Steuerung will man selbst behalten und inwieweit sind Aktiva und Know-how kritisch für Betriebsführung und Wettbewerbsposition. Diese strategischen Vorgaben sind zumeist in der allgemeinen Sourcing Strategie des Unternehmens festgehalten, die festlegt, was die Organisation weiterhin selbst tun möchte und was möglicherweise ausgelagert werden kann, wenn die Vorteile viel versprechend genug sind. Einige Prozesse werden für die derzeitige oder künftige Betriebsführung so wesentlich sein, dass sie immer zu den Kernaufgaben des Unternehmens gehören werden.

Die allgemeine Sourcing Strategie kann spezifische Aussagen für HR-Dienstleistungen enthalten, meistens muss jedoch daraus eine spezifische HR Sourcing-Strategie abgeleitet werden. Es stellt sich die Frage, welche HR-Kompetenzen für das Unternehmen strategische Bedeutung haben und welche nicht. Diese Überlegungen sind grundsätzlicher und strategischer Natur und gehen über reine Budgetkalkulation mit dem Ziel der preisgünstigsten Lösung hinaus.

4.1.4 Formen und Anwendungsbereiche von HR BPO

Kennzeichnend für HR BPO ist die Auslagerung kompletter HR-Prozesse mit Abstufungen in Bezug auf den Umfang der auszulagernden Prozesse.

- *Einzelner Prozess.* Bei dieser Lösung wird ein einzelner HR-Prozess insgesamt ausgelagert, z.B. Entgeltabrechnung und Stammdatenadministration, Verwaltung der HR-Systeme, in zunehmendem Maße jedoch auch Personalwerbung und -auswahl und Koordination/Administration im Bereich Training und Entwicklung.

- *Multi-Prozess.* In diesem Fall werden mehrere zusammenhängende Prozesse mit dem Ziel der Realisierung von Synergieeffekten ausgelagert:
  - Senkung der Fehlerquote, indem zusammenhängende Prozesse in einer Hand bleiben (Zeiterfassung und Lohnadministration).
  - Steuerung auf Business Output; wenn beispielsweise verschiedene HR-Prozesse im Zusammenhang mit der Abwesenheit von Personal gebündelt ausgelagert werden, kann der Outsourcing-Anbieter diese Prozesse optimal aufeinander abstimmen, um die festgelegten Geschäftsziele zu verwirklichen. Mit einer solchen Konstruktion ist es möglich, den Outsourcing-Anbieter nach Output (beispielsweise Prozentsatz bei der Senkung von Abwesenheit des Personals) zu bewerten, statt nur nach dem gelieferten Input.

- Einrichtung eines übergreifenden HR Self Service-Portals oder Help-desks, um Mitarbeitern und Linienmanagern diese Dienstleistungen/Prozesse zugänglich zu machen.

- *Integrierte Lösung.* Dabei handelt es sich um die Auslagerung großer Teile der HR-Dienstleistungen einschließlich des Managements aller externen Anbieter. Bei dieser Lösung bieten sich vielfältige Möglichkeiten zur Realisierung weiterer Einsparungen. In reinster Form bedeutet dies die Auslagerung der Gesamtheit der HR-Dienstleistungen.

International gesehen geht der Trend zunehmend in Richtung Multi-Prozess HR BPO und integriertes HR BPO. Hier lassen sich die größten Vorteile erzielen, aber hier lauern auch die größten Gefahren. Bislang haben nur wenige Unternehmen den Schritt zu integriertem BPO gewagt. Bisher sind wir davon ausgegangen, dass BPO in jedem Fall mit einer Neuausrichtung der Prozesse einhergeht. In der Praxis sehen wir jedoch auch, dass Teile der HR-Dienstleistungen an externe Partner übertragen werden, ohne zunächst Veränderungen bei Struktur, Systemen, Personal vorzunehmen. Hier wird eine allmähliche Verbesserung von Qualität und Kosten über einen längeren Zeitraum hinweg und keine Transformation in einem Projekt zu Beginn der Vertragslaufzeit angestrebt. Die Vorteile dieses Vorgehens (sowohl für den Kunden als auch für den Anbieter) liegen darin, dass man sozusagen von heute auf morgen umschalten kann und nur begrenzte Anfangskosten anfallen.

Bei der Art der ausgelagerten HR-Aufgaben zeigt sich, dass das Portfolio bei HR BPO sehr breit gefächert sein und unterschiedliche Arten von Dienstleistungen enthalten kann:

- Transaktionale Dienstleistungen, wie Entgeltabrechnung, Stammdatenadministration und Helpdesk für einfache Fragen, aber auch administrative Unterstützung bei HR-Prozessen (Training und Entwicklung, Personalwerbung und -auswahl, Compensation & Benefits),

- Entwicklung, Verwaltung und Unterstützung der technischen Infrastruktur und Softwareanwendungen, wie Webanwendungen, ERP-Systeme, Hosting,

- Beschaffungsmanagement und Management aller externen Anbieter,

- HR-Fachaufgaben (Talentmanagement, Führungskräfteentwicklung, Kommunikation und Veränderungsmanagement).

In der Praxis entscheiden sich Unternehmen vor allem bei den ersten drei Arten von Dienstleistungen für BPO. Die Fachaufgaben bleiben häufig im eigenen Unternehmen.

4.1.5 Welche Unternehmen befassen sich mit HR BPO?

HR BPO hatte 1999 einen schnellen Start, als große internationale Konzerne wie BP, Nortel Networks, BT und BAE Systems wichtige HR BPO-Verträge abschlossen. Im Folgenden einige Beispiele dieser ersten Welle von Pionieren:

- BP (für Großbritannien und die USA) schloss für $ 600 Mio. einen BPO-Vertrag für sieben Jahre mit Exult (jetzt Hewitt) ab. Die Kosten sanken dadurch um 25 %. BP wurde für $ 130 Mio. Anteilseigner von Exult (inzwischen hat BP seine Anteile wieder verkauft).

- BAE Systems (Großbritannien) ist von 21 HR-Systemen auf ein einziges System umgestiegen. BAE hat 66 % seines Personals übertragen und konnte damit 10 bis 15 % seiner jährlichen Betriebskosten einsparen. BAE hat seine HR-Funktion über ein 50/50-Joint Venture mit X-Changing ausgelagert, das folgende HR-Aufgaben durchführt: Compensation und Benefits, Training und Entwicklung, Personalwerbung, Altersrentenadministration, internationale Transfers und HR-Datenadministration. In dieser Konstruktion steuert das Joint Venture auch die externen Anbieter, und zwar vor allem für Leasingfahrzeuge, Training, Zeitarbeit, Personalwerbung, Gesundheit, HR Consulting, Bürobedarf und Reisen.

- British Telecom (Großbritannien) hat zwischen 1991 und 1999 knapp 90 % seines HR-Personalbestands in Großbritannien abgebaut. Anschließend erfolgte bis 2002 eine weitere Reduzierung um 50 % im Rahmen eines HR BPO-Vertrags mit Accenture. Dabei lag der Schwerpunkt auf Einsparungen mit Hilfe von e-HRM. Zunächst hatte das BPO die Form eines Joint Venture mit Accenture. 2002 wurden jedoch alle Aufgaben vollständig von Accenture übernommen. Anfang 2005 wurde dieser Vertrag um zehn Jahre verlängert und gleichzeitig auf 37 Länder außerhalb von Großbritannien ausgedehnt.

In der darauf folgenden Zeit von Rezession stagnierte der HR BPO-Markt. Die Zeit von 2000 bis 2003 kennzeichnete sich auch durch ein Klima der Skepsis und Vorsicht im Markt aufgrund verschiedener Meldungen über Probleme bei BP und BT, Kosteneinsparungen zu realisieren, und der Entscheidung von Nortel im Jahre 2002, seinen Vertrag zu kündigen und die HR-Dienstleistungen wieder im eigenen Hause unterzubringen. Dieser Fehlstart leitete eine Diskussion zwischen Befürwortern und Gegnern ein. Befürworter sahen darin nichts anderes als die unvermeidlichen Kinderkrankheiten bei den *early adopters*, wie sie auch zu Beginn der Welle von IT BPO zu beobachten waren. Sobald daraus die Lehren gezogen wären, würde der Rest des Marktes wohl folgen. Gegner hingegen behaupteten, dass integriertes HR BPO viel komplexer sei als andere Formen des BPO. Dadurch seien Kosteneinsparungen und Qualitätsverbesserungen bei den Dienstleistungen viel schwieriger zu erreichen als bei anderen Formen des BPO.

Eine gründliche Analyse der ersten Erfahrungen zeigt, dass die Probleme zum Großteil durch vier Fehler verursacht wurden:

- *Überzogener Optimismus hinsichtlich zu erreichender Ergebnisse.* Die Erwartungen waren unrealistisch hoch – sowohl für Kostensenkungen, Qualitätsverbesserungen der Dienstleistungen als auch für die Geschwindigkeit, mit der sie sich erreichen ließen.

- *Unzureichende Kenntnisse aktueller Kostengrundlage.* Man war in vielen Fällen nicht richtig über die exakten direkten und indirekten Kosten informiert und hatte zu wenig Einblick in Zusammenhänge, Abhängigkeiten und genaue Aufgabenverteilung untereinander hinsichtlich der Prozesse (sowohl in der HR-Funktion als auch zwischen der HR-Funktion und dem Linienmanagement). Das führte zu unzureichend fundierten Business Cases, anhand derer die Entscheider nicht in der Lage waren, die tatsächlichen Kosten und wirklichen Implikationen von HR BPO zu überblicken.

- *Unzureichende Steuerung des Anbieters und zu wenig Leistungsmessung.* Der Grund lag in unzureichender Strukturierung der Steuerungsprozesse infolge einer noch nicht genügend entwickelten HR Business-Partner-Funktion. Ihr fehlte es noch an Kompetenzen, um das komplexe Verhältnis zum Anbieter steuern zu können. Das führte häufig zur umgekehrten Situation, in der sich statt dem Kunden der Anbieter in der Steuerungsrolle befand. Außerdem waren Leistungsmesspunkte schlecht gewählt, da sie sich einzig auf Kostensenkung richteten (und nicht auf Wertschöpfung). Sie wurden zumeist erst im letzten Moment formuliert, nachdem die Übertragung bereits erfolgt war.

- *Unzureichende Antizipation der Veränderung.* Die Verträge ließen nicht genügend Spielraum für wichtige Änderungen beim Transaktionsvolumen (Personalreduzierung im Unternehmen, Übernahmen oder Deinvestitionen). Darüber hinaus boten die Verträge nicht genügend Möglichkeiten zu Neuverhandlung oder Beendigung des Vertrags.

Trotz dieser Anlaufprobleme ist HR BPO inzwischen wieder in Bewegung. Seit 2003 läuft mit einer zweiten Vertragswelle eine neue Phase, vor allem in den Vereinigten Staaten und in Kanada mit Konzernen wie Motorola oder Bank of Montreal. Inzwischen hat sich die Bewegung über eine wachsende Anzahl von Großkonzernen aus den USA ausgedehnt, wie beispielsweise Procter & Gamble, Goodyear, Bank of America und Sun Microsystems.

Bei den potenziellen Kunden für HR BPO lassen sich folgende Trends beobachten:

- Eine zunehmende Zahl von Unternehmen hat die anfängliche Angst, die Kontrolle über bestimmte Kompetenzen zu verlieren, abgelegt.

- Immer mehr Großkonzerne ziehen integriertes BPO als Option in Betracht. Dieser Trend zeigt sich bereits deutlich im Bereich der integralen Auslagerung von IT-Aufgaben und einiger primären Produktionsaufgaben.

- Manager müssen keine Argumente für Outsourcing ins Feld führen. Inzwischen ist es eher umgekehrt: Heute müssen sie sich dafür verantworten, warum sie nicht auslagern.

- Unternehmen verlangen von BPO-Anbietern verstärkt innovative Lösungen.

- Viele BPO-Verträge haben die Form von Joint Ventures oder Allianzen, bei denen mehr Kontrolle ausgeübt werden kann als im Falle einer vollständigen Übertragung.

In Zentraleuropa ist der BPO-Markt noch weniger stark entwickelt. Viele Unternehmen nehmen eine abwartende Haltung ein, die sich erst allmählich ändert. Zu den europäischen Unternehmen, die HR BPO-Verträge abgeschlossen haben, gehören Sandvik (Schweden), Infineon (Deutschland), Volvo Trucks (Schweden), GM Europe und Unilever. Trotz dieser jüngsten Entwicklung in Europa ist HR BPO in den angelsächsischen Ländern (USA, Kanada und Großbritannien) viel stärker ausgeprägt – schon immer Pioniere beim Experimentieren mit neuen Organisationsformen für die HR-Funktion, wie im Falle von HR Shared Services. In Nordamerika ist zudem die Sozialgesetzgebung viel weniger umfassend als in Europa. Dieser Faktor spielt sicher eine Rolle, weil bei HR BPO-Personal an eine neue Organisation übertragen wird und in vielen Fällen Kündigungen nicht ausbleiben.

In Europa ist stets eine umfassende Sozialgesetzgebung zu berücksichtigen, vor allem in Bezug auf die Übertragung von Personal an ein anderes Unternehmen und Entlassungen. Die Gesetze sehen vor, dass Outsourcing-Anbieter alle beteiligten Mitarbeiter übernehmen und über einen bestimmten Zeitraum zu vergleichbaren Konditionen beschäftigen müssen.

Eine eigene Studie des HR BPO-Marktes brachte folgende Ergebnisse:

- Outsourcing der Personal- und Entgeltadministration ist weitgehend akzeptiert.

- Outsourcing der anderen transaktionalen HR-Prozesse, wie Administration von Training und Entwicklung oder Personalwerbung und -auswahl, findet erst wenig Anwendung.

- Hosting und HR-Softwareanwendungen von einem Application Service-Provider sind inzwischen gut eingebürgert – die Nachfrage steigt sowohl für Personal- und Entgeltadministration als auch für andere transaktionale HR-Prozesse. Bei diesem Konzept läuft die HR-Anwendung auf den Systemen des Lieferanten, der Lieferant übernimmt auch die Pflege. Die Arbeit wird jedoch von den Mitarbeitern der eigenen Organisation durchgeführt.

- Outsourcing höherwertiger HR-Dienstleistungen erfolgt in der Praxis weniger häufig, und wenn dann nicht integriert. Das Auslagern bezieht sich vor allem auf spezielle Aufgabenfelder, die individuell bei den Anbietern untergebracht werden: Personalwerbung und -auswahl, Beratung in Bezug auf Arbeitsbedingungen.

4.1.6 Wie sieht der Markt der HR BPO-Anbieter aus?

Das Aufkommen von HR BPO hat zur Entstehung eines völlig neuen Marktes mit Anbietern geführt, die ihrerseits das Konzept bei immer mehr Unternehmen bekannt gemacht haben und so die Nachfrage anregten. Das Geschäftsmodell der HR Outsourcing-Anbieter zielt auf die Schaffung langfristiger fester Einkommensströme ab, die das Vertrauen der Anteilseigner erhöhen und somit auch den eigenen Marktwert verbessern. Die Kostensenkung ist, wie bei einem Produktionsbetrieb auch, permanent vorrangiger Faktor, um die Margen erhalten und vergrößern zu können. Mittel dafür sind die Schaffung von Skaleneffekten und Synergievorteilen (durch Arbeit mit mehreren Kunden und Kombination verschiedener HR-Prozesse) und die Realisierung von Betriebseffizienz durch Standardisierung und Automatisierung. Mit Off- und Multishoring von Aufgaben lassen sich in zunehmendem Maße die Betriebskosten senken. Darüber hinaus realisieren die großen professionellen Outsourcing-Anbieter interne und nachhaltige Verbesserung der Effizienz, indem sie interne Systeme zur Qualitätskontrolle (wie Six Sigma) einsetzen und ihr eigenes Unternehmen nach den Grundsätzen von Balanced Scorecards steuern.

Ein typisches Angebot eines Outsourcing-Providers setzt sich aus folgenden Komponenten zusammen:

- Erstellung einer unternehmensweiten Analyse der HR-Infrastruktur und HR-Prozesse,
- unmittelbare Senkung der Betriebskosten um 15 bis 20 %,
- Einführung von Standardprozessen und -verfahren,
- Einführung von *best of breed* HR-Softwarelösungen,
- festgelegte Dienstleistungsniveaus (Service Level Agreements),
- Übernahme von Personal,
- Bündelung der Aufgaben in einem Shared Services Center,
- Möglichkeiten zu weiteren Kostensenkungen durch *Offshoring* in Niedriglohnländer,
- Einrichtung eines Benchmark-Prozesses, um die erzielten Einsparungen zu validieren, mit der Möglichkeit, Vertragsbedingungen in einem festgelegten Zeitraum neu zu prüfen.

HR BPO-Anbieter sind vor allem an größeren Unternehmen interessiert (über 10.000 Mitarbeiter), wobei der Großteil der Mitarbeiter in einem Land oder in einer begrenzten Anzahl Länder arbeitet. Kleinere Unternehmen oder Unternehmen, die mit relativ kleinen Niederlassungen über eine Vielzahl von Ländern verteilt sind, interessieren die Outsourcing-Anbieter in der heutigen Phase aufgrund des hohen Investitionsaufwands in verschiedene Sprachen und Schnittstellen weniger. Der Markt der Anbieter befindet sich noch sehr in Bewegung. Man sieht vermehrt Fusionen, Übernahmen und Kooperationsverbände zwischen den anbietenden Parteien. Damit sollen Skaleneffekte realisiert und kapitalintensive Investitionen gebündelt werden. Es ist daher sehr wahrscheinlich, dass sich der Markt in den kommenden Jahren vollständig wandelt.

Der HR BPO-Markt ist für Anbieter sehr attraktiv, da die Marktpenetration zurzeit sehr niedrig ist und weil die Beträge, die Unternehmen für die Durchführung der HR-Prozesse auszugeben bereit sind, sehr hoch sind. Die größte Herausforderung für Service-Provider ist jedoch der sehr lange Verkaufszyklus, weil Outsourcing eine einschneidende Entscheidung ist, in die viele Beteiligte im Unternehmen, wie unter anderem die Geschäftsleitung, die HR-Abteilung, die Rechtsabteilung, die Finanzabteilung, die IT-Abteilung und der Betriebsrat, eingebunden werden müssen.

Weil viele Anbieter im Markt noch über geringen oder keinen Marktanteil verfügen, besteht von der Anbieterseite aus großes Interesse daran, schnell *erste* Verträge zu schließen. Häufig ist man auch bereit, die entsprechenden Betriebsrisiken einzugehen. Um ihre ersten großen Verträge schließen zu können, mussten die Pioniere im BPO daher für ihre Kunden starke Anreize in Form von Partizipationen am Kapital einbauen. So hat BP einen Anteil an Exult erworben und BT an e-People Serve, ein Joint Venture-Unternehmen mit Accenture (inzwischen wieder vollständiges Eigentum von Accenture).

Sowohl für Anbieter als auch für Kunden ist es häufig die erste Erfahrung mit Verträgen von solchem Umfang und solcher Komplexität. Oft stehen nur wenige historische Daten zur Verfügung, auf die man die Kosten und Preise gründen könnte, es wird viel mit *best guess* Schätzungen gearbeitet. Es ist wahrscheinlich, dass vor kurzer Zeit abgeschlossene Verträge nach einiger Zeit erneut ausgehandelt werden müssen, wenn die Schätzungen an der Praxis geprüft werden konnten.

Diese Unreife des HR BPO-Marktes auf internationaler Ebene ergibt sich auch aus folgenden Gegebenheiten:

- Bis vor kurzem wurde der HR BPO-Markt vor allem von den Anbietern mit ihrem Dienstleistungsangebot regiert.

- Nahezu kein einziger Provider bietet vollständige HR-Aufgaben an. Ihr Ausgangspunkt ist spezifisches Know-how in einer beschränkten Anzahl HR-Prozesse.

- Es gibt aufgrund der großen Unterschiede beim Angebot der verschiedenen Outsourcing-Anbieter und des Fehlens eines eindeutigen Definitionsrahmens erst wenig allgemein anerkannte Standards.

- Man erwartet für die kommenden Jahre erhebliches Wachstum des HR BPO-Marktes. Der weltweite Markt für HR BPO wurde für 2004 auf $ 1,45 Mrd.

(bezogen auf den jährlichen Bruttoumsatz) geschätzt. Bis 2009 wird er voraussichtlich auf $ 4,5 Mrd. anwachsen.

Im Allgemeinen lassen sich aufgrund ihrer Herkunft und ihrer Geschäftsstrategie verschiedene Typen von Outsourcing-Anbietern unterscheiden:

- *Pure play.* Diese Spieler kennzeichnen sich durch einen spezifischen Fokus auf BPO im HR-Bereich. Ihre Strategie ist, die Dienstleistungskapazität, die sie für einige Großkunden aufgebaut haben, weiter auszubauen. Beispiele sind unter anderem Exult (jetzt Hewitt) und X-Changing.

- *Traditionelle BPO-Anbieter.* Ausgehend von ihrer IT- und/oder BPO-Erfahrung begeben sie sich in den Bereich der HR-Dienstleistungen. Beispiele sind unter anderem ACS, CSC und EDS. Um Kenntnisse und Erfahrungen im HRM zu gewinnen, sind einige unter ihnen Joint Ventures mit HR-Spezialisten eingegangen, beispielsweise EDS mit Towers Perrin und CSC mit Aon Consulting.

- *IT und Business Consulting.* Diese Provider bauen auf Basis ihrer IT und Business Consulting Erfahrung und ihres umfassenden Kundennetzwerks auf. Beispiele sind unter anderem Accenture und IBM Global Services.

- *Spezialisierte HR-Dienstleistungen und HR Consulting.* Diese Gruppe hat ein eher spezialistisches HR-Profil. Sie hat sich auf Teilbereiche von HR ausgerichtet (indem sie häufig auch Outsourcing anbietet) und breitet ihr Angebot von dort auf vollständiges HR BPO aus. Beispiele sind unter anderem Arinso und Randstad.

- *Call Center Organisationen.* Diese Dienstleister bieten ausgehend von generischen Call Center Aktivitäten (beispielsweise im Telemarketing, Customer Service) auch eine HR Front Office Funktion an und erweitern diese um Back Office Aktivitäten und spezialisierte HR-Dienstleistungen. Beispiele sind unter anderem Sykes und Vertex.

- *HR Shared Services-Organisationen, die sich verselbständigen.* Dabei handelt es sich um bestehende SSC von Unternehmen, die ihre Dienstleistungen auch anderen Kunden anbieten.

Dieser Markt ist also vollauf in Entwicklung – es ist offen, wer in den kommenden Jahren wirklich erfolgreich sein wird. Wichtige Erfolgsfaktoren sind unter anderem:

- *Größe.* Die Größe ist wichtig, um Skaleneffekte maximal nutzen und ein ernstzunehmender Partner für Großkunden sein zu können. Kleinere Anbieter haben Schwierigkeiten, wettbewerbsfähig zu bleiben. In letzter Zeit lassen sich daher unter den Anbietern vermehrt Fusionen, Übernahmen und Joint Ventures beobachten.

- *Kapital.* Erfolgreiche Provider müssen über erhebliche Kapitalrücklagen verfügen, um in Technologie und Innovation investieren zu können.

- *Volumen.* Wie bei der industriellen Produktion strebt man danach, die Fixkosten über ein möglichst großes Volumen zu verteilen. Es geht also um die Möglichkeit, Produktionskapazitäten optimal zu nutzen, indem man viele Kundenorganisationen mit großem Volumen anzieht.

- *Kostenbeherrschung.* Erfolgreiche Provider müssen über Kapazitäten verfügen, um die Kosten mit Hilfe neuer Technologien und durch die Beschäftigung preisgünstiger Arbeitskräfte stets weiter zu senken.

- *Ausdehnung.* Da die potenzielle Kundengruppe aus großen, häufig international operierenden Konzernen besteht, müssen die gleichen Dienstleistungen an verschiedenen Orten in der Welt konsistent angeboten werden können.

- *Innovation.* Ein konsistentes Dienstleistungsniveau allein reicht den Kunden nicht mehr aus. Fortwährende Verbesserungen, Innovation und Weitergabe der dadurch erreichten Kosteneinsparungen sind keine Option mehr, sondern ein *Muss*.

4.1.7 Welche Schritte sind für Outsourcing der HR-Dienstleistungen notwendig?

Wie wir in diesem Kapitel noch sehen werden, ist die Einführung von HR BPO kein Kinderspiel. Sie erfordert ein sorgfältiges und strukturiertes Vorgehen. Wir unterscheiden bei einem HR BPO-Projekt verschiedene Phasen, die nacheinander zu durchlaufen sind:

- Visionsbildung für die HR-Dienstleistungen und Formulierung von Zielen, Umfang und Strategie für HR BPO,

- Machbarkeitsstudie und/oder Business Case,

- Vorbereitung des Einkaufsprozesses und Auswahl des Partners,

- Due Diligence und Vertragsverhandlungen,

- Übertragung an den Partner,

- Betrieb und Zusammenarbeit mit dem Partner.

In jeder dieser Phasen unterscheiden wir verschiedene Maßnahmen, die eingeleitet werden müssen. Durchdachtes, veränderungsspezifisches Vorgehen und effektives Stakeholder Management sind während der gesamten Projektlaufzeit unverzichtbar.

Visionsbildung in Bezug auf die HR-Dienstleistungen und Formulierung der Ziele, des Umfangs und der Strategie für HR BPO

Geschäftsstrategie und HR-Strategie definieren die Vorgaben für die künftige Einrichtung der HR-Funktion und HR-Dienstleistungen. Ein wichtiger Aspekt dabei ist die eindeutige Definition der Zielsetzungen für HR-Dienstleistungen: Kosteneinsparungen oder Qualitätsverbesserung, oder sind noch andere Ziele im Spiel? Der unmittelbare Anlass für den Prozess der Visionsbildung kann eine Analyse von Qualität und Kosten der HR-Funktion und HR-Dienstleistungen sein, aus der hervorgeht, dass Verbesserungen notwendig sind. Umgekehrt kann eine Analyse auch zur Prüfung und Untermauerung einer bereits formulierten Vision eingeleitet werden.

Anschließend werden anhand der Strategie und Vorgaben verschiedene Betriebsmodelle für HR-Dienstleistungen formuliert. HR BPO ist neben der Einrichtung eines HR Shared Services Center in eigener Regie eine Option. In dieser Phase kann bereits eine Vorauswahl für ein Modell erfolgen. Anhand der formulierten Zielsetzungen kann in dieser Phase auch eine erste Festlegung des Outsourcing-Umfangs formuliert werden. Welche Arten der HR-Dienstleistungen sollen vorrangig ausgelagert werden? Welche muss und will man im eigenen Haus belassen? Welche spezifischen Produkte und Dienstleistungen fallen darunter? Außerdem müssen in dieser Phase Vorgaben für das *wie* des Outsourcing formuliert werden, die so genannte Outsourcing-Strategie. Soll das Outsourcing als *big bang* oder schrittweise erfolgen? Will man auf vorhandenen Grundlagen aufbauen oder soll etwas völlig Neues entstehen? Sollen erst Standardisierung und Bündelung und anschließend Auslagerung erfolgen oder sollen die drei Elemente zeitgleich durchgeführt werden? Welche Form der Zusammenarbeit will man eingehen, welchen Umfang soll der Vertrag haben?

Machbarkeitsstudie und/oder Business Case

In dieser Phase werden die konkreten Vorteile untersucht, die HR BPO den Unternehmen tatsächlich bringt. Welche konkreten Erträge, Kosten und Risiken sind zu erwarten? Welche Folgen hat Outsourcing für die derzeitige HR-Organisation? Welchen Umfang soll das Outsourcing annehmen? Was hat der Markt konkret zu bieten? Soweit dies nicht bereits in einer früheren Analyse erfolgt ist, muss in dieser Phase auch die derzeitige Situation sorgfältig analysiert werden. Das bedeutet, dass harte, quantitative Fakten über Aktivitäten, Kosten, Systeme, Lieferanten, Output, Leistungen, aber auch von eher qualitativen Faktoren, wie Kultur, Geschäftsmodell, Erwartungen der verschiedenen Beteiligten, gesammelt werden müssen. Außerdem wird in dieser Phase meist eine Marktforschung durchgeführt. Im Hinblick auf die erwünschte Situation müssen die verschiedenen Szenarien von HR BPO qualitativ und quantitativ miteinander verglichen werden. Dieser Vergleich muss sich auch auf die Einrichtung interner HR Shared Services oder die Optimierung der bestehenden Situation beziehen. Anhand dieses Inputs werden Empfehlungen für Machbarkeit und Effekte von HR BPO im Unternehmen entwickelt. Damit schließlich eine Wahl für ein konkretes Vorgehen und ein spezifisches Modell getroffen werden kann, muss auch ein detaillierter Business Case erstellt werden.

Vorbereitung des Einkaufsprozesses und Auswahl des Partners

Hat man sich grundsätzlich für HR BPO entschieden, wird im nächsten Schritt ein strukturierter Einkaufsprozess entwickelt. Wichtige Fragen im Einkaufsprozess sind: Anhand welcher Kriterien beurteile ich die verschiedenen Anbieter? Welche Schritte muss ich durchlaufen, um festzustellen, welche Anbieter für mich geeignet sind? Wie erstelle ich eine *short list* mit Anbietern?

Die inhaltliche Vorbereitung des Einkaufsprozesses beginnt mit der Festlegung der Spezifikationen und Anforderungen an die HR-Dienstleistungen anhand von Output. Außerdem entwickelt das Unternehmen erste Ansätze, wie es den Vertrag inhaltlich gestalten möchte und mit welcher Perspektive es in die Vertragsverhandlungen gehen will. Anschließend werden Auswahlkriterien für die Outsourcing-Anbieter formuliert. In diesem Zusammenhang müssen sowohl harte Kriterien (z.B. Kosten, Investitionen in Technologie, internationale Ausdehnung) als auch weiche Kriterien (z.B. Vorgehensweise, Werte und kulturelle Übereinstimmung mit dem Anbieter) berücksichtigt werden.

Die Spezifikationen, Erwartungen und Rahmenbedingungen in Bezug auf die Anbieter werden in einem Ausschreibungsdokument beschrieben. In vielen Fällen erfolgt vor der offiziellen Ausschreibung eine Vorauswahl mit einer strukturierten Informationsanfrage. Anhand dieser Ergebnisse kann entschieden werden, welche Parteien aufgrund ihrer Qualifikation zur Teilnahme am eigentlichen Ausschreibungsverfahren eingeladen werden.

Das erstellte Ausschreibungsdokument wird gemäß geltender Ausschreibungsvorschriften an die Anbieter verschickt, die für einen solchen Auftrag infrage kommen. Anhand der eingegangenen Angebote erfolgt dann eine Auswahl. Aus diesem Prozess können mehrere Anbieter hervorgehen, mit denen der Kunde Gespräche führt. Durch diese Gespräche wird die Gruppe der Anbieter jeweils kleiner. Mit dem schließlich ausgewählten Anbieter wird dann ein *Letter of Intent* für das weitere Vorgehen unterzeichnet.

Due Diligence und Vertragsverhandlungen

Während der Due Diligence-Phase erfolgt eine gründliche Analyse der künftigen Partner (des ausschreibenden Unternehmens und des Anbieters), so dass jede Partei ihre künftigen Verpflichtungen gut kennt. So wird der Anbieter versuchen, sich ein gutes Bild des aktuellen Zustands der HR-Funktion, der zu übertragenden Mitarbeiter, Aktiva, Verträge und der vorhandenen IT-Infrastruktur zu verschaffen. Das Kundenunternehmen wird sich zum einen von der finanziellen Stabilität des Outsourcing-Anbieters überzeugen und zum anderen ein konkreteres Bild seiner Arbeitsweise und der Kooperationsbedingungen erhalten wollen. Anhand der Due Diligence-Analyse erarbeitet der Anbieter einen detaillierten Vorschlag. Auf dieser Grundlage können die Gespräche über die genauen Vertragsbedingungen geführt werden, so dass schließlich der endgültige Vertrag ausgearbeitet und unterzeichnet werden kann. Wichtig für die langfristige Zusammenarbeit ist, dass der endgültige Vertrag hinsichtlich der Erträge, Kosten und Risiken zwischen den Partnern ausgewogen ist.

Als Teil des Vertrags müssen auch ein Steuerungsmodell und Kontrollmechanismen entwickelt werden. Dazu gehören die Festlegung von Leistungsindikatoren und Berichterstattung, Rollen, Zuständigkeiten und Befugnissen sowie die Entwicklung von Verfahren für Zusammenarbeit und Konfliktlösung. Das Unternehmen wird in dieser Phase ein HR BPO-Managementteam zur täglichen Koordination der Zusammenarbeit zusammenstellen. Last but not least muss in dieser Phase die gesamte Übertragung an den Anbieter sorgfältig durchdacht und in einem detaillierten Transitionsplan festgelegt werden.

Übertragung an den Partner

In dieser Phase werden Personal und Infrastruktur an den Anbieter übertragen, die verbleibende HR-Organisation wird transformiert. Außerdem müssen die speziellen Herausforderungen im Zusammenhang mit der Veränderung sorgfältig aufgegriffen werden, wie beispielsweise der Umgang mit Widerstand und Motivationsverlust. Auch das effektive Management der anderen Implementierungsrisiken, wie im Zusammenhang mit dem Übergang vorübergehend eingeschränkter Service, sind in dieser Phase zu beachten. Damit Übertragung und zahlreiche mit der Veränderung einhergehende Herausforderungen effektiv und integriert angegangen werden können, ist zwischen beiden Parteien gute Partnerschaft und enge Zusammenarbeit erforderlich. Beide müssen sich auf gemeinsame Ziele und lösungsorientierte Kooperation konzentrieren. Sie ist die Voraussetzung, damit HR BPO in der Phase von Übertragung und Implementierung sowie im Betrieb funktionieren kann.

Betrieb in Zusammenarbeit mit dem Partner

In dieser Phase stehen für die verbleibende HR-Organisation Erwerb und Weiterentwicklung neuer Fertigkeiten zur Steuerung des externen Partners im Mittelpunkt. Außerdem muss sie vor allem an einer Instandhaltung eines für beide Parteien guten Kunden-Anbieter-Verhältnisses arbeiten. Schließlich müssen sich beide Partner für eine kontinuierliche Verbesserung und Erneuerung der Dienstleistungen einsetzen.

4.2 Herausforderungen und Erfolgsfaktoren für HR BPO

Das Konzept von HR BPO mag vielversprechend erscheinen, in der Praxis sind jedoch zahlreiche Probleme und Risiken damit verbunden. In diesem Abschnitt werden wir einige der wichtigsten Probleme und Risiken aufzeigen und allgemeine Erfolgsfaktoren benennen.

4.2.1 Was sind die größten Probleme und Risiken von HR BPO?

Auch wenn die Probleme und Risiken von HR BPO sehr unterschiedlich sind, könnte man sie grob in drei Bereiche einordnen:

Erwartungen, Werte und Kompetenzen

- Kulturunterschiede zwischen dem Outsourcing-Anbieter und dem auslagernden Unternehmen erschweren die Zusammenarbeit.

- Starker Widerstand im Unternehmen verzögert und erschwert die Einführung von HR BPO und adäquates Funktionieren.

- Kritische Fähigkeiten gehen verloren, es entsteht zu große Abhängigkeit vom Anbieter.

- Mitarbeiter des Outsourcing-Anbieters sind nicht ausreichend mit dem Unternehmen und den Dienstleistungen vertraut und nicht in der Lage, das erwünschte Serviceniveau zu liefern (u.a. aufgrund von Personalfluktuationen).

Steuerung

- Die Organisation ist nicht mehr unter Kontrolle, da sie nicht über die Mechanismen und das Know-how verfügt, den Outsourcing-Anbieter adäquat und effektiv zu steuern.

- Die vereinbarten Dienstleistungen werden nicht in der gewünschten Qualität erbracht.

- Der Anbieter ist in Verzug, Dienstleistungen müssen schnell anderweitig bezogen werden.

Wachstum

- Es fehlt dem Outsourcing-Anbieter an Flexibilität, um die sich ändernden Bedürfnisse des Kunden erfüllen zu können.

- Der Outsourcing-Anbieter verfügt nicht über ausreichend Innovationskompetenz.

- Die Kosten schießen in die Höhe, da viele verborgene Kosten im Business Case nicht berücksichtigt wurden.

Fragt man nach den Gründen dafür, zeigt sich auch hier große Vielfalt von Faktoren:

Strategische Vorgaben

- Im Unternehmen herrscht Unklarheit über das Ziel und den Mehrwert von HR BPO.
- Es besteht zu geringe Kompatibilität von HR BPO mit dem Geschäftsmodell.
- Die HR-Strategie ist schlecht definiert: Wie lauten die Kernaufgaben der HR-Funktion?
- Erwartungen des Business hinsichtlich der HR-Funktion sind nicht klar definiert.
- Die Machbarkeitsuntersuchung wurde nicht sorgfältig durchgeführt.

Finanzielle Vorgaben

- Die finanzielle Ausgangslage (Kosten-Baseline) ist nicht ausreichend bekannt.
- Es herrscht ein zu großer Optimismus hinsichtlich der zu erwartenden Ergebnisse.
- Die voraussichtlichen Erträge sind nicht (gut) kalkuliert, die Gesamtkosten sind nicht oder nicht genügend transparent.

Umfang und Entwurf

- Über Umfang der zu übertragenden Aufgaben herrscht Unklarheit: Welche Aufgaben sollen ausgelagert werden und welche auf keinen Fall?
- Entwurf und Gestaltung der Outsourcing- und Dienstleistungsmodelle sind nicht ausreichend durchdacht und ausgearbeitet: Die zu erbringenden Dienstleistungen sind nicht ausreichend definiert, Service Level Agreements und Steuerungsmechanismen sind unklar, das Steuerungsmodell der BPO-Konstruktion ist nicht genügend durchdacht.
- Die Planung der künftigen Bedürfnisse wurde nicht ausreichend berücksichtigt, Volumenänderungen (bei Kunde und Anbieter) wurden nicht adäquat vorhergesehen.
- Die Wahl des Anbieters war falsch.

Implementierung

- Die menschlichen Faktoren und der Umgang mit Veränderungen werden nicht genügend berücksichtigt.

- Es wird unzureichend über den Aufbau einer neuen Kultur und Identität nachgedacht.

- Komplexität und Intensität der Veränderungen wurden unterschätzt.

- Der Übergang wurde nicht gut genug geplant.

- Die Wissensübertragung wird vernachlässigt.

- Es ist nicht genügend Raum für die Kompetenzentwicklung in der verbleibenden HR-Organisation, um virtuell integrierte HR-Dienstleistungen zu steuern.

Die Implementierung von HR BPO erfordert systematisches und gut durchdachtes Vorgehen, das alle genannten Punkte berücksichtigt und proaktiv angeht. In der Praxis bietet sich bei HR BPO jedoch bisweilen ein ganz anderes Bild. Man nimmt sich viel Zeit für die Entscheidung zur Auslagerung (vor allem in vielen energie- und zeitraubenden internen Diskussionen mit hohem machtpolitischem Gehalt). Anschließend geht man schnell zur Formulierung des *was* und *wie* und zum Vertragsschluss über. Auf diese Weise riskiert man, Schritte zu überspringen und/oder nicht sorgfältig genug vorzugehen – in vielen Fällen auf Kosten der gründlichen Datenerhebung und -analyse über den derzeitigen Status der HR-Funktion. Dies gilt gleichermaßen für das Zusammentragen und die Analyse von Daten des derzeitigen, noch nicht ausgereiften Marktes mit HR BPO-Anbietern.

4.2.2 Wie lauten die kritischen Erfolgsfaktoren?

Betrachtet man erfolgreiche HR BPO-Verträge, lassen sich die folgenden kritischen Erfolgsfaktoren nennen:

- Das Outsourcing muss nahtlos zur Geschäftsstrategie passen. Sorgen Sie dafür, dass das HR BPO-Konzept vollständig auf einer Linie mit der Vision der Geschäftsleitung für das gewünschte Geschäftsmodell im Unternehmen insgesamt und BPO im Besonderen liegt. Definieren Sie zuerst ein integrales Dienstleistungsmodell für die HR-Funktion, bevor Sie über In- oder Outsourcing nachdenken. Sorgen Sie dafür, dass die Geschäftsleitung aktiv Eigentümer dieser Initiative wird und beim Voranbringen des Projekts eine deutlich sichtbare Rolle spielt.

- Konzentrieren Sie sich auf Wertschöpfung: Der Wert umfasst viel mehr als nur die Realisierung von Kosteneinsparungen. Auch der Zugang zu neuem Know-how und besseren Dienstleistungen sind wichtige Quellen für die

Wertschöpfung. Formulieren Sie, was das Unternehmen unter Wert versteht und kommunizieren Sie diese Sicht sowohl intern als auch extern.

- Wissen ist Macht: Kennen Sie Ihre Organisation (derzeitige Dienstleistungen, Kosten, Kapazität) und legen Sie Ihre Ziele unmissverständlich fest. Entwickeln Sie ein klares Bild zur Gestaltung der verbleibenden Organisation und von Wissen und Fertigkeiten, die Sie behalten bzw. erwerben wollen. Seien Sie sich bewusst, dass HR BPO enorme Veränderungen mit sich bringt und keine schnelle Lösung darstellt.

- Outsourcing und BPO besitzen eine starke emotionale Komponente. Beide berühren direkt die professionelle Identität und Sinngebung von HR-Mitarbeitern. Nehmen Sie sich viel Zeit für angemessenes Management von Erwartungen und Sorgen der HR-Mitarbeiter und für die Schaffung neuer Modelle für professionelle Sinngebung und inhaltliche Gestaltung ihrer Position. Beziehen Sie die betroffenen HR-Mitarbeiter und Führungskräfte zum richtigen Zeitpunkt in den Prozess ein und kommunizieren Sie deutlich die Möglichkeiten für einen Übergang oder Positionswechsel.

- Seien Sie sich im Klaren darüber, was interne Kunden erwarten dürfen, und vermitteln Sie ihnen einen Einblick in die angestrebte Situation, die Vorteile für sie und die damit einhergehenden Veränderungen im Vergleich zur derzeitigen Arbeitsweise. Seien Sie bereit, HR BPO an das Business zu *verkaufen* und beachten Sie, dass das *Kaufen* sowohl ein rationaler als auch emotionaler Prozess ist. Erfolg kommt in Wellen, die Entwicklung einer fruchtbaren Outsourcing-Beziehung braucht Zeit – stimmen Sie die internen Erwartungen darauf ab.

- Arbeiten Sie ausgehend von tatsächlicher Partnerschaft zwischen Unternehmen und Anbieter (und nicht ausgehend von klassischer Kunden-Lieferanten-Beziehung). Erfolgreiche Deals gründen sowohl auf einer deutlich rationalen Komponente (deutliche Spezifikationen, strukturierter Einkaufsprozess, transparente SLAs) als auch einer guten relationalen Seite (Win-Win-Situation, gegenseitiges Engagement für kontinuierliche Verbesserungen und Innovation). Kritisch ist die Schaffung von neuem Team-Ethos und neuer Kultur, die sich durch die gemeinsame Suche nach Lösungen kennzeichnet (statt gegenseitiger Schuldzuweisungen für Fehler).

- Sorgen Sie dafür, dass die eigenen Kulturen und Arbeitsweisen beider Organisationen gut verstanden werden, dass Unterschiede benannt und Maßnahmen ergriffen werden, um mögliche negative Folgen dieser Unterschiede aufzufangen.

- Beginnen Sie frühzeitig mit der Entwicklung guter Steuerungsmechanismen und effektiver Steuerung. So muss unter anderem das HR BPO-Managementteam seine Rolle in der operativen Steuerung zu Beginn der Transition vollständig übernommen haben.

4.3 Implementierung von HR BPO

Für erfolgreiche Implementierung von HR BPO ist ein strukturierter Prozess unerlässlich. Der erste Teil dieses Kapitels ist bereits kurz auf die verschiedenen Schritte des Implementierungsprozesses eingegangen. In jedem dieser Schritte werden die besonderen Fragen und Diskussionsschwerpunkte beschrieben, die zu beachten sind. Der nun folgende Teil dieses Kapitels gibt praktische Hinweise für den Umgang mit diesen inhaltlichen Fragen und Diskussionsschwerpunkten sowie für die erfolgreiche Durchführung der Implementierungsschritte. Dabei ist anzumerken, dass sich abhängig von der konkreten Situation die genaue Reihenfolge der Maßnahmen innerhalb und zwischen diesen Schritten verschieben kann.

4.3.1 Visionsbildung und Festlegung von Zielen, Umfang und Strategie

Verdeutlichen Sie, was Sie genau erreichen wollen und in welcher Weise dies einen Beitrag zu den Kernzielen des Unternehmens leistet

In der Diskussion über eine mehr oder weniger tief greifende Transformation der HR-Funktion muss zunächst unbedingt ein klares und präzises Bild entwickelt werden, worum es dem Unternehmen geht und welche Zielsetzungen dies für die HR-Funktion nach sich zieht. Auf dieser Grundlage zeigt sich dann, ob für das Konzept einer umfassenden HR-Transformation ausreichend Möglichkeit für höhere Priorisierung auf der Tagesordnung des Vorstands besteht. Sollte sich herausstellen, dass dies nicht der Fall ist, sollte man besser von dieser Absicht absehen oder sich darauf konzentrieren, einen beschränkten und weniger tief greifenden Vorschlag auszuarbeiten.

Die Ziele, die mit einer umfassenden HR-Transformation erreicht werden sollen, müssen sich nahtlos in die Kernziele des Unternehmens einfügen und einen signifikanten Beitrag zu ihrer Verwirklichung leisten. Auf solche Weise entwickelte und formulierte Ziele können mit Commitment der Unternehmensführung und zügiger Beschlussfassung rechnen. Die Voraussetzung dafür ist in erster Linie eine überaus kritische und ehrliche Analyse der Kernziele der Organisation, die tiefer geht als allgemeine Slogans und oberflächliche Argumente.

Häufig wird als primärer, rationaler Grund für umfassende Umwälzungen der HR-Funktion (wie BPO und Shared Services) das Argument von Kostensenkungen angeführt. Es ist jedoch fraglich, ob dieses Argument für die Unternehmensleitung für die Einleitung von Veränderungen ausreichend ist. An sich erscheinen die möglichen Einsparungen bei der HR-Funktion als signifikant. Betrachten wir sie jedoch vor dem Hintergrund der Gesamtkosten und Erträge des primären Prozesses, sind die möglichen Einsparungen in der HR-Funktion nicht mehr so eindrucksvoll. Außerdem ist der Weg zur Erreichung dieser Kosteneinsparungen häufig lang, mühsam, teuer und nicht ohne Risiken.

Das Argument von Kosteneinsparungen bei der HR-Funktion allein ist in der Praxis selten für eine solche Entscheidung ausschlaggebend. Ohne positiven, quantitativen Business Case lassen sich natürlich nur schwer Argumente für eine umfassende HR-Umwandlung anführen. Jedoch auch mit einem solchen positiven finanziellen Business Case bleibt abzuwarten, ob die Geschäftsleitung tatsächlich diesen Weg gehen will. Argumente, die in der Praxis den Ausschlag geben, beziehen sich eher auf bessere Unterstützung des primären Prozesses:

*   Schaffung einer pan-europäischen HR-Funktion zur Unterstützung einer aufkommenden pan-europäischen Linienorganisation,

*   Integration und Vereinheitlichung verschiedener Organisationen, die im Rahmen einer Fusion zusammengefügt wurden,

*   Schaffung einer neuen, stärker am Service ausgerichteten Kultur bei den unterstützenden Diensten,

*   Rationalisierung der HR-Prozesse und -Systeme, um sie besser auf die Geschäftsziele abstimmen zu können, und Harmonisierung der strategischen HR-Politik und -Verfahren für das gesamte Unternehmen,

*   Generierung besserer Managementinformationen,

*   Stärkung des Images im Markt, um als Vorreiter und Innovator im Bereich der Einführung neuer Organisationskonzepte anerkannt zu werden.

Vor allem dieses letzte Argument ist für Unternehmen wichtig, die allgemein den Ruf haben, innovativ und initiativreich zu sein. Diese Faktoren waren sicher auch bei den Pionieren für HR BPO im Spiel. Weil dieser Prozess so gut sein sollte, dass er als Aushängeschild nach außen hin eingesetzt werden konnte, hat man nicht so sehr auf die Kosten geachtet. In diesen Pionierprojekten wurde vielfach mehr Geld ausgegeben als im ursprünglichen Budget vorgesehen. Bisweilen führte dies sogar zu einem negativen Business Case. In vielen Fällen werden mehrere Ziele mitspielen, die priorisiert werden müssen. Wenn diese Ziele jedoch klar sind, werden sie Richtung und Umfang der weiteren Transformation bestimmen.

Sorgen Sie für umfassende Unterstützung und Beachtung durch die Unternehmensspitze

Die Einrichtung von HR BPO erfordert viel Aufmerksamkeit, Zeit, Geld und Energie. Wird ein Projekt solchen Umfangs, solcher Komplexität und mit so vielen emotionalen Implikationen nicht *leidenschaftlich* von der Unternehmensspitze als Priorität angesehen und unterstützt, ist die Gefahr eines Misserfolgs groß. Das Projekt wird dann früher oder später in machtpolitische Grundsatzdiskussionen verwickelt oder es rückt durch zu geringes Interesse schnell in den Hintergrund und stirbt einen stillen Tod. Nur zu häufig werden Initiativen für eine HR-Transformation ohne allzu große Begeisterung und Aufmerksamkeit der Geschäftsleitung ins Leben gerufen – und genau dadurch ist ihnen meist kein Erfolg beschieden.

Die Aufmerksamkeit für HR BPO durch die Geschäftsführung kann auf unterschiedliche Weise entstehen oder geweckt werden:

- *Spontan.* Die Geschäftsleitung will HR BPO aus verschiedenen strategischen Gründen in Erwägung ziehen. In diesen Fällen ist die Geschäftsleitung Initiator des Prozesses.

- *Durch interne Anreize.* Durch die Erteilung von Informationen über Kosten und Qualität der derzeitigen HR-Funktion können das Management der HR-Abteilung selbst oder die Controlling- oder Qualitätsabteilung die Aufmerksamkeit der Geschäftsleitung für HR BPO wecken.

- *Durch externe Anreize.* Ein HR BPO-Anbieter erteilt Informationen. Dieser kann Ergebnisse anderer Projekte präsentieren und damit die Aufmerksamkeit der Unternehmensleitung auf HR BPO lenken.

Nachdem das Interesse der Geschäftsleitung für HR BPO geweckt ist, muss sie als Sponsor für den Prozess auftreten. Die beste Art und Weise für die Unternehmensleitung, sich als Sponsor zu zeigen, ist, selbst die Verantwortung für die nächsten Schritte im Prozess zu ergreifen, indem sie am Lenkungsausschuss teilnimmt.

Wählen Sie ein passendes HR-Dienstleistungsmodell

Wenn die Schlussfolgerung lautet, dass eine umfassende Veränderung der HR-Funktion nötig ist, stellt sich die Frage, auf welchem Wege sich diese Ziele am besten verwirklichen lassen. Eine wichtige Grundsatzfrage lautet, ob dazu HR Shared Services unter eigener Regie oder die (parzielle oder vollständige) Auslagerung der HR-Dienstleistungen mit HR BPO anzustreben sind. Um diese Diskussion strukturiert führen zu können, werden wir im Folgenden die Vorteile beider Lösungen übersichtlich darstellen.

Vorteile von HR BPO im Vergleich zur Realisierung der Transformation unter eigener Regie:

- Durch größere Skaleneffekte kann der Outsourcing-Anbieter größere Kostenvorteile realisieren. Diese Skaleneffekte erlauben auch umfassendere Investitionen in Technologie und Know-how und höheres Dienstleistungsniveau.

- Im Vergleich zu HR SSC, das man selbst entwickelt und verwaltet, entstehen bei HR BPO nur geringe *cost of ownership*. Man kann sich fragen, ob HR SSC für eine große Organisation wichtig genug ist, um das vollständige Eigentum daran zu rechtfertigen.

- Die Betriebskosten der HR-Funktion sind flexibler, so dass man sich leichter auf die Veränderungen in der Unternehmensstrategie einstellen kann.

- Der Anbieter gewährt dem Kunden Zugang zu modernen Technologien, ohne dass er dafür umfassende Investitionen in die interne Implementierung von HR-Informationssystemen tätigen müsste.

- Der Kunde muss nicht alle Prozesse neu entwerfen, sondern kann von den Entwicklungen für andere Unternehmen profitieren.

- Der Konzern erhält Zugang zu den Fähigkeiten, Kompetenzen und Erfahrungen des Anbieters – sowohl für die Realisierung der Transformation als auch für HR-Dienstleistungen – und muss sie nicht mehr selbst entwickeln.

- Der Impuls zu einer tief greifenden Veränderung der HR-Funktion ist stärker und zwingender, wenn er von einer externen Partei initiiert und betreut wird. Die neuen Eigentums-, Hierarchie- und Vertragsverhältnisse ermöglichen Veränderungen, die bislang nur schwer umzusetzen waren. Außerdem verfügt der Outsourcing-Anbieter über die Mittel und Kompetenzen, um diese Veränderungen zu bewerkstelligen.

- Der starke Akzent, den der Outsourcing-Anbieter auf die Prozessüberwachung und die kontinuierliche Verbesserung legt, bringt zusätzliche Effizienzvorteile.

- Implementierungsrisiken liegen vertragsgemäß beim Partner, Betriebsrisiken werden mit dem Partner geteilt.

Aufgrund der Vorteile ist HR BPO in folgenden Situationen eine interessante Option:

- Die Einstiegsinvestitionen für die Einrichtung eines internen HR SSC sind zu groß.

- Das Unternehmen verfügt nicht über die Kapazitäten, eine solche Transformation erfolgreich umzusetzen.

- Die interne Projektorganisation kann nicht zu einer schnelleren Lieferung bewegt werden.

- Verhaltensänderungen in der HR-Funktion lassen sich nur schwer ohne Impulse externer Partner erreichen, Verhaltensänderungen im Business lassen sich nur schwer ohne einen verbindlichen Vertragsrahmen erreichen.

- Im Unternehmen liegen bereits gute Erfahrungen mit der Implementierung von BPO in anderen Bereichen vor (z.B. Finanzen oder IT).

Vorteile der Transformation unter eigener Regie im Vergleich zu HR BPO:

- Man behält die (kontinuierliche Verbesserung der) HR-Prozesse und -Dienstleistungen besser im Griff. Bei HR BPO verringern sich die wahrgenommene oder reelle Möglichkeit zur Steuerung und auch der wahrgenommene und wirkliche Abstand zum Rest der Organisation. Es entsteht Abhängigkeit von einer dritten Partei.

- Die umfassenden, intern aufgebauten Kenntnisse von HR-Prozessen bleiben erhalten.

- Man behält die Steuerung aller Aspekte des Arbeitgeberimages im Arbeitsmarkt.

- Die eigene Unabhängigkeit und Freiheit ermöglicht weiterhin die Durchführung verschiedener Veränderungen (ohne Konsequenzen auf vertraglicher Ebene).

- Risiken im Zusammenhang mit dem Anbieter, wie beispielsweise vermindertes Dienstleistungsniveau und Kostensteigerungen, werden vermieden.

- Man profitiert selbst vollständig von allen erreichten finanziellen Einspareffekten, ohne einen Teil davon an den Anbieter abgeben zu müssen.

- Es müssen keine Kompetenzen zur Steuerung aufgebaut oder eingekauft werden.

In diesem Zusammenhang sei darauf hingewiesen, dass bei Auslagerung für eine externe Partei strengere soziale Vorschriften gelten als bei Gründung eines HR SSC unter eigener Regie. Bei HR BPO muss der Anbieter in der Regel alle Mitarbeiter übernehmen und über einen festgelegten Zeitraum zu ähnlichen Bedingungen wie vorher beschäftigen. Die Arbeitsbedingungen beim Outsourcing-Anbieter sind häufig weniger günstig, so dass die Differenz ausgeglichen werden muss – meistens vom Kundenunternehmen. Der Anbieter und das Kundenunternehmen können nur freiwilliges Ausscheiden von Mitarbeitern mit Hilfe von attraktiven finanziellen Zuwendungen stimulieren. Die Gründung eines internen HR SSC hingegen ließe sich als eine Situation der wirtschaftlichen Umstrukturierung betrachten, für die auch Abgänge und Anreizsysteme infrage kommen.

Hinsichtlich des Veränderungsaufwands lassen sich die beiden Möglichkeiten HR BPO und HR SSC gut vergleichen. Auch wenn das neue Dienstleistungsmodell bei HR BPO von einem erfahrenen Outsourcing-Anbieter gemäß bewährter Verfahren eingerichtet und gesteuert wird, sind die veränderungsspezifischen Konsequenzen nicht geringer. Prozesse werden vollständig umgeformt, Mitarbeiter erhalten eine neue Position und wechseln häufig an einen neuen Standort, die Kultur muss umfassend verändert werden. Auch die Steuerung des Outsourcing-Anbieters ist in den meisten Fällen eine völlig neue Herausforderung für den Kunden, für die neue Kompetenzen aufgebaut oder eingekauft werden müssen.

In der Diskussion, ob man die HR-Funktion auslagern oder weiterhin selbst steuern sollte, müssen sowohl finanzielle und kulturelle als auch Steuerungs- und Qualitätselemente einbezogen sowie klare Antworten auf einige Grundsatzfragen gefunden werden:

- Sind die Kosteneinsparungen erheblich größer, als wenn wir es selbst tun würden?
- Können wir ohne große Probleme hinsichtlich der Arbeitsmoral und Motivation der Mitarbeiter auslagern?
- Können wir unsere internen Kunden (Führungskräfte und Mitarbeiter) von einer vollständig neuen Arbeitsweise und/oder von HR BPO überzeugen?
- Sind wir in der Lage, die Transformation sowohl im Bereich der Dienstleistungen als auch im Bereich der Implementierung intern anzugehen?
- Rechtfertigt die aktuelle Marktentwicklungsphase das Vertrauen in den Erfolg von HR BPO in der Praxis?
- Wie weit wollen wir hinsichtlich HR BPO gehen und wo liegen eventuelle Grenzen?

Wenn sich herausstellt, dass durch Beantwortung dieser Fragen und Abwägung der Optionen in dieser Phase kein deutliches Bild entsteht, kann es wünschenswert sein, die Machbarkeitsstudie und/oder den Business Case im Prozess vorzuziehen. Auch eine erste Marktanalyse kann in dieser Phase angebracht sein. Auf jeden Fall sollte man von Erfolgen und Misserfolgen von HR BPO und HR SSC bei anderen Unternehmen lernen.

Legen Sie Ihre Strategie zur Phasierung und für das Wachstumsmodell fest

Eine wichtige Frage, die sich hier stellt und eng mit der vorangegangenen Diskussion zusammenhängt, lautet: ‚Sollten wir erst die eigenen Prozesse umwandeln (oder erst ein eigenes HR SSC einrichten) und diese dann auslagern oder von Anfang an die Outsourcing-Option ausarbeiten? Die folgenden Überlegungen können dabei

Natürlich ist es leichter, erst dann zum Outsourcing überzugehen, wenn man alle Prozesse bereits in einem HR SSC vereinheitlicht, standardisiert und gebündelt hat (vor allem in einer sehr dezentralen Organisation). Das Motto lautet dabei: »Never outsource a mess.« Es besteht die Gefahr, dass man dieses ausgelagerte Chaos in Form schlechter Dienstleistungen wieder zurückbekommt, wenn der Outsourcing-Anbieter nicht überaus professionell ausgerüstet ist und die Zusammenarbeit nicht optimal verläuft. Bündelt man erst intern die Aufgaben in einem HR SSC, erhält man auch viel besseren Überblick zur Steuerung der realisierten Kosteneinsparungen. Die durch Standardisierung, Automatisierung und Bündelung realisierten Erträge stellen zumeist den Großteil der finanziellen Erträge dar und kommen auf jeden Fall dem eigenen Unternehmen und nicht dem Outsourcing-Anbieter zugute.

Überträgt man die HR-Dienstleistungen jedoch auf einmal, verzichtet man möglicherweise auf Erträge durch Optimierungsaktivitäten, die dann dem Outsourcing-Anbieter zugute kommen. Der Outsourcing-Anbieter, dessen Kernaufgabe gerade das Auslagern ist, hat häufig viel besseren Überblick über die Erträge als der Kunde, der in vielen Fällen keine Erfahrung mit solchen HR-Transformationsprojekten hat. Es besteht also ein Wissensunterschied, der den unerfahrenen Kunden häufig benachteiligt. Als Gegenargument lässt sich jedoch anführen, dass Erträge, auch wenn sie für den Kunden möglicherweise nicht optimal sind, zumindest unmittelbar realisiert werden, da für ihn keine umfangreichen Investitionen für die Einrichtung eines eigenen HR SSC anfallen.

Wird zuerst ein eigenes HR SSC eingerichtet, besteht die große Gefahr, dass die Aktiva des HR SSC, die jetzt viel wert sind (angesichts aller Investitionen in IT und Infrastruktur), diesen Wert nach drei oder vier Jahren nicht mehr haben (weil Technologie und Infrastruktur dann veraltet sind), so dass man dann erneut in den Übergang zu einem Outsourcing-Anbieter investieren muss. Ein anderes Argument für einen unmittelbaren Übergang zum HR BPO lautet, dass Outsourcing-Anbieter beim Auffangen und Kanalisieren eines gewissen Maßes an Chaos professioneller geworden sind. Dazu ist jedoch ein strukturierter Veränderungsaufwand sowohl auf Seiten des Kunden als auch des Providers notwendig. Dem Outsourcing-Anbieter die Aufgaben einfach vor die Füße zu werfen und darauf zu hoffen, dass alles ordentlich erledigt wird, ist keine Lösung.

Legen Sie den HR BPO-Umfang (was) fest

Wenn einmal die Grundsatzentscheidung für HR BPO gefallen ist, müssen die anfänglich formulierten Ziele und Vorgaben konkret mit Inhalt gefüllt und in den gewünschten Umfang übersetzt werden.

Bei der ersten konkreten Formulierung vor allem der quantitativen Ziele für HR BPO sollte man zunächst die eigenen Erwartungen formulieren – unabhängig von den Erwartungen des Anbieters. Seien Sie dabei realistisch, verwenden Sie bei Zweifel konservative Einschätzungen und dokumentieren Sie alle wichtigen Annahmen. Bei der Festlegung des Umfangs von auszulagernden Produkten und Dienstleistungen ist es ratsam, von einer möglichst umfassenden Liste auszugehen. Die wesentlichen Synergievorteile beim Outsourcing liegen in gebündelten Prozessen. Dadurch kommen die miteinander verbundenen Prozesse in eine Hand, die Übertragungsmomente und Schnittstellen werden reduziert, der Outsourcing-Anbieter kann für weitere Integration der Prozesse sorgen.

Trotz der Notwendigkeit einer breit gefächerten Vorgehensweise dienen die formulierten Ziele und Vorgaben als Grundlage für das *Scoping*. Sie können bereits in eine deutliche Richtung weisen. Geht es bei den Zielen hauptsächlich um Kostensenkungen, wird der Akzent zumeist auf der Auslagerung transaktionaler Prozesse liegen. Dort erfolgt nämlich der Großteil der Aktivitäten. Aufgrund des hohen Standardisierungs- und Automatisierungspotenzials finden sich hier auch die meisten Einsparmöglichkeiten. Geht es hauptsächlich um die Verbesserung der Dienstleistungen an interne Kunden, müssen auch die eher wissensbasierten und beratenden HR-Prozesse in den Umfang einbezogen werden. Die HR-Prozesse sollten dann vollständig umgestaltet und aus der Perspektive des Nutzers untereinander integriert werden.

Um zu beurteilen, ob Prozesse für eine eventuelle Auslagerung infrage kommen, müssen verschiedene Kriterien geprüft werden, die direkt aus den Zielen abgeleitet wurden. Außer Kosten, Effektivität und Effizienz werden häufig folgende Aspekte berücksichtigt:

● das Maß an Steuerung, das man erhalten möchte,

● das Maß, in dem die Aktivitäten kritisch für die Betriebsführung sind,

● das derzeitige Entwicklungsniveau der HR-Dienstleistungskompetenz oder -kapazität.

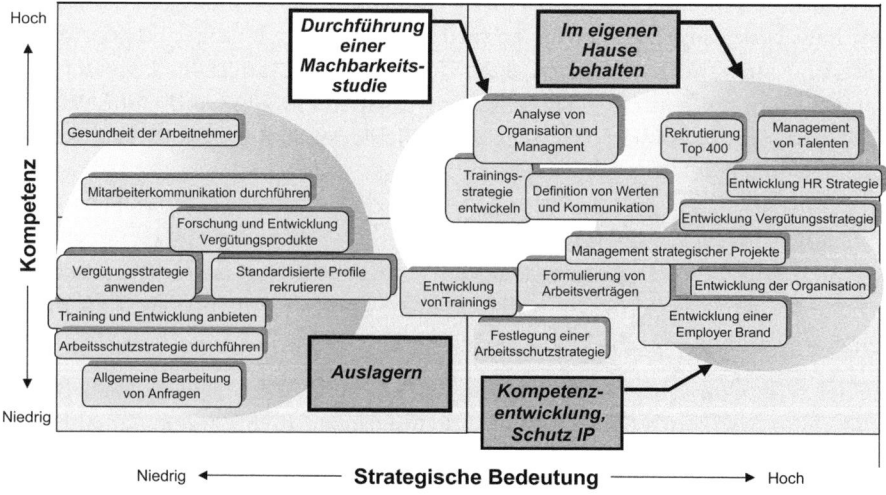

Abb. 4.1: Scoping Matrix: Kompetenzen gegenüber strategischen Ressourcen

Zur Verdeutlichung der Diskussion über den Umfang lassen sich unterschiedliche Methoden anwenden. In Abbildung 4.1 werden die HR-Dienstleistungen/ -Prozesse auf zwei Achsen dargestellt: Einerseits das derzeitige Kompetenzniveau, Prozesse im eigenen Haus durchzuführen, und andererseits die Bedeutung dieser Prozesse für die Strategie des Unternehmens. Ein anderes mögliches Instrument für das Scoping ist die Risiko/Nutzen Matrix von *PA* (Abbildung 4.2). Für jeden HR-Prozess werden die Risiken und Erträge des Outsourcing mit Hilfe eines strukturierten Fragebogens erhoben. Mit jedem Beurteilungskriterium sind Gewichtungsfaktoren verknüpft, anhand derer die möglichen auszulagernden Prozesse anschließend in einer Matrix eingeordnet werden können.

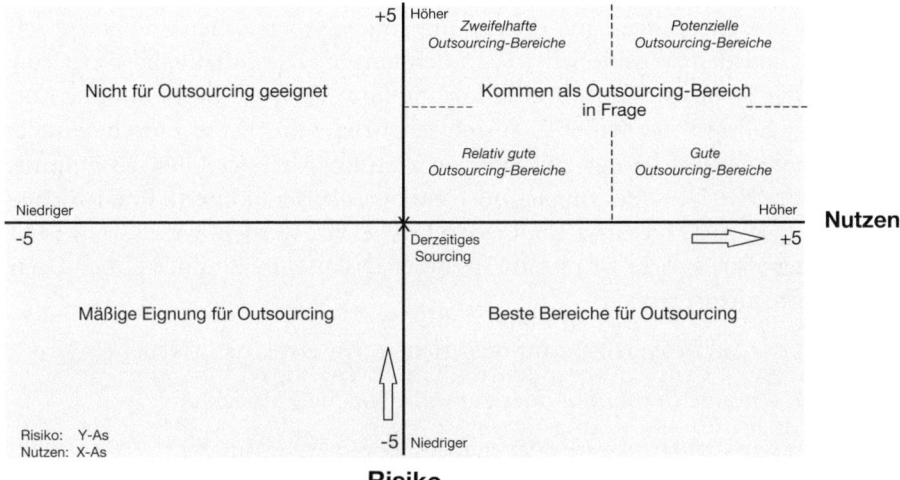

Abb. 4.2: Risiko/Nutzen Matrix von PA für HR BPO

Auf diese Weise lässt sich zunächst eine grobe Einteilung in die HR-Dienstleistungen und -Prozesse vornehmen, die ausgelagert werden bzw. im Unternehmen bleiben sollen. Die erste Formulierung des Auslagerungsumfangs muss in den meisten Fällen in einer Machbarkeitsstudie weiter verfeinert werden, vor allem hinsichtlich HR-Dienstleistungen und -Prozessen, die sich nicht eindeutig zuordnen lassen. Außer der Entscheidung für die Anzahl der HR-Prozesse, die in den Auslagerungsumfang aufgenommen werden, muss auch der Umfang in Bezug auf die Art und Weise der Dienstleistung festgelegt werden. Streben wir ein vollständiges HR-Dienstleistungsmodell (HR Self Service, Front Office, Back Office, Kompetenzzentren) oder nur ein begrenztes Modell an?

Legen Sie die HR BPO-Strategie (wie) fest

In dieser Prozessphase müssen bereits einige Vorgaben für das *wie* definiert werden. Diese Vorgaben werden natürlich in späteren Phasen, wenn man besseren Einblick in die aktuelle Situation und mehr Deutlichkeit über den/die möglichen Anbieter erhält, weiter verfeinert und korrigiert. Aspekte, zu denen in dieser Phase Grundsatzentscheidungen gefällt werden müssen, sind unter anderem die allgemeine Einrichtung von HR BPO für den Kunden, die allgemeine Kooperations- und Vertragsstrategie mit einem Anbieter, die Art der Steuerung und das allgemeine Vorgehen beim Übergang. Wichtig ist in diesem Zusammenhang, seine eigene Position vor dem Hintergrund der eigenen Ziele festzulegen, ohne sich zu sehr vom Angebot leiten zu lassen. Jeder Outsourcing-Anbieter hat ausgehend von seinem eigenen Geschäftsmodell bestimmte Vorlieben für das *wie*. Daher sollte die Diskussion möglichst sachlich geführt werden – unabhängig von kommerziellen Beweggründen.

Zur allgemeinen Einrichtung von HR BPO für den Kunden drängen sich einige Grundsatzentscheidungen auf, die eng mit strategischen Zielen und gewünschtem HR-Dienstleistungsmodell zusammenhängen. Die inhaltliche Gestaltung wird für die Wahl von Outsourcing-Lösung und -Partner, mit dem diese Konstruktion realisiert werden soll, ausschlaggebend sein. Diese Entscheidungen sind in vielen Fällen bereits zu früherem Zeitpunkt bei der Entscheidungsfindung für das HR-Dienstleistungsmodell zur Sprache gekommen – ihre Richtung liegt fest. In dieser Phase muss auf jeden Fall geklärt werden, wie das HR BPO-Modell aussehen soll. Es ist ratsam, in dieser Diskussion zumindest die folgenden Aspekte anzusprechen:

1. Bauen wir auf Bestehendes auf oder richten wir etwas ganz Neues ein?

2. Wollen wir eine *Revolution* oder eine allmähliche Entwicklung?

3. Wollen wir standardisierte oder maßgeschneiderte Lösungen?

Aspekt 1: Bauen wir auf Bestehendes auf oder richten wir etwas ganz Neues ein?

Wollen wir das enge (kulturelle) Band zwischen der HR-Dienstleistung und dem Unternehmen erhalten oder durchtrennen? Wollen wir nur verwaltungstechnische Veränderungen (Übertragung von Personal und Aktiva an eine andere Organisation) oder einen radikalen Bruch mit der Vergangenheit?

Einige Unternehmen wünschen eine radikale Veränderung der Arbeitsweise und Kultur und wollen dies auf dem Wege einer maximalen Integration bestehender HR-Dienstleistungen in die des Anbieters erreichen. Diese Dienstleistungen werden dann häufig von einem neuen Standort aus mit einem signifikanten Personalneuzugang erbracht. Das freiwillige Ausscheiden von Mitarbeitern wird aktiv gefördert. Übertragene Mitarbeiter werden in ein intensives *Kulturbad* getaucht, sie erhalten Fortbildungen und Umschulungen und werden auch für andere Kunden eingesetzt.

Aspekt 2: Wollen wir eine ›Revolution‹ oder eine allmähliche Entwicklung?

Im Zusammenhang mit den genannten Überlegungen muss festgelegt werden, in wie vielen Schritten die neue Situation erreicht werden soll. Die einfachste Lösung ist, die HR-Dienstleistungen ohne Änderungen zu übertragen und sie dann allmählich zu verbessern. Diese Lösung kann zu einem gewissen Zeitpunkt auch in strategischer Hinsicht die realistischste sein. Mit einer solchen Übertragung hat man natürlich noch keine Vorteile erzielt. Diese ergeben sich erst durch die eigentliche Transformation, die schwierig und mühsam verlaufen wird, weil sie mit dem bisherigen Personal verwirklicht werden muss. Die andere Möglichkeit ist, die HR-Dienstleistungen von Anfang an vollständig zu transformieren. Das wird höheren Kostenaufwand, größere Widerstände und mehr Risiken mit sich bringen, aber zugleich schnell den Weg für eine optimale Lösung ebnen. Theoretisch (und aus der Perspektive effizienter und effektiver HR-Dienstleistungen) betrachtet, genießt eine schnelle und tief greifende Transformation den Vorzug. Es gibt jedoch Faktoren, anhand derer sich Unternehmen für ein Modell des allmählichen Übergangs entscheiden. Auch aktueller Status und Qualität der HR-Dienstleistungen und -Prozesse sind dabei ein ausschlaggebender Faktor. In der Praxis zeigen sich abhängig von den Zielen, die erreicht werden sollen, beide Varianten und verschiedene Zwischenformen.

Aspekt 3: Wollen wir standardisierte oder maßgeschneiderte Lösungen?

Diese Entscheidung hat große Folgen für die endgültigen Kosten. Die Motivation, die Dienstleistungslösungen anzupassen, kann in der erklärten Eigenheit des Geschäftsmodells, der Prozesse und/oder der Kultur liegen. Dabei müssen sich Unternehmen kritisch die Frage stellen, ob dieser Anspruch der Eigenheit wirklich zu Recht besteht. Auch wenn sich Maßarbeit als wünschenswert herausstellen sollte, bleibt die Frage, ob die hinzukommenden Vorteile die Mehrkosten aufwiegen? Außerdem ist zu beurteilen, ob Maßarbeit eine realistische Option ist. Outsourcing-Anbieter streben angesichts des Geschäftsmodells grundsätzlich möglichst umfassende Standardisierung ihrer Prozesse an. In der Praxis sehen wir, dass nur sehr große Konzerne (50.000 Mitarbeiter und mehr) ausreichend Größe und Kaufkraft in die Waagschale werfen, um Outsourcing-Anbieter zu einer Anpassung ihrer Standardlösungen zu bringen. Sie verfügen auch über die entsprechende Größe, um die sich dadurch ergebenden Vorteile zu realisieren. Unternehmen mit weniger als 10.000 Mitarbeitern passen sich nahezu immer den angebotenen Standardlösungen an, während Unternehmen mit zwischen 10.000 und 50.000 Mitarbeitern über ausreichend Größe verfügen, diesen Standardlösungen ein unternehmensspezifisches *look & feel* zu verleihen.

Hinsichtlich der allgemeinen Kooperations- und Vertragsstrategie mit einem Anbieter muss unter anderem über die folgenden Ausgangspunkte nachgedacht werden:

- Sollen Aktiva (Gebäude, Infrastruktur und Lizenzen) und geistiges Eigentum verkauft werden oder nicht?

- Das *was* und *wie* in Bezug auf die Übertragung von Personal.

- Kosteneinsparungspotenziale und anzuwendende Preismodelle.

- Dauer und Flexibilität des Vertrags und Möglichkeiten zur Vertragsbeendigung.

- Anzahl und Art der Anbieter, die am Geschäft beteiligt sind, wie und von wem sie gesteuert werden sollen.

Auch für die Art der Steuerung müssen einige Vorgaben definiert werden. Hier stehen Fragen in Bezug auf Zusammenarbeit, Haftung, Konfliktabwicklung und Relationship Management im Vordergrund. Die Art und Weise der Gestaltung dieser Aspekte hängt unter anderem von der Art der Aufgaben ab, die ausgelagert werden sollen.

- Geht es um das Outsourcing schlecht laufender HR-Prozesse und -Dienstleistungen, impliziert dies ein Verhältnis auf Grundlage umfassender Zusammenarbeit, kontinuierlicher Anpassung und Verbesserung. Der Outsourcing-Anbieter muss in diesem Fall ausreichend Spielraum für die Durchführung von Veränderungen erhalten.

- Handelt es sich dagegen um die Auslagerung gut ausgearbeiteter transaktionaler Dienstleistungen, impliziert dies eher ein Verhältnis auf der Grundlage straffer Steuerung der vereinbarten Dienstleistungsebenen – vorzugsweise nach Output statt nach Prozess.

- Handelt es sich schließlich um die Auslagerung hoch spezialisierter Dienstleistungen, impliziert dies ein überaus gezieltes Verhältnis auf Grundlage gut umschriebener und abgegrenzter spezifischer Interventionen.

Schließlich müssen auch einige Grundsatzentscheidungen für das allgemeine Vorgehen dieses Projekts gefällt werden:

- Management des gesamten Übertragungsprozesses, einschließlich der Kommunikation an interne und externe Beteiligte, Betreuung der Mitarbeiter auf dem Weg zur neuen Situation, Wissensübertragung an Anbieter: Wie gehen wir vor, wer ist verantwortlich?

- Gestaltung der verbleibenden HR-Organisation: Wie gehen wir vor und wer ist dafür verantwortlich?

4.3.2 Machbarkeitsstudie und/oder Business Case

Machbarkeitsstudien und Business Cases können als gesonderte Schritte oder integriert in einem Schritt durchgeführt werden. Eine Machbarkeitsstudie kann auch Teil der vorangegangenen Phase der Visions- und Strategiebildung sein. Machbarkeitsstudie und Business Case sind vom Ansatz und Inhalt her generisch, wie im dritten Kapitel beschrieben. In dieser Phase geht es vor allem um Folgendes:

- ein klares Bild der derzeitigen Situation und des sich daraus ergebenden Verbesserungspotenzials erhalten,

- einen Einblick in den Markt der Anbieter und Angebote erhalten,

- Vergleich der Vor- und Nachteile der verschiedenen Gestaltungsmöglichkeiten (HR Shared Services unter eigener Regie und verschiedene HR BPO-Varianten). Außer den quantitativen Aspekten müssen in diesem Zusammenhang auch die umfassenderen Implikationen von HR BPO für das Unternehmen mit den möglichen damit einhergehenden Risiken analysiert werden.

Verschaffen Sie sich ein klares Bild der aktuellen Situation

Wichtig sind solide Informationen hinsichtlich der derzeitigen Kosten, Outputmengen, Effizienz (Durchlaufzeiten, Arbeitszeit und Kosten pro Einheit), Qualität (Kundenzufriedenheit), Dienstleistungsniveaus (akzeptierte Fehlerquoten), Lieferanten und IT-Landschaft. Diese Informationen sind sowohl für das Unternehmen als auch für den künftigen Anbieter von grundlegender Bedeutung. Das Unternehmen muss seine Lage kennen, um eine fundierte Entscheidung treffen und später die Leistungen des künftigen Anbieters daran messen zu können. Auch der künftige Anbieter will die Lage der HR-Dienstleistungsorganisation kennen lernen, die er gegebenenfalls übernimmt. Außerdem möchte er wissen, auf welche Verbesserungsziele und Service Level Agreements er sich einlässt. Ein guter Einblick in die eigene *Baseline* hilft dem Unternehmen:

- beim Treffen einer guten Entscheidung der verschiedenen Outsourcing-Optionen (vom integrierten bis zum parziellen Outsourcing) und einer angemessen Prioritätenzuweisung der auszulagernden HR-Prozesse. Wo liegen die wichtigsten Vorteile?

- bei der Steuerung der Übertragungskosten. Unterschätzte Kostenquellen (beispielsweise von nicht kompatiblen Prozessen oder unterschätzte Entlassungskosten) können in einer späteren Phase für eine Steigerung der Kosten sorgen.

- bei den Vertragsverhandlungen.

Für das Unternehmen ist es von wesentlicher Bedeutung, seine eigene Lage bereits in einer frühen Phase (vor ersten Gesprächen mit dem Outsourcing-Anbieter) genauestens zu kennen. Der Outsourcing-Anbieter wird sich während der Due Diligence und Vertragsverhandlungen auch selbst ein Bild der Situation machen wollen und dafür eine entsprechende Analyse durchführen. Dies ist nicht als *doppelte Arbeit* zu verstehen, sondern als Validierung für beide Beteiligten. Sich nur auf die Analyse des Outsourcing-Anbieters zu stützen, ist für das Unternehmen eine zu schwache Basis und behindert die Kontrolle über den BPO-Prozess. Nur wenige Unternehmen haben ausreichenden Überblick über die folgenden Punkte:

- Kosten und Mengengerüst der verschiedenen HR-Prozesse und -Dienstleistungen,

- Kennzahlen zu Parametern (Kundenzufriedenheit, Durchlaufzeiten, Fehler-quoten),

- Kosten der HRM-Aktivitäten im Linienmanagement (außerhalb des HR-Budgets).

Dadurch unterschätzen diese Unternehmen ihre wirklichen Kosten und die Zahl der Mitarbeiter, die tatsächlich mit diesen Prozessen beschäftigt sind. Diese falsche Einschätzung kann zu viel zu knappem Personalbestand nach der Übertragung führen, was wiederum die Qualität der vereinbarten Dienstleistungen gefährdet. Mit Hilfe der beschriebenen Methoden und Techniken, wie dem HR Operational Excellence Scan, lassen sich diese Daten erheben. Dabei sollten die gleichen Definitionen zugrunde gelegt werden, die auch vom Anbieter verwendet werden, damit sich die Ergebnisse später besser vergleichen lassen.

Verschaffen Sie sich einen Einblick in den Markt mit Anbietern

Marktforschung ist notwendig, um Einblick in die verschiedenen Positionen und Kooperationsmöglichkeiten sowie in die möglichen Kosten und Einsparungen zu erhalten. Die Marktforschung kann in verschiedenen Phasen erfolgen:

- In einer ersten Vorqualifikation kann man eine relativ große Gruppe potenzieller Lieferanten mit der Einladung anschreiben, auf schematische Weise begrenzte Daten zu liefern. Sie sollten dafür ein standardisiertes Format verwenden, so dass sich die Ergebnisse leichter vergleichen lassen. Sie können in den Formaten beispielsweise nach relevanten Kundenreferenzen, verwendeten Softwareanwendungen, Anzahl Kundenmitarbeiter, die bedient werden, eventuellen Kooperationen mit Dritten fragen. Um möglichst konkrete Ergebnisse zu erhalten, könnten Sie die Informationen für jeden einzelnen HR-Teilprozess des Auslagerungsumfangs erheben. Auch die zugrunde gelegte Vertrags- und Preisstruktur kann erhoben werden. Anhand dieser Daten erhalten Sie ein besseres Bild des Marktes und können eine erste Vorauswahl treffen.

- Bei Bedarf können Sie eine zweite Vorqualifikationsrunde mit einer begrenzten Auswahl an Kandidaten starten. In dieser zweiten Runde können Sie anhand von standardisierten Fragen detaillierter auf relevante Fragen eingehen:
  - Welche HR-Prozesse laufen zurzeit und mit welchen Leistungsniveaus?
  - Wie hoch ist die lokale/regionale/allgemeine Dienstleistungskapazität?
  - Über welche technische IT-Kapazität verfügen Sie?
  - Wie stellen Sie Qualität sicher?
  - Wie stellen Sie effektives Relationship Management sicher?
  - Wie organisieren Sie die Übertragungsphase?
  - Mit welchen Vertrags-, Preis- und Kooperationsbedingungen arbeiten Sie?
  - Wie steht es mit der finanziellen Stabilität der Organisation?

Darüber hinaus ist es immer sehr nützlich, Praxisinformationen von Unternehmen zu erhalten, die mit diesen Anbietern zusammenarbeiten. So erfahren Sie mehr über die weniger greifbaren Aspekte wie Vorgehensweise, Betriebskultur und Stil. Positive Erfahrungen mit vergleichbaren HR BPO-Projekten sind ein relevantes Kriterium zur Beurteilung der Kapazität und Kompetenzen von Anbietern.

Da der Markt in Deutschland noch im Aufbau ist, finden sich nicht viele wirklich relevante Beispiele eines integralen HR BPO. Man sollte daher untersuchen, inwieweit ähnliche Referenzen relevant sein können, wie beispielsweise Realisierungen von klassischem Outsourcing oder parziellem BPO (die Übernahme eines oder mehrerer (Teil-) Prozesse) oder Referenzen aus anderen Ländern. Es ist auf jeden Fall wichtig, ganz gezielt nach Referenzen zu fragen, um ihren genauen Wert richtig einschätzen zu können.

Vergleichen und evaluieren Sie die Optionen in einem Business Case

Für die endgültige Beschlussfassung kann es angebracht oder sogar notwendig sein, die verschiedenen internen und externen Optionen einer HR-Transformation zu vergleichen:

- HR Shared Services unter eigener Regie mit Anschaffung eigener HR-Applikationen.

- HR Shared Services in eigener Regie, aber Hosting der HR-Applikationen durch einen Application Service-Provider.

- HR-Dienstleistungen werden (teilweise oder vollständig) an (einen oder mehrere) externe(n) Anbieter übertragen.

Im Business Case werden dann pro Option die Erträge, Kosten und Risiken gegeneinander abgewogen. Auf der Ertragsseite können folgende Elemente unterschieden werden:

- Quantitative Erträge:
    - Senkung der direkten und indirekten Personalkosten für die HR-Funktion.
    - Senkung der Einkaufskosten.
    - Senkung der IT-Kosten (Lizenzen, Verwaltung, Pflege).
    - Senkung der potenziellen Kosten (beispielsweise Investitionen in IT-Infrastruktur) oder Personalerweiterung bei der HR-Funktion infolge von Betriebserweiterung, Akquisitionen.

- Qualitative Vorteile:
    - Besseres Serviceniveau für die Kunden.
    - Zugang zu einem modernen HR-IT-System.
    - Zugang zu hochwertigem Know-how.

Auf der Kostenseite sind folgende Elemente von Bedeutung:

- Quantitative Kosten:
  - für Übertragung des Personals an den Outsourcing-Anbieter.
  - für eventuelle Kündigung von HR-Mitarbeitern bzw. von den unterstützenden Abteilungen, die für die HR-Abteilung arbeiten.
  - für eine beschleunigte Abschreibung von Aktiva oder Ablösung bestehender Verträge.
  - für die Übertragung von Aufgaben an den Outsourcing-Anbieter.
  - für die Einrichtung und Entwicklung der internen Steuerungsfunktion.

- Qualitative Nachteile:
  - Widerstand und Verlust an Goodwill bei HR- und anderen Mitarbeitern sowie internen Kunden der HR-Funktion.
  - Erschwerte Zusammenarbeit mit dem Betriebsrat.
  - Höhere Abhängigkeit und Verwundbarkeit.

In dieser Phase lässt sich meist noch kein genaues Bild der Kosten und Einsparungen einer HR BPO-Lösung zeichnen. Aus den Einschätzungen der verschiedenen Anbieter ergeben sich vielfach Einsparpotenziale zwischen 15 % und 40 %. Auch bei Einschätzungen der Übertragungskosten zeigen sich divergierende Meinungen zwischen 10 % und 60 %. Der Grund dafür liegt darin, dass jedes Unternehmen anders ist, die Anbieter noch keine exakte Einschätzung der Kosten und Erträge vornehmen können und nur wenig Referenzmaterial in diesem neuen Markt zur Verfügung steht. Außerdem fehlt häufig ein eindeutiger Definitionsrahmen. Hat das Unternehmen selbst eine gründliche Analyse der derzeitigen Lage durchgeführt, wird dies die Einschätzungen durch den Anbieter erheblich erleichtern. Außerdem kann man sich auf Benchmark-Informationen und -Erfahrungswerte vergleichbarer Unternehmen stützen. Jedoch wird man auch hier oft mit dem Problem konfrontiert, dass ein eindeutiger und allgemeingültiger Definitionsrahmen fehlt. Wenn man mit Bandbreiten arbeiten muss, sollte man von konservativen Einschätzungen ausgehen. Anhand des vorläufigen Business Case kann die Geschäftsleitung eine angemessene Entscheidung fällen, um den Prozess entweder abzubrechen oder den eigentlichen Einkaufsprozess einzuleiten. Die Richtigkeit des Business Case muss später im Prozess validiert werden.

4.3.3 Vorbereitung des Einkaufsprozesses und Auswahl eines Partners

Je besser die Vorbereitung des Einkaufsprozesses ist, desto leichter wird es sein, den richtigen Partner zu wählen. Diese Vorbereitung umfasst die Festlegung der Spezifikationen, Anforderungen und Auswahlkriterien, aber auch die Einrichtung des Einkaufsprozesses selbst.

Richten Sie einen strukturierten Einkaufsprozess ein

Ein guter HR BPO-Einkaufsprozess enthält die folgenden Elemente:

- *Grundlage einer Ausschreibung.* Führen Sie immer eine Ausschreibung für den Einkaufsprozess durch, auch wenn die Verführung groß ist, einen Anbieter als Partner zu wählen, den man gut kennt (beispielsweise als IT Outsourcing-Anbieter oder als Partner bei der Durchführung der Payroll).

- *Klare Entscheidungsschritte.* Strukturieren Sie den Prozess anhand verschiedener Entscheidungsschritte, so dass er sich schrittweise vollzieht, damit die Geschäftsleitung zu kritischen Zeitpunkten am Entscheidungsprozess beteiligt werden kann.

- *Gründliche Risikoanalyse.* Sorgen Sie dafür, dass funktionale HR-Experten bei der Analyse aller operativen Fragen und Risiken beteiligt sind.

- *Klare Vorstellung über den Verlauf der Übertragung.* Beginnen Sie frühzeitig mit der Ausarbeitung der Übertragung, so dass diese vorliegt, wenn der Vertrag seine Endphase erreicht. Sehen Sie mögliche Probleme bei der Übertragung voraus und passen Sie Klauseln für Anreizsysteme und Vertragsstrafen im Vertrag entsprechend an.

In einem strukturierten BPO-Prozess lassen sich meist zwei Phasen unterscheiden: die Phase der Partnerwahl (vom Angebot bis zur Absichtserklärung mit dem gewählten Partner) und die Phase der Vertragsverhandlungen (von Due Diligence bis zum unterzeichneten Vertrag). In der ersten Phase arbeitet das Unternehmen hauptsächlich allein. Es legt den genauen Bedarf fest und wählt anhand dessen den Partner aus. Legen Sie zu Beginn dieser ersten Phase das Timing fest: Wie schnell kann und will man vorgehen und wie viele mögliche Anbieter sollen in die Vorqualifikations- bzw. die endgültige Angebotsrunde einbezogen werden. In der zweiten Phase arbeiten der Kunde und der ausgewählte Outsourcing-Anbieter größtenteils zusammen, um alle Details auszuarbeiten und im Vertrag niederzuschreiben.

In der Phase der Partnerwahl lassen sich häufig folgende Schritte unterscheiden:

1. Festlegung der Anforderungen hinsichtlich einer HR BPO-Lösung.

2. Festlegung, was der Vertrag beinhalten soll und welchen Kriterien er entsprechen soll.

3. Detaillierte Formulierung von Spezifikationen und Vorgehen bei der Übertragung.

4. Definition der Auswahlkriterien für die Anbieter.

5. Entwicklung eines detaillierten Ausschreibungsdokuments, anhand dessen die Anbieter ihre Vorschläge einreichen können.

6. Versand des Ausschreibungsdokuments an eine begrenzte Zahl qualifizierter Anbieter.

7. Verarbeitung und Evaluation der eingegangenen Vorschläge vor dem Hintergrund der Kriterien und Erstellung einer short list.

8. Präsentationen, Demos von Anbietern, Referenzen und Besuche.

9. Erste Vertragsgespräche mit einem oder mehreren Partnern, um eine Entscheidung treffen zu können.

10. Wahl des endgültigen Partners und Unterzeichung einer Absichtserklärung.

Die Phase der Vertragsverhandlungen setzt sich zumeist aus folgenden Schritten zusammen:

1. Durchführung einer gemeinsamen Due Diligence-Analyse.

2. Vereinbarung von Zeitfenster und Vorgehensweise mit dem Partner für die Vertragsverhandlungen.

3. Ausarbeitung von Steuerungsmodell und Steuerungsorgan (HR BPO-Managementteam) und von Steuerungsmechanismen durch die Kundenorganisation.

4. Erstellung einer Detailplanung für die Übertragung.

5. Ausarbeitung, Verhandlung und Abschluss des Vertrags mit dem Partner.

6. Arbeitsbeginn des HR BPO-Managementteams.

Legen Sie die Spezifikationen fest

Wenn der Umfang (*was*) und die Outsourcing-Strategie (*wie*) in den vorigen Phasen deutlich definiert worden sind und eine gründliche Analyse der wichtigsten HR-Prozesse erfolgt ist, lassen sich die Anforderungen und Spezifikationen für die Dienstleistungen eines externen Partners relativ leicht formulieren und in einem Ausschreibungsdokument verarbeiten. Diese Spezifizierung der Anforderungen für HR-Dienstleistungen erfolgt anhand von Output – für jeden HR-(Teil-)Prozess wird eine detaillierte Übersicht der folgenden Elemente erstellt:

- präzise Beschreibung der Dienstleistungen, die in den Vertrag aufgenommen oder die ausdrücklich vom Vertrag ausgeschlossen werden sollen,

- Input und Output für jeden wichtigen Übertragungspunkt zwischen Anbieter und Kunden (sowohl auf lokaler als auch zentraler Ebene im Unternehmen),

- Beschreibung der Art der Informationen, die zu diesem Übertragungszeitpunkt ausgetauscht werden sollen,

- Zuständigkeiten von Anbieter und Auftraggeber hinsichtlich dieses Prozesses und der Übertragungszeitpunkte,

- kritische Leistungsfaktoren, Messpunkte und Standards für jeden Output.

Außerdem wird eine Anlage mit relevanten Daten zur Baseline (derzeitige Kosten, Outputmengen, Lieferanten, IT-Systeme, Effizienz, Dienstleistungsniveaus) und relevanten Umgebungsfaktoren erstellt. Alle bisher zusammengetragenen Informationen werden im Ausschreibungsdokument verarbeitet – Ausgangspunkt für spätere Vertragsverhandlungen und Zusammenarbeit mit dem Anbieter. Ein Ausschreibungsdokument mit zu ungenauen Definitionen ist eine sehr unsichere Basis für die Zusammenarbeit und öffnet die Tür für unzusammenhängende Übertragung und künftige Leistungsprobleme.

Legen Sie fest, was der Vertrag beinhalten soll und welchen Kriterien er entsprechen soll

Anhand der formulierten Vorgaben für den Vertrag und die Kooperationsstrategie muss ein Unternehmen in dieser Phase konkret die Kooperationsbedingungen festlegen, die im Anforderungskatalog und später im Vertrag aufgenommen werden sollen. Dazu müssen sowohl inhaltliche als auch taktische Fragen geklärt werden, wie beispielsweise:

- Welche Preismodelle und Gewinnaufteilungsformeln wollen wir anwenden?

- Welche Zielwerte für fortlaufende Verbesserung werden angestrebt?

- Wie lauten die grundlegenden Verhandlungsprinzipien? Woran soll festgehalten werden, in welchen Punkten ist man zu höherer Flexibilität bereit? Wie weit geht die Bereitschaft zur Flexibilität?

- Wie lang darf die Übertragungsphase dauern?

Einer der wichtigsten Aspekte in diesem Zusammenhang ist das Preismodell, das man zugrunde legen will. Die Überlegungen zur Wahl des Preismodells sind nicht nur finanziell-technischer Art, sondern können auch große Auswirkungen auf das Kooperationsmodell haben. Verschiedene Preismodelle sind möglich. Traditionelle Preismodelle sind unter anderem ein Pauschalpreis, ein Pauschalpreis pro Phase, ein Preis pro Transaktion, ein Preis für den Zeitaufwand und Materialien.

In der Praxis lässt sich mit solchen Preismodellen die Aufmerksamkeit und Serviceorientierung des Anbieters nicht immer leicht festhalten. Häufig sieht man, dass Engagement und Serviceorientierung zu Vertragsbeginn sehr hoch sind und dann im Laufe der Zeit abflachen. Der Grund dafür ist vielfach, dass der Kunde für den Anbieter im Laufe der Zeit zur Selbstverständlichkeit wird, sich die (kommerzielle) Aufmerksamkeit des Account Managements zu neuen Kunden verschiebt, sich Bequemlichkeit in die Dienstleistungen einschleicht und einfach alles weiterläuft, solange sich keine allzu großen Reklamationen oder Probleme zeigen.

Um dies zu verhindern, empfiehlt sich die Arbeit mit Preismodellen mit finanziellen Anreizen für die Erreichung der vereinbarten Ziele. So kann man beispielsweise zusätzlich zum traditionellen System von Pauschalvergütungen ein leistungsabhängiges System einrichten, das einerseits Boni und Incentives und andererseits Sanktionen vorsieht.

Noch innovativer und tief greifender sind Modelle, bei denen der Anbieter aufgrund bestimmter erreichter Businessziele bezahlt wird. Mit einer solchen Konstruktion soll ein Anreiz für den Anbieter geschaffen werden, stets optimale Qualität und Effektivität seiner Dienstleistungen im Auge zu behalten. Beispiele für solche Anreizelemente sind:

- *Neue Mitarbeiter mit guten Leistungen anwerben.* Statt eines Pauschalpreises pro neu angeworbenem Mitarbeiter kann man die Vergütung auch teilweise von der Qualität der neuen Mitarbeiter abhängig machen – beispielsweise indem zum Einstellungstermin nur ein Teil der Vergütung und der restliche Betrag zusammen mit einem Bonus später gezahlt wird, wenn der neue Mitarbeiter ausreichende Leistungen gemäß den Vorgaben erbringt. Nach dieser Frist muss dann eine Leistungsbewertung des Mitarbeiters erfolgen. Damit dieses System funktioniert, muss der Anbieter den vollständigen Rekrutierungsprozess steuern, von der Analyse des Stellenangebots bis zur Durchführung der Einführungsschulungen.

- *Senkung des krankheitsbedingten Arbeitsausfalls.* Die Vergütung des Anbieters wird mit einer Senkung des krankheitsbedingten Arbeitsausfalls verknüpft – ein äußerst tief greifender Schritt: Der Anbieter steuert alle Variablen im Zusammenhang mit diesem Arbeitsausfall, wie Zeiterfassung, Sicherheits- und Präventionskurse, Reintegrationsprogramme. Dies ist nur bei einer Übertragung eines zusammenhängenden Dienstleistungspakets an den Anbieter möglich.

Grundsätzlich gilt, je mehr man den Anbieter anteilig nach den Ergebnissen vergüten will, desto mehr Steuerung muss der Anbieter über die Prozesse erhalten, die zu diesen Ergebnissen führen. Das Problem dabei ist, dass HRM grundsätzlich eine Linienverantwortung ist und die HR-Funktion lediglich unterstützende Funktion hat. Der Anbieter kann natürlich für die angemessene Ausführung der HR-Aufgaben verantwortlich gemacht werden, aber er kann wenig oder gar keinen Einfluss auf das Linienmanagement ausüben. Der Outsourcing-Anbieter befindet sich außerdem in der Rolle des Dienstleisters und nicht in der Rolle des Strategiegebers oder Controller. Auf diese Weise riskiert man, gute Mitarbeiter aufgrund schlechten Managements oder schlechter Strategie zu verlieren – unabhängig vom Einsatz des Service-Providers. Solche tief greifenden Konstruktionen bedeuten auch, dass man als Unternehmen bereit sein muss, die Steuerung verschiedener Aspekte des Lebenszyklus von Mitarbeitern aus den Händen zu geben. Das ist nicht ganz ungefährlich, weil man damit einen wesentlichen Teil der Steuerung der gesamten HRM-Strategie verliert.

Ein anderer Entwicklungspunkt ist, eine Flexibilitätskomponente in den Verträgen vorzusehen. In der Pionierphase von HR BPO wurden die Auswirkungen eventueller Änderungen im Unternehmen auf den Vertrag häufig nicht ausreichend berücksichtigt, die Verträge boten nur geringen Spielraum für Flexibilität. Aus folgenden Gründen ist es wichtig, ausreichend Flexibilität im Vertrag vorzusehen:

- Leichterer, weniger folgenschwerer Umgang mit Veränderungen im Unternehmen (Personalabbau, Übernahmen, Desinvestitionen).

- Garantie der kontinuierlichen Verbesserung der Dienstleistungen (Neuverhandlungen der Kosten und Bedingungen).

- Ermöglichung geänderter Pläne und von Notfallplänen hinsichtlich falscher Annahmen und Ausstiegsszenarien.

Schließlich muss bei der Formulierung eines guten Vertrags langfristig ein ausreichendes Gleichgewicht bei der Verteilung von Erträgen, Risiken und Kosten zwischen den Partnern erreicht werden. Man muss also vermeiden, dass die Waage bei der Verteilung von Erträgen, Kosten und Risiken zum Vorteil des Anbieters ausschlägt. Das ist nur möglich, wenn man genauso gut informiert ist wie der Anbieter und unabhängig eine Analyse der eigenen *Baseline* erstellt. Außerdem sollten Vereinbarungen über die Gewinnverteilung getroffen werden. Man kann vertraglich festhalten, dass die Kosten durch weiteres Reengineering und Offshoring weiter sinken sollen, wobei die realisierten zusätzlichen Einsparungen gemäß einer vereinbarten Formel zwischen dem Anbieter und dem Kunden verteilt werden.

Definieren Sie die Kriterien für die Auswahl der Anbieter

Zunächst müssen einige objektive Grundkriterien definiert werden, um eine shortlist erstellen zu können. Anschließend muss geprüft werden, welche der ausgewählten Parteien hinsichtlich Kultur und Arbeitsweise am besten zum eigenen Unternehmen passen. Nachstehend eine Übersicht mehr oder weniger objektiver Grundkriterien, anhand derer Unternehmen zur Erstellung einer short list gelangen können:

- *Breite des Dienstleistungspakets.* Ist der Outsourcing-Anbieter in der Lage, in allen gewünschten HR-Bereichen zu liefern?

- *Relevante Erfahrung.* Welche Kunden hat der Outsourcing-Anbieter? Für wie viele Mitarbeiter dieser Kunden werden Dienstleistungen erbracht? Wie zufrieden sind die Kunden des Outsourcing-Anbieters?

- *Investitionsvolumen in Technologie.* Hat der Outsourcing-Anbieter bereits in solide IT-Infrastruktur und HR-IT-Anwendungen investiert, wie e-HR, Employee und Management Self Service-Anwendungen und integrierte HR-Informationssysteme?

- *Effektive Allianzen.* Hat der Outsourcing-Anbieter Allianzen mit Anbietern von *best of breed* Software und Lösungen?

- *Dienstleistungsstruktur.* Verfügt der Outsourcing-Anbieter über:
  - die Möglichkeit, den Kunden von verschiedenen Standorten aus zu bedienen,
  - die Kompetenzen für eine Messung und Überwachung von Leistungen,
  - die Kompetenzen zum Neuentwurf der Prozessketten,
  - Notfallpläne, um mit unvorhersehbaren Schwierigkeiten umzugehen?

- *Qualitätsverbesserungen der Dienstleistungen.* Ist der Outsourcing-Anbieter:
  - aufgeschlossen für die Durchführung von Verbesserungen während der Vertragslaufzeit,
  - bereit zu Vereinbarungen für die Gewinnaufteilung infolge realisierter Verbesserungen?

- *Inhalt des Deals.* Ist der Outsourcing-Anbieter bereit:
  - zu unmittelbaren Kostensenkungen,
  - zur Arbeit mit einem Preis pro Transaktion (beispielsweise Pauschalpreis für die Anwerbung und Einstellung eines neuen Mitarbeiters)?

- *Internationaler Betrieb (sofern erforderlich).* Ist der Outsourcing-Anbieter in der Lage:
  - Dienstleistungen mehrsprachig durchzuführen,
  - mehrere Länder zu managen,
  - mit Kulturunterschieden umzugehen?

Damit anhand dieser short list der endgültige Provider ausgewählt werden kann, muss die optimale Eignung hinsichtlich der Betriebskultur und der Arbeitsweise eingehend geprüft werden. Diese kulturelle Eignung ist eine unverzichtbare Voraussetzung für den langfristigen Erfolg. Da das Konzept von HR BPO eine nahtlose Zusammenarbeit zwischen Kunden und Lieferanten voraussetzt, müssen beide Parteien gleiche Vorgehensweise, gleichen Stil und gleiche Werte zugrunde legen.

Diese weniger greifbaren Kulturelemente müssen möglichst explizit dargestellt werden – noch erschwert durch große Unterschiede der Anbieter vor allem in folgenden Punkten:

1. Vorschreibend gegenüber kundengesteuert hinsichtlich der Nutzung von Systemen.
2. Neue gegenüber alter Identität.
3. Greenfield gegenüber Brownfield.
4. Lokale Kooperationsverbände gegenüber zentralen Kooperationsverbänden.

Punkt 1: Vorschreibend gegenüber kundenorientiert hinsichtlich der Nutzung von Systemen

Manche Outsourcing-Anbieter differenzieren sich dadurch, dass sie mit den modernsten am Markt erhältlichen Systemen arbeiten. Das erfordert erheblichen Investitionsaufwand, der sich dadurch rechnen muss, dass die Kosten möglichst über die Kunden verteilt werden. Diese Anbieter wollen ihre Kunden daher möglichst an ihre standardisierten Systeme anschließen und nur wenige Abweichungen zulassen. Dem steht gegenüber, dass der Kunde Zugang zu den besten und modernsten Systemen erhält, ohne selbst diese Investitionen tätigen zu müssen. Dabei liegt ein Schwerpunkt auf Ausbildung und Service, um Neukunden in die Lage zu versetzen, optimal mit diesen modernen Lösungen zu arbeiten. Das bringt natürlich höhere Transformationskosten mit sich. Andere Outsourcing-Anbieter stehen dem zu wählenden System unabhängig gegenüber und lassen dem Kunden die Wahlfreiheit. Der Grund liegt nicht nur in einer flexiblen, kundenorientierten Einstellung, sondern auch darin, Investitionen und Transformationskosten zu vermeiden. Will man als Kunde wirklich die Best Practices ins Haus holen und große Qualitätssprünge bewerkstelligen, sollte man sich für die erste Vorgehensweise entscheiden. Wer einen Partner sucht, dessen Arbeitsweise und vorhandene Infrastruktur möglichst der eigenen ähnelt und der hohe Transformationskosten vermeiden will, entscheidet sich besser für die zweite Variante.

Punkt 2: Neue gegenüber alter Identität

Investiert der Outsourcing-Anbieter umfassend in die Schaffung neuer Identität und anderer Arbeitsweise der Mitarbeiter oder nicht? Manche Outsourcing-Anbieter stecken viel Energie in die Integration der übernommenen Mitarbeiter, in ihr eigenes Unternehmen und ihre Arbeitsweise. Sie werden dann wirklich Mitarbeiter des neuen Unternehmens, die Verbindung zur alten Organisation wird deutlich schwächer. So werden sie breiter und leichter für andere Kunden einsetzbar. Das Verhältnis zum früheren Arbeitgeber wird professioneller, geschäftsmäßiger und unter Umständen auch distanzierter. Andere Outsourcing-Anbieter hingegen unternehmen in diesem Bereich wenig. Bisweilen ändert sich das Arbeitsumfeld übernommener Mitarbeiter überhaupt nicht. Sie bleiben an ihrem vertrauten Standort und behalten sogar ihre E-Mail-Adresse. Auch hier ist die Vermeidung verschiedener Integrationskosten ein wichtiger Grund. Wenn man über eine qualitativ gut laufende HR-Abteilung verfügt, ist das letztere Vorgehen von Vorteil. Manche Outsourcing-Anbieter verschaffen sich Zugang zum HR BPO-Markt, indem sie eine ganze professionelle HR-Organisation als Einheit (einschließlich Systemen, Know-how, Prozessen usw.) übernehmen, um sie dann weiter vermarkten zu können. In diesem Fall lässt man die übernommene HR-Organisation möglichst intakt.

Punkt 3: Greenfield gegenüber Brownfield

Mit der beschriebenen Art der Übernahme von Mitarbeitern hängt auch die Vorliebe von Anbietern zusammen, die Dienstleistungen für einen Kunden von einer neuen (*Greenfield*) oder einer vorhandenen Organisation (*Brownfield*) aus zu organisieren.

Punkt 4: Lokale Kooperationsverbände gegenüber zentralen Kooperations-
*   verbänden*

Wie gestaltet der Outsourcing-Partner das Kooperationsverhältnis: Verfügt er über Account-Manager an den wichtigsten Standorten des Kunden (auf permanenter Basis oder nicht) oder arbeitet man weiter *at arm's length*? Bei dieser letzten Option verlaufen die Kontakte hauptsächlich auf der Ebene der Unternehmenszentrale. Auch hier zeigen sich deutliche Unterschiede zwischen den Anbietern. Für eine stark dezentralisierte oder geografisch weit verteilte Organisation könnte eine lokale Präsenz möglicherweise die bessere Lösung sein.

Diese Unterschiede bei Vorgehensweise und Kultur müssen explizit in den Auswahlprozess einbezogen und die Erwartungen an den Anbieter hinsichtlich der Vorgehensweise müssen vorab in den Kriterien deutlich festgelegt werden.

Eine Wahl treffen

Die Lieferanten stellen anhand des *Request to tender* ihre Informationen bereit. Im Rahmen der Auswahl werden Gespräche, Präsentationen und Demos durchgeführt. Die Unterschiede zwischen den Lieferanten zeigen sich in der vorgeschlagenen Vorgehensweise und den finanziellen Angeboten, implizit aber auch im Stil der Personen, die den Anbieter in dieser Phase vertreten. Da es sich um kommerzielle Situationen handelt, werden diese Unterschiede allerdings nicht besonders groß sein. Das Unternehmen muss daher die richtigen Fragen stellen und sich nicht mit oberflächlichen Antworten zufrieden geben, und es muss die Daten sorgfältig prüfen, um ein klares Bild zu erhalten – vor allem wenn es noch wenig Erfahrung mit diesem Thema hat. Unabhängige Gutachten für die Partnerauswahl und gründliche Kenntnis des Outsourcing-Marktes und der verschiedenen Beteiligten können in diesem Zusammenhang von großem Vorteil sein. Besuche bei laufenden Projekten könnten weitere interessante Erkenntnisse liefern. Die Auswahl eines Partners wird mit einer Absichtserklärung abgeschlossen, in der Kundenunternehmen und Anbieter vereinbaren, gemeinsam in den Due Diligence-Prozess und die Vertragsverhandlungen einzugehen.

4.3.4 Due Diligence und Vertragsverhandlungen

In dieser Phase erhält der Vertrag seine konkrete Form. Sorgfalt ist hier wichtiger als Schnelligkeit. In dieser Phase wird intensive und verbindliche Zusammenarbeit für einen langen Zeitraum vertraglich festgelegt, die für beide Partner weit reichende Folgen und auch erhebliche Risiken birgt. In der Praxis neigen jedoch häufig sowohl die Kunden als auch der Outsourcing-Anbieter dazu, die Angelegenheit schnell unter Dach und Fach zu bringen, auf Kosten der Sorgfalt. Aufgrund einer oft wenig effizienten Organisation des Prozesses in den vorangegangenen Phasen ist nach Ansicht des Kundenunternehmens bereits viel Zeit verstrichen. Diese möchte man nun wieder einholen, indem die Zeit für den Vertragsprozess stark gekürzt wird (besser gesagt, indem der Vertrag durchgepeitscht wird). Außerdem spielt noch ein psychologischer Faktor mit: Jetzt, nachdem der Partner gewählt ist, ist alles ein wenig konkreter geworden und man möchte möglichst schnell mit der eigentlichen Implementierung beginnen. Die detaillierten Analysen und Planungen, die in dieser Phase noch erfolgen müssen, werden eher als verzögernd statt als nützlich angesehen.

Auf der Seite des Outsourcing-Anbieters sieht man bisweilen die gleiche übertriebene Eile. Dabei spielen häufig kommerzielle Interessen mit. Manchmal ist es aber auch nur der Mangel an Erfahrung. HR BPO ist ein sehr junger und kompetitiver Markt, und die Lieferanten wollen sich möglichst schnell einen Platz in diesem Markt sichern. Dafür sind Outsourcing-Anbieter häufig bereit, Risiken einzugehen und sich zu allerlei Zusagen verleiten zu lassen, auch wenn sie die später nicht erfüllen können. Außerdem wird in der Absichtserklärung häufig ein sehr straffes Zeitfenster für die Implementierung vereinbart – bisweilen mit Sanktionsmechanismen für den Anbieter, sollte der die Vereinbarungen nicht einhalten. Man möchte also möglichst wenig Zeit verlieren. Die Ergebnisse einer solchen Handlungsweise sind in den meisten Fällen schlechte Daten, unrealistische Ziele und unterschiedlich zu interpretierende Vertragsbedingungen.

Aspekte, die in dieser Phase hinreichend zu berücksichtigen sind und ein durchdachtes und systematisches Vorgehen erfordern, sind der Due Diligence-Prozess, die Ausarbeitung des Steuerungsmodells/der Steuerungsmechanismen und die Erarbeitung eines detaillierten Übertragungsplans. In dieser Phase (Durchlaufzeit von 1 bis 3 Monaten, je nach Umfang und Komplexität) müssen beide Partner ein deutliches Bild voneinander erhalten. Dies führt zur gemeinsamen Festlegung des aktuellen Status und des genauen Vertragsumfangs. In dieser Phase analysiert der Outsourcing-Anbieter in enger Zusammenarbeit mit dem Kundenunternehmen gründlich die HR-Prozesse/-Dienstleistungen im Rahmen des angebotenen Umfangs sowie die präzisen personellen, finanziellen, rechtlichen und technischen (IT) Implikationen von HR BPO. Anhand dieser Informationen wird der Anbieter dann einen konkreten HR BPO-Vorschlag entwickeln. Das Kundenunternehmen wird sich seinerseits von der finanziellen Stabilität des Anbieters überzeugen und dessen Arbeitsweise sowie die genauen Kooperationsbedingungen besser kennen lernen.

Zu HR-Prozessen und -Dienstleistungen wird der Anbieter eine detaillierte Analyse des derzeitigen Status in Bezug auf Kosten, FTEs, Outputvolumen, Lieferanten, IT-Landschaft und Effizienz- und Dienstleistungsniveau vornehmen. Die

Daten, die der Kunde bereits zusammengetragen hat, dienen als Ausgangspunkt. Sie werden validiert und bei Bedarf weiter detailliert und verfeinert. Diese Schritte sind notwendig, um den exakten Preis für den Vertrag festlegen und Vereinbarungen über die zu erwartenden Dienstleistungsniveaus treffen zu können. Für einen Anbieter ist es natürlich schwierig, sich in einem SLA für Gehaltsabrechnungen mit einer Genauigkeit von 99 % festzulegen, wenn das bestehende Qualitätsniveau nicht bekannt ist. Daher muss der Anbieter in dieser Phase eine gute Einschätzung der Umgebung und des Komplexitätsgrads der Übernahme vornehmen.

In Bezug auf die Preisermittlung werden drei Arten von Kosten berücksichtigt: die Betriebskosten (pro Produkteinheit x Menge), Kosten für den Übergang und IT-Kosten (wie Lizenzen, Hosting). Die IT-Kosten lassen sich in den meisten Fällen präzise beziffern. Die Kosten für den Übergang sind viel intransparenter und müssen zumeist ausgehandelt werden. Auch die Betriebskosten lassen sich häufig schwer festlegen. Viele Unternehmen verfügen nicht über präzise Daten zu Kosten der verschiedenen HR-Prozesse. Diese Kosten werden nicht oder nur unzureichend gemessen oder lassen sich nur schwer aus den vorhandenen Informationssystemen herausfiltern. Häufig wird jedoch auch nichts anderes erwartet, denn die fehlende Transparenz ist in vielen Fällen der Anlass für eine umfassende Transformation der HR-Funktion. Daher müssen die Daten für die Betriebskosten von Prozessen mit Hilfe von Prozessanalysen zusammengetragen werden. Dabei kann man grob gesagt auf zwei verschiedene Arten vorgehen.

Bei der ersten Möglichkeit analysiert der Outsourcing-Anbieter für jeden HR-Prozess im Umfang die derzeitigen Kosten und verrechnet sie mit einem Faktor für geringere Effizienz (beispielsweise minus 20 %), um zu einem Preis zu kommen. Man analysiert, wie viel FTEs derzeit am Prozess *Training und Entwicklung* arbeiten, berechnet den derzeitigen Kostenpreis und zieht davon eine geringere Effizienz ab. Diese Vorgehensweise ist nicht ganz unproblematisch, da sich die Daten, von denen beide Parteien ausgehen, stark voneinander unterscheiden können. Diskussionen darüber stören das noch junge Vertrauen und Arbeitsverhältnis. Jeder Schritt, den man nun zur weiteren Klärung dieser Frage setzt, erhöht die Spannung und verschlechtert das Klima.

Um dies zu vermeiden, wählen Outsourcing-Anbieter zunehmend die folgende Möglichkeit: Durch die gewachsene Erfahrung haben sie einen besseren Überblick darüber, was eine durchschnittliche Transaktion in einem bestimmten Prozess genau kostet (die Durchführung einer Personalwerbemaßnahme kostet uns als Outsourcing-Anbieter durchschnittlich X Euro). Bei der Preisermittlung geht man von diesem Preis aus, ohne allzu viel Zeit in die Analyse der derzeitigen Kosten für diese Transaktion beim Kundenunternehmen zu investieren. Damit werden die Rollen umgedreht. Der Anbieter braucht keine Energie mehr in die Anfechtung der Zahlen des Kunden zu stecken, und der Kunde seinerseits wird stimuliert, nachzuweisen, dass eine Transaktion teurer ist, wenn er sie selbst durchführt, als wenn er sie auslagert. Dies zeigt noch einmal, wie wichtig es ist, dass das Unternehmen selbst in einem frühen Stadium eine gründliche Prozessanalyse vornimmt und einen Überblick über die eigenen Kosten hat.

Diese zweite Vorgehensweise ist nur möglich, wenn der Outsourcing-Anbieter den Kunden weitgehend von seinem eigenen Unternehmen aus mit seiner eigenen Plattform bedient. Für eine integrale Übernahme bestehender HR-Dienstleistungen ist die erste Vorgehensweise jedoch sinnvoller. Bei Übernahme bestehender HR-Dienstleistungen ist es für den Outsourcing-Anbieter von wesentlicher Bedeutung, ein genaues Bild der derzeitigen Dienstleistungsniveaus zu erhalten (Fehlerquote, Durchlaufzeit), damit ein SLA mit realistischen Verbesserungszielen für die Zukunft vereinbart werden kann.

Außer der betriebsseitigen Analyse derzeitiger HR-Dienstleistungen umfasst eine Due Diligence auch eine gründliche Analyse der zu übertragenden Mitarbeiter – sowohl hinsichtlich der Arbeitsbedingungen als auch der vorhandenen Kompetenzen. Wie bereits erwähnt, schreibt die Gesetzgebung in den meisten europäischen Ländern vor, dass übernommene Mitarbeiter unter ähnlichen Arbeitsbedingungen vom Outsourcing-Anbieter zu beschäftigen sind, zumindest über einen gewissen Zeitraum. Daher muss sich der Anbieter auf individueller Ebene ein deutliches Bild von Arbeitsbedingungen und Ansprüchen bilden. Dabei sind aufgebaute Rentenansprüche ein Schwerpunkt. Bei nachteiligen Folgen durch die Übertragung müssen für den Mitarbeiter Ausgleichsmaßnahmen ergriffen werden. Hinsichtlich der kritischen Kompetenzen ist sicherzustellen, dass beim Kundenunternehmen keine Kenntnisse und Fertigkeiten verloren gehen, die für die Kontinuität der Dienstleistungen unverzichtbar sind. Dazu müssen die Schlüsselpositionen identifiziert und bei Bedarf gezielte Maßnahmen ergriffen werden, um einen Verlust zu verhindern. Schließlich müssen alle rechtlichen und vertraglichen Implikationen der zu übertragenden Aktiva und Lieferanten vom Anbieter analysiert werden, ebenso die genaue Funktionalität der vorhandenen HR-IT-Systeme.

4.3.5 Entwicklung von Steuerungs- und Kontrollmechanismen

Im Vertrag müssen die Leistungsindikatoren deutlich definiert und Berichterstattungsverfahren festgelegt werden. In diesem Zusammenhang sollte eine ausgewogene Mischung von Messpunkten eingeführt werden.

- *Operative Messpunkte.* Diese bestehen sowohl aus Outputindikatoren (wie Volumen einer fristgemäßen und korrekten Übergabe) als auch aus Prozessindikatoren (wie Betriebskosten, Durchlaufzeiten). Diese Messpunkte stellen den harten, objektiven Kern des Vertrags dar.

- *Erwartungs- und Zufriedenheitsmesspunkte.* Sie sind die subjektive Grundlage des Vertrags und dienen zur Gewährleistung einer befriedigenden, langfristigen Zusammenarbeit.

- *Messpunkte hinsichtlich der Realisierung von Verbesserungen.* Diese sind wichtig, um Anreize für Innovation und kontinuierliche Verbesserungen einzubauen. Ohne sie werden die Dienstleistungen schnell veraltet sein oder in Selbstgefälligkeit stagnieren.

Die Notwendigkeit, sich für Leistungen bei bestimmten Messpunkten oder Indikatoren einzusetzen, gilt sowohl für den Kunden als auch für den Lieferanten. auf Basis von enger Zusammenarbeit und Abhängigkeitsverhältnis. Der Anbieter kann nur dann adäquat und rechtzeitig liefern, wenn der Kunde die dafür benötigten Daten auch adäquat und rechtzeitig zur Verfügung stellt. In der Praxis zeigt sich, dass der Vertrag an sich nicht ausreicht, um den Outsourcing-Anbieter wirklich zu kontrollieren und zu steuern. Außer der Einhaltung und Steuerung nach Leistungsindikatoren (eher reaktiv und aus der Entfernung) muss eine Struktur aufgebaut werden, um eine proaktive Steuerung mit Hilfe von Verfahren zu ermöglichen, die Probleme im frühen Stadium vorhersieht, meldet und löst.

Misserfolge der ersten HR BPO-Verträge zeigen, dass eine solide Struktur mit deutlichen Rollen, Zuständigkeiten, Befugnissen, Konfliktregelungs- und Eskalationsverfahren und Messpunkten gefragt ist. Diese Vereinbarungen und Verfahren funktionieren nur, wenn zwischen beiden Parteien ein echtes kooperatives Verhältnis besteht. Für eine effektive Steuerung des Anbieters braucht das Kundenunternehmen ein professionelles und kompetentes BPO-Managementteam. In diesem Team müssen verschiedene Rollen vergeben werden, die sich jeweils auf einen bestimmten Aspekt der Zusammenarbeit konzentrieren:

- *Relationship Management mit dem Linienmanagement des Unternehmens.* Diese Rolle sorgt für einen konsistenten Ansprechpartner für das Unternehmen, übersetzt Bedürfnisse des Kunden in neue Anforderungen und Projekte, sorgt für die Entwicklung neuer Dienstleistungen und sichert, dass die Dienstleistungen den Erwartungen entsprechen.

- *Dienstleistungskoordination.* Diese eher operative Rolle sorgt für einen konsistenten Ansprechpartner für den Anbieter bei den täglichen Sachfragen, behandelt die entstehenden Probleme und setzt sich zusammen mit dem Anbieter für die Entwicklung neuer Dienstleistungsanforderungen ein.

- *Strategische und operative Planung.* Diese Rolle sorgt dafür, dass die Pläne des Kunden und des Outsourcing-Anbieters so aufeinander abgestimmt werden, dass keine Überraschungen entstehen.

- *Vertragsmanagement.* Diese Rolle überwacht, dass sich beide Vertragspartner an vertragliche Verpflichtungen halten, dass Veränderungen im Vertrag effektiv durchgeführt und die Risiken des Vertrags unter Kontrolle gehalten werden.

- *Finanzplanung.* Diese Rolle achtet auf die Einhaltung der finanziellen Verfahren.

- *Koordination von IT-Systemen und -Infrastruktur.* Diese Rolle ist dafür verantwortlich, dass die Architektur und die zugrunde gelegten Standards von IT-Systemen und -Infrastruktur konsistent sind und bleiben und sorgt für die technische Koordinierung bei Infrastrukturprojekten.

Diese Rollen können in der Praxis abhängig von Komplexität und Umfang kombiniert werden. Wichtig ist, sie ausdrücklich zu identifizieren und durchzuführen. Da jede Rolle lediglich einen Teilaspekt umfasst, ist die zentrale Koordination durch einen internen HR BPO-Projektleiter erforderlich, der die gesamte Outsourcing-Beziehung überschaut und steuert. Diese Person ist der direkte Ansprechpartner für den HR Business-Partner des Gesamtunternehmens.

Außer den Rollen müssen auch deutliche Verfahren vereinbart werden, wie die Zusammenarbeit genau aussehen soll. Wichtig sind dabei vor allem folgende Punkte:

- *Meetingstrukturen.* Wer spricht mit wem, wie oft und zu welchen Themen?

- *Problemlösungsverfahren.* Hier wird eine Problem-Typologie erstellt. Pro Problemtyp wird festgehalten, auf welcher Ebene und wie das Problem zu behandeln ist und welche Schritte einzuhalten sind, wenn sich das Problem nicht wie gewünscht lösen lässt.

- *Berichterstattung.* Welche Steuerungsdaten sind wann vorzulegen? Häufig wird mit monatlichen Service Review Reports gearbeitet, in denen die konsolidierten Leistungen nach Output- und Serviceindikatoren, die Mengen, die aktuellen Trends, die festgestellten Probleme und die laufenden Verbesserungsprojekte enthalten sind.

- *Befugnisse.* Wer verfügt in welchem Prozessschritt über welche Befugnisse und Verantwortung? Es muss eindeutig festgelegt sein, wer was leistet und wer für die Durchführung der Prozesse welche Entscheidungsbefugnis hat.

- *Audits und andere Kontrollmechanismen.* Mit welchem Inhalt und welcher Häufigkeit werden Audits zur Kontrolle der Vertragseinhaltung durchgeführt? Ein Joint Venture hat den Vorteil, dass auch eine Kontrolle auf Aufsichtsratsebene möglich ist.

Auch der Outsourcing-Anbieter muss eine ähnliche Konstruktion mit den Subunternehmern erstellen. Zentrale Steuerung und klare Rollenverteilung zwischen den verschiedenen Subunternehmern sind für reibungslosen Betrieb unverzichtbar. Aber auch dann bleibt es eine große Herausforderung. Einige Subunternehmer lassen sich schwieriger steuern – vor allem größere Partner, mit denen man als Hauptunternehmer keine Kooperationsbeziehung oder Allianz hat. Ein solcher Fall kann entstehen, wenn der Outsourcing-Anbieter verpflichtet ist, mit Lieferanten zusammenzuarbeiten, die der Kunde angewiesen hat.

4.3.6 Übertragung und Betrieb

Wie der Übergang zur neuen eigenen HR Shared Services-Organisation bedeutet auch die Einführung von HR BPO eine tief greifende Veränderung für alle Beteiligten. HR-Dienstleistungen berühren alle Mitarbeiter im Unternehmen.

Suboptimale HR-Dienstleistungen kommen unmittelbar ans Licht und ziehen entsprechende Folgen nach sich. Mühsam aufgebautes Vertrauen kann dadurch in kurzer Zeit zunichte gemacht werden. Für die HR-Mitarbeiter wird die Veränderung in einem HR BPO-Prozess noch spürbarer sein als bei Gründung einer HR Shared Services-Organisation. So entstehen für die HR-Mitarbeiter nicht nur neue Rollen und Aufgaben, viele von ihnen müssen auch den Übergang zu einem neuen Arbeitgeber hinnehmen. Das kann die Unsicherheit über die eigene Zukunft erhöhen.

Deshalb ist die Sicherstellung eines guten Veränderungsmanagements für die verschiedenen Beteiligten in allen Prozessphasen von größter Bedeutung. Wie bei HR Shared Services geht es hauptsächlich um Veränderungen von Verhalten und Arbeitsweisen. Darum muss diese Veränderung bereits zu Projektbeginn vorbereitet werden. Typische veränderungsspezifische Herausforderungen, die im frühen Projektstadium vom Unternehmen zu steuern sind, sind:

- Widerstand von HR-Mitarbeitern, die um ihren Job fürchten oder sich vor dem Übergang zu einem unbekannten Outsourcing-Anbieter scheuen.

- möglicherweise allgemeiner Widerstand und tiefes Misstrauen hinsichtlich der Auslagerung auf allen Unternehmensebenen. Outsourcing kann als ein Zeichen fehlenden Vertrauens und Respekts der Geschäftsleitung für die Leistungen der eigenen Mitarbeiter und/oder als Vehikel für Stellenkürzungen verstanden werden.

- Umbau der übertragenen HR-Organisation zu einer ergebnis- und kundenorientierten Organisation als radikaler Wandel der gewohnten Verhaltensmuster und Kultur.

- Aufbau der verbleibenden, gut funktionierenden HR-Organisation die Kontinuität gewährleisten und den Outsourcing-Anbieter steuern kann. Häufig haben HR-Abteilungen damit zu wenig Erfahrung – es besteht Unsicherheit über die eigenen Fähigkeiten.

- Integration neuer Systeme in die bestehende Infrastruktur.

Für das Management von Widerständen müssen die verschiedenen Beteiligten – und vor allem die HR-Mitarbeiter – möglichst frühzeitig informiert, einbezogen und zu Rate gezogen werden. Wir sehen jedoch immer wieder, dass das Gegenteil der Fall ist: Eine Konzernleitung hat beispielsweise die Entscheidung für HR BPO und einen entsprechenden Partner bereits getroffen – an der Basis ist darüber noch nichts bekannt. Das führt zu Protest. Der Grund für solches Handeln liegt in vielen Fällen in der Unerfahrenheit von Konzernleitungen mit dem Thema BPO und den großen Auswirkungen auf das Unternehmen. Man verlässt sich einfach darauf, dass der Outsourcing-Anbieter diese Veränderungsfragen wohl regeln wird und erkennt in unzureichendem Maße den Unterschied zu den traditionellen Outsourcing-Formen.

Interessant ist natürlich die Frage, wann man die Mitarbeiter der HR-Abteilung in den Prozess einbinden sollte. Die Erfahrung zeigt, dass es von Vorteil sein kann, zunächst im kleinen Kreis eine *High-Level*-Vision zu HR BPO zu entwickeln, auch vor dem Hintergrund der allgemeinen Vorstellungen des Unternehmens zu Outsourcing-Fragen. Diese Vision kann man anschließend mit dem Betriebsrat besprechen und dann den Mitarbeitern mit der Ankündigung kommunizieren, dass ein Visionsbildungsprojekt eingeleitet wird, das in einem Business Case resultieren soll. In dieser Visionsbildungsphase müssen Schlüsselfiguren aus der HR-Funktion hinzugezogen werden. Die Ergebnisse dieser Phase können, nach einer ersten Beschlussfassung durch das Management, auf breiter Ebene den HR-Mitarbeitern mitgeteilt werden. Anmerkungen und Kommentare müssen dann erhoben und diskutiert werden, bei Bedarf sind Visionsdokument und Business Case entsprechend zu ändern. Auf dieser Grundlage lässt sich dann eine definitive Entscheidung über diese Unterlagen fällen.

Die Gestaltung einer effektiven und kompetenten im eigenen Hause verbleibenden HR-Organisation wird hauptsächlich unter der Verantwortung des Kundenunternehmens erfolgen. Dabei werden folgende Punkte angesprochen:

- Schaffung einer effektiven HR Business-Partner Rolle wie in Kapitel 1 beschrieben.

- Entwicklung neuer Kompetenzen in der Organisation für das Vertragsmanagement. Dabei geht es vor allem um den Erwerb neuer Fähigkeiten zur Steuerung virtuell integrierter Aktivitäten. Dies gleicht mehr dem Management eines Netzwerks statt einer traditionellen Organisationsstruktur.

- Gewährleistung, dass durch schlechtes Scoping der übertragenen HR-Aufgaben keine Kernkompetenzen verloren gehen.

- Management der Motivation und Moral sowohl derjenigen, die das Unternehmen verlassen, als auch derjenigen die im Unternehmen verbleiben, und Vermeidung einer sich daraus ergebenden Senkung der Arbeitsleistungen.

- Vermeidung unerwünschter Personalfluktuation im Vorfeld der Übertragung.

Die Schaffung einer Kultur- und Verhaltensänderung bei der übernommenen HR-Organisation ist eine der Herausforderungen für den Outsourcing-Anbieter. Dennoch ist es in der Praxis unmöglich, die Verantwortung für das Management der Veränderungsprozesse auf diese Weise dauerhaft zu trennen. Eine derartig komplexe, weit reichende und enge Zusammenarbeit funktioniert nur, wenn diese Übertragung von beiden Partnern als ein integraler Prozess gesteuert wird, auch wenn die Aufgaben und Zuständigkeiten verteilt sind. Das klingt alles sehr plausibel und akzeptabel, aber was bedeutet wirkliche Kooperation und warum ist sie so wichtig? Und warum geht es in der Praxis so häufig schief?

Eine effektive Zusammenarbeit erfordert vor allem eine Win-Win-Einstellung auf beiden Seiten. Das gilt vor allem, wenn sich die Kooperation auf die weitere Verbesserung der HR-Dienstleistungen richtet. Darin weicht HR BPO vom traditionellen Kunden-Lieferanten-Verhältnis ab. Steuert man den Outsourcing-Anbieter mit dem Ziel, ihn möglichst *auszusaugen*, um die eigenen Erträge zu optimieren, wird die Zusammenarbeit nicht lang dauern. Umgekehrt gilt dasselbe: Wenn der Outsourcing-Anbieter den Kunden als *Milchkuh* betrachtet, die optimal genutzt werden muss, wird die Zusammenarbeit nicht funktionieren. Bei HR BPO geht es vielmehr darum, gemeinsam langfristig Erträge zu generieren. Deshalb entscheiden sich die Partner manchmal für ein Joint Venture, bei dem beide Partner ein gleich großes Interesse am Gelingen des Projekts haben. Die Zusammenarbeit muss auf gegenseitigem Vertrauen und offener Kommunikation aufgebaut sein. Das erfordert gemeinsame Ausrichtung auf das Finden von Lösungen für Probleme, ohne sich für Dinge, die nicht gut funktionieren, gegenseitig die Schuld zuzuschieben.

Sowohl bei der Übertragung als auch beim Betrieb werden sich viele Probleme ergeben, und durch unzureichende Kommunikation kann nahezu alles schief laufen. Vertrauen und proaktives und lösungsorientiertes Vorgehen sind daher für ein Gelingen unverzichtbar. So wurde beispielsweise bei einem der ersten HR BPO-Verträge der ursprüngliche Plan aus der positiven Absicht heraus, das Gelingen des Projekts zu gewährleisten, dreimal neu formuliert. Eine Zusammenarbeit, die hingegen von Misstrauen und einem *Wir gegen die anderen*-Denken gekennzeichnet ist, wird schnell in einen Grabenkrieg ausufern, in dem niemand mehr die Verantwortung für ein Gelingen des gesamten Projekts übernimmt. Da sich eine solche Situation nur schwer umkehren lässt, muss alles zu ihrer Vermeidung getan werden. Die Schwierigkeit guter Zusammenarbeit besteht darin, dass sie sich nicht vertraglich erzwingen lässt. Zusammenarbeit und Partnerschaft sind vielmehr die Voraussetzung, damit ein Steuerungs- oder Kooperationsmodell in der Praxis funktioniert. Wichtige Faktoren dabei sind schwer greifbare Phänomene wie Kultur und kulturelle Synergie sowie Haltungen und Kompetenzen individueller Personen.

Während des gesamten Prozesses (von Partnerauswahl über Vertragsformulierung und Übertragung bis hin zum Betrieb) müssen also sowohl diese *weichen* als auch die *harten* Faktoren ausreichend berücksichtigt werden. Noch immer werden jedoch diese weichen Faktoren in der Praxis, gerade weil sie sich nicht fassen lassen, zu wenig beachtet oder in der Vielzahl praktischer Fragen, die geklärt werden müssen, in den Hintergrund gedrängt.

4.4 Status und Entwicklungen bei HR BPO

In einer Studie von *PA* aus dem Jahr 2006 äußerten sich die Befragten überwiegend dahin gehend, dass sie Shared Services bevorzugt selbst betreiben statt sie auszulagern. Insbesondere der Aufbau wird vorwiegend inhouse durchgeführt, um später einen schon geordneten Betrieb mit optimierten Prozessen einem Provider zu übertragen. Die Outsourcing-Anbieter arbeiten daran, multinationale und multifunktionale Shared Services in Niedriglohnländern wie Brasilien, Indien, China und in Osteuropa zu installieren.

Die Erhebung zeigt auch, dass externe Dienstleister dadurch eine wesentlich größere Kostenreduzierung anstreben. Dennoch nehmen viele Unternehmen eine geringere Kostenersparnis in Kauf. Dieser etwas überraschende Umstand ist neben der Risikominimierung auf mehrere Gründe zurückzuführen. Die Unternehmen nennen hier vor allem den Verbleib von Know-how im Unternehmen, die größere operative Kontrolle und Verbesserung der Dienstleistung als Beweggründe für einen Aufbau des SSC im eigenen Haus.

Die 2004 bis 2006 vielfach überproportional prognostizierten Wachstumsraten bei HR BPO haben sich daher noch nicht bewahrheitet. Auch das Interesse an Offshoring ist derzeit noch sehr verhalten. Erst die sukzessiv erfolgreiche Verlagerung einzelner Prozesse oder Teile davon und der intelligente Sourcing-Mix werden mittelfristig den Trend zum Full BPO stützen.

4.4.1 Full BPO versus Selective HR BPO

Der anhaltende Druck zu Effizienzsteigerungen und Kostenreduzierung macht es zunehmend schwierig, nachhaltige Optimierungen in reinen inhouse Shared Services zu generieren – die meisten Potenziale wurden schon ausgeschöpft. Daher erklären 50 % der Befragten in der Studie, dass sie künftig einen Mix aus internen Shared Services mit komplexeren Prozessen und einzelnen ausgelagerten Prozessen anstreben. Dieser Wandel verdeutlicht auch einen differenzierteren Blick auf die verschiedenen HR-Prozesse. Das traditionelle Modell, bei dem es hieß: entweder auslagern oder selber machen, sah keine Mischform vor. Zukünftig werden Prozesse zunehmend auf Aktivitätenlevel herunter gebrochen und auf die bestmögliche Art erbracht, sei es intern oder durch einen externen Dienstleister. Das Ergebnis ist ein differenziertes, komplexes, aber optimiertes Portfolio von Sourcing-Elementen speziell auf die Bedürfnisse des Unternehmens abgestimmt.

Die zunehmende Tendenz zu einem hybriden Modell zeigt das Bedürfnis der Unternehmen nach einer gesunden Balance zwischen Kostensenkung, Qualitätsoptimierung und Risikominimierung. Sie haben erkannt, dass höhere Kosteneinsparungen erreicht und gehalten werden können durch das Auslagern von transaktionalen Prozessen, wie Entgeltabrechnung, während komplexere und beratungsintensivere Prozesse in das SSC verlagert werden.

4.4.2 Full HR BPO in der Automobilbranche

Ein Automobilkonzern entschied sich, gestützt auf die Erfahrungen mit Outsourcing bei den Primärprozessen, die administrativen HR-Aktivitäten für mehrere Länder in Zentraleuropa umfassend einem Outsourcing-Provider zu übertragen. Diese Entscheidung war Teil der HR-Strategie, die im Wesentlichen folgende Schwerpunkte nannte:

- Outsourcing der administrativen HR-Aktivitäten,

- Fokussierung der HR-Funktion auf die Rolle als Business-Partner,

- Erbringung von konzernübergreifenden, standardisierten Dienstleistungen,

- Implementierung eines HR ERP-Systems mit Self Service-Technologie,

- Nachhaltige Kostensenkung.

Für erfolgreiche Umsetzung dieser Hauptziele wurden in einem Auswahlprozess ein Outsourcing-Partner identifiziert und ein Dienstleistungsvertrag geschlossen. Neben der Implementierung der notwendigen ERP-Software wurden ergänzende Applikationen für das Auftrags-, Knowledge und Workflow Management sowie Self Services-Szenarien implementiert. In das zentrale Shared Services Center in Europa wurden für alle Fokusländer administrative Aktivitäten für die Prozesse Entgeltabrechnung und Stammdatenverwaltung, Reisekosten, Rekrutierung, Training und Entwicklung sowie das Reporting verlagert.

In einem gemeinsamen Projekt zwischen Dienstleister und Kunde wurde zunächst ein gemeinsames Vorgehensmodell entwickelt. Von Beginn an stand dabei die Aufrechterhaltung der Qualität während des Übergangs im Vordergrund. Dazu wurden nicht nur Meilensteine definiert, sondern auch regelmäßige Qualitätskontrollen vereinbart. Der Kunde konzentrierte sich dabei im Wesentlichen auf die Steuerung des Übergangs und überließ die operative Umsetzung dem Provider.

Das Modell sah vor, das Wissen über die bewährten Prozesse durch Training on the job auf die zukünftigen Mitarbeiter des Shared Services Center zu übertragen und zu dokumentieren. Parallel dazu wurde die Infrastruktur für das Shared Services Center aufgebaut und die Systemplattform angepasst und implementiert. Während der Systemanpassung wurden die Prozesse in allen Ländern durch ein zentrales Team harmonisiert und standardisiert. Die optimierten und dokumentierten neuen Prozesse wurden den Mitarbeitern in Schulungen vermittelt und mit den neuen Systemen vor Ort erstmals eingesetzt.

Erst nach erfolgreichem dezentralem Einsatz der Prozesse und Technologie in den einzelnen Ländern durch die Mitarbeiter des Shared Services Center wurden schrittweise alle Länder in das SSC integriert. Dieser sukzessive Übergang mit entsprechenden Qualitätssicherungs- und Kommunikationsmaßnahmen war für die hohe Zufriedenheit der Kunden verantwortlich. Durch klar und eindeutig formulierte Aktivitätenaufteilung zwischen Provider und Kunde, unmissverständliche Service Levels und KPIs sowie konsequentes Reporting und Eskalationsprozesse erhielt der Kunde umfassende Steuerungsmöglichkeiten.

Durch die Auslagerung der administrativen Aktivitäten und Neuausrichtung der gesamten HR-Funktion konnte das Unternehmen mehrere Vorteile erreichen:

- Die Kostensenkung stellte sich sofort bei Vertragsabschluss ein,

- Investitionen in neue Technologie und Projektkosten konnten vermieden werden,

- Klare Fokussierung der verbleibenden HR-Mitarbeiter auf die Rolle als Business-Partner,

- Flexibilität bei zukünftigen M&A oder Deinvestitionen des Konzerns.

Der schwierige Übergang von einer dezentralen, traditionellen HR-Funktion in ein zukunftsorientiertes Outsourcing-Szenario mit zentralisierter Dienstleistungseinheit erforderte viel Unterstützung durch den Konzernvorstand. Gerade bei Schwierigkeiten, wie Zeitverzögerungen oder Qualitätsproblemen, ist das Commitment durch die Unternehmensführung entscheidend, um Strömungen zur Machterhaltung entgegenwirken zu können. Nur mit umfangreichen Veränderungs- und Kommunikationsmaßnahmen können die erforderlichen Anpassungen der Prozesse und Ressourcen erfolgreich gemeistert werden.

4.5 Schlussfolgerung

HR BPO hat sich nicht nur als theoretisches Konzept etabliert, sondern auch in der Praxis als wirklich anwendbar gezeigt. Mit HR BPO lassen sich erhebliche Kostensenkungen erzielen, bei vielfach spektakulärer Erhöhung interner Kundenzufriedenheit. Demgegenüber bringt HR BPO auch einen umfassenden Veränderungsprozess mit überaus hohem Aufwand und großen Risiken mit sich – es besteht die reelle Gefahr eines Misserfolgs. Ein großes Risiko ist, dass das Kundenunternehmen während des gesamten Prozesses nicht ausreichend unter Kontrolle ist, da man einerseits die eigene Ausgangslage und die eigenen Ziele nicht genügend kennt und andererseits nicht über ausreichende Kompetenzen im eigenen Haus verfügt, um einen Vertrag dieses Umfangs effektiv zu steuern. Die Zahl der Erfolgsstorys ist daher relativ begrenzt, der Markt in Europa ist noch längst nicht den Kinderschuhen entwachsen. Nur Unternehmen, die die eigenen strategischen Vorgaben, Kostenstruktur und Leistung wirklich kennen, können Gespräche mit Anbietern angemessen führen. Eines der wichtigsten Elemente für gut funktionierendes HR BPO ist der Aufbau einer wirklichen kooperativen, vertrauensvollen Zusammenarbeit zwischen Kunde und Anbieter. Auch wenn alles bis ins Detail vorbereitet, vorausgesehen und festgelegt wurde, ist jeder BPO-Vertrag ohne das Streben nach tiefgehender Zusammenarbeit zum Scheitern verurteilt.

Die Autoren

Johan Lourens (1958) ist Mitglied der Geschäftsleitung bei PA Consulting Group in den Niederlanden. Er leitet mit anderen die internationale People & Organisational Change Practice, die weltweit Projekte in Business und HR Transformation durchführt. Zuvor war er bei KPMG Consulting und Akzo Nobel Coatings tätig. In den 16 Jahren seiner Tätigkeit als Berater hat er nationale und internationale Unternehmen bei der Analyse ihrer (HR-) Prozesse und (HR-) Organisation und deren effektiver, effizienter und am Kunden orientierter Einrichtung betreut – mit dem Ziel der Schaffung eines optimalen Zusammenspiels zwischen Menschen, Prozessen und Technologie. Johan Lourens ist Verfasser von Artikeln in Fachzeitschriften und spricht auf nationalen und internationalen HR-Kongressen.

Ivo Brughmans (1965) ist Berater bei PA im Bereich Business und HR Transformation. Er verfügt über 17 Jahre Beratungserfahrung in internationalem Kontext. In den ersten Jahren war er vor allem im Kompetenzmanagement, Training & Entwicklung und Coaching tätig. Von Brüssel aus führte er Beratungen von Kunden in ganz Europa durch. In den vergangenen sieben Jahren arbeitete Ivo Brughmans von den Niederlanden aus mit Fokus auf Organisationsfragen, hauptsächlich für die Einrichtung von unterstützenden Dienstleistungen und die Gestaltung der HR-Funktion bei Unternehmen und staatlichen Behörden in verschiedenen europäischen Ländern. Er betreut Veränderungsprojekte von der ersten Visionsbildung bis zur endgültigen Realisierung und verbindet betriebswirtschaftliche Aspekte mit HRM-Kenntnissen.

Andreas J. Harbig (1955) leitet als Mitglied der Geschäftsleitung bei PA in Deutschland den Bereich Business Transformation, der für Kunden Dynamische Simulation, Geschäftsprozessoptimierung sowie People, Project & HR Transformation realisiert. Seit über 15 Jahren begleitet er Unternehmen in der strategischen Gestaltung und Umsetzung nachhaltiger Wertschöpfung und den damit verbundenen Veränderungs- und Post-Merger-Integrationsprozessen für Organisation, Führungskräfte und Mitarbeiter. Zuletzt war er als Partner und Leiter Strategisches HR Management bei PWC konzernweit verantwortlich für strategische HR Aktivitäten, nachdem er bis 1999 als Senior Vice President und Leiter Strategisches HR Management & Konzernführungskräfte bei VEBA AG tätig war.

Stichwortverzeichnis